JN063840

駿台受験シリーズ

数学I・A BASIC 102

改訂版

桐山宣雄・小寺智也・手島史夫　共著

駿台文庫

はじめに

物事にはすべて理由がある，というのが科学の考え方です．なかでも数学は「・・・の理由から・・・が成り立つ」という形の推論をつなげていく作業であると言ってよいでしょう．理論にしたがって推論をつなげていく作業．だからこそ，理論の基礎をしっかりと把握し，それをつなげて議論を進めていけるようにすることが大切です．この問題集は，基礎としてこれだけ知っていればよい，これだけ使えればよい，という必須事項の全体像をコンパクトに提示することを目的としました(そのため，「数学と人間の活動」の分野では，整数に関する問題だけを取り上げました)．基礎的なことで疑問を感じたら，教科書に立ち返ることも大切です．しかし，実際は，ここにあることを理解し，使えるようになれば，覚えてくり返すべき内容や形式としてはそれで十分でしょう(あとはそれを使って未知の問題にチャレンジすることが重要です．応用問題への道筋にも注意を払いました)．この問題集が，みなさんにとって，高校数学の基本を確認し，主要事項を使えるようになるための礎（いしずえ）になることを願ってやみません．

この小さな問題集が出来るまでに多くの方々のお世話になりました．

編集の梶原一也さん，加藤達也さん，大坂美緒さんには大変なご苦労とご迷惑をおかけしました．ここにお礼とおわびを申し上げます．また，いまだ構想段階にあった数年前に背中を押してくれた吉井健二さん，校閲と貴重な助言をしていただいた小松崎和子先生，終盤，原稿に目を通して，気づかなかった点を指摘してくれた小沢英雄先生，デザインとレイアウトを助けてくれた平井素子さん，改訂に際してご教示いただいた齋藤大成先生，編集の林拓実さん，前橋桂介さんに感謝の意を表します．そして，折々に著者の疑問に付き合ってくれた多くの先生方，職員の方々，どうもありがとうございました．

著者を代表して　　　桐山宣雄

実際の使い方としては

1. まず 例題 を解いてみてください.
2. それから解答を確認し，自分の今いる地点(実力)を確認してください(問題は解けたか，言葉の意味は知っていたか，公式は覚えていたか，公式は使えたか，計算はできたか，などなど).
3. 例題が解けず，解答を読んだものについては，間をあけず復習問題を紙の上で解いてみてください(そのため多くの復習問題は例題と同程度の類題にとどめてあります). 真似て解いてみることも基礎を定着させるにはとても大切なことです.
4. 疑問がわいたら，計算については**傍注**，理論的な事については Assist を見ること. **公式**は基礎として重要な定理はおおよそ載せてあります. 必要に応じて，概念の約束である定義も傍注や公式の中にちりばめておきました(より詳しい説明が知りたくなったら，面倒がらずに教科書に戻ってください).
5. シェーマ は推論の仕方を思い出しやすいように，みじかい言葉(こういう時はこう考えるという図式)で示したものです. 各自，自分なりの言葉でやり方を整理するのもいいでしょう.

数学においては，理論のもつ意味に注意しながら，**論理的思考力**と**思考の柔軟性**を養うことが大切です. そのために，この問題集で基礎を確認し，そこから，さらなる実戦的な問題に挑戦し，つねに未知なる世界をめざしてほしいと思います. その途上でくり返し立ち返る土台として，この問題集を使っていただければさいわいです.

目次

§1．数と式　（数Ⅰ）

§2．集合と命題　（数Ⅰ）

§3．2次関数　（数Ⅰ）

§4．図形と計量　（数Ⅰ）

§5．場合の数と確率　（数A）

§6. 数学と人間の活動（数A）

§7. 図形の性質（数A）

§8. データの分析（数Ⅰ）

例題 001 因数分解

次の式を因数分解せよ.

(1) $x^2+xy-x-y$

(2) $6x^2+x-15$

(3) $2x^2-3xy-2y^2-5x+5y+3$

(4) $xyz+x^2y-xy^2-x+y-z$

(5) x^4+4

解 (1) (与式)$=x(x+y)-(x+y)=\boldsymbol{(x+y)(x-1)}$

(2) (与式)$=\boldsymbol{(2x-3)(3x+5)}$

← $\begin{array}{ll} 2 & -3 \to -9 \\ 3 & \ \ 5 \to \underline{\ 10\ } \\ & \qquad\quad 1 \end{array}$

(3) (与式)$=2x^2-(3y+5)x-(y-3)(2y+1)$

$=\{2x+(y-3)\}\{x-(2y+1)\}$

$=\boldsymbol{(2x+y-3)(x-2y-1)}$

← xの2次式とみなす.

(4) (与式)$=(xy-1)z+x^2y-xy^2-x+y$

$=(xy-1)z+xy(x-y)-(x-y)$

$=(xy-1)z+(xy-1)(x-y)$

$=\boldsymbol{(xy-1)(x-y+z)}$

← x, yは2次, zは1次であるからzについて整理する.

(5) (与式) $=(x^4+4x^2+4)-4x^2$

$=(x^2+2)^2-(2x)^2$

$=(x^2+2+2x)(x^2+2-2x)$

$=\boldsymbol{(x^2+2x+2)(x^2-2x+2)}$

← A^2-B^2の形に変形できることに注目.

← 乗法公式 $a^2-b^2=(a+b)(a-b)$ を利用.

《乗法公式》

(i) $a^2\pm 2ab+b^2=(a\pm b)^2$ (複号同順)

(ii) $a^2-b^2=(a+b)(a-b)$

(iii) $acx^2+(ad+bc)x+bd=(ax+b)(cx+d)$

シェーマ

因数分解 ⋙

- ○ 共通因数でくくる
- ○ 公式を利用する
- ○ 最低次の文字で整理する

復習 001 次の式を因数分解せよ.

(1) $x^2y-2y-x+2xy^2$　　(2) $24x^2-2x-15$

(3) $6x^2-5xy-6y^2-x-5y-1$　　(4) $(x-3)(x+7)(x+2)^2+144$

(5) $x(y-z)^2+y(z-x)^2+z(x-y)^2+8xyz$

(6) $x^4-27x^2y^2+y^4$

例題 002　有理数

(1)　次の分数を小数で表せ.

(i) $\dfrac{3}{8}$　(ii) $\dfrac{2}{125}$　(iii) $\dfrac{29}{90}$　(iv) $\dfrac{4}{11}$　(v) $\dfrac{11}{74}$

(2)　次の循環小数を分数で表せ.

(i) $0.5\dot{3}$　(ii) $0.2\dot{4}\dot{1}$　(iii) $0.6\dot{5}7\dot{2}$

解 (1) (i) $\dfrac{3}{8}=\mathbf{0.375}$　(ii) $\dfrac{2}{125}=\mathbf{0.016}$　(iii) $\dfrac{29}{90}=\mathbf{0.3\dot{2}}$

(iv) $\dfrac{4}{11}=\mathbf{0.\dot{3}\dot{6}}$　(v) $\dfrac{11}{74}=\mathbf{0.1\dot{4}8\dot{6}}$

(2) (i) $r=0.5\dot{3}$ とおくと $10r=5.\dot{3}$ であるから

$10r-r=5.\dot{3}-0.5\dot{3}=4.8$　$\therefore$　$9r=4.8$

← $5.\dot{3}=5.3333\cdots$
$0.5\dot{3}=0.5333\cdots$

$\therefore$　$r=\dfrac{48}{90}=\mathbf{\dfrac{8}{15}}$

(ii) $r=0.2\dot{4}\dot{1}$ とおくと $100r=24.1\dot{4}\dot{1}$ であるから

$100r-r=24.1\dot{4}\dot{1}-0.2\dot{4}\dot{1}=23.9$　$\therefore$　$99r=23.9$

$\therefore$　$r=\mathbf{\dfrac{239}{990}}$

(iii) $r=0.6\dot{5}7\dot{2}$ とおくと $1000r=657.2\dot{5}7\dot{2}$ であるから

$1000r-r=657.2\dot{5}7\dot{2}-0.6\dot{5}7\dot{2}=656.6$　$\therefore$　$999r=656.6$

$\therefore$　$r=\dfrac{6566}{9990}=\mathbf{\dfrac{3283}{4995}}$

《有理数》　整数 n と 0 でない整数 m を用いて分数 $\dfrac{m}{n}$ の形に表すことのできる数を有理数という．整数 m は $\dfrac{m}{1}$ と表せるので有理数である．また，それ以上約分できない分数を既約分数という．小数点以下の部分が限りなく続く小数を無限小数(そうでないときは有限小数)，同じ数の並びがくり返し現れる無限小数を循環小数という．

Assist

有理数では次のことが成り立つ．正の有理数は整数，有限小数，循環小数のいずれかで表せる．逆に，有限小数，循環小数は分数の形で表せる．

循環小数($\dot{\square}\square\cdots\dot{\square}$)（$k$ コ） ⟫ $1\underbrace{00\cdots0}_{k\text{コ}}$ 倍したものと差をとる

復習 | 002　(1)　次の分数を小数で表せ.

(i) $\dfrac{5}{16}$　(ii) $\dfrac{7}{20}$　(iii) $\dfrac{22}{30}$　(iv) $\dfrac{14}{55}$　(v) $\dfrac{81}{37}$

(2)　次の循環小数を分数で表せ.

(i) $0.32\dot{6}$　(ii) $0.\dot{9}\dot{6}$　(iii) $0.1\dot{8}0\dot{4}$

例題 003 無理数と対称式

$x=\dfrac{\sqrt{3}-1}{\sqrt{3}+1}$, $y=\dfrac{\sqrt{3}+1}{\sqrt{3}-1}$ のとき，次の値を求めよ．

(1) $x+y$　(2) xy　(3) x^2+y^2

(4) x^3+y^3　(5) x^4+y^4

解 (1) $(与式)=\dfrac{\sqrt{3}-1}{\sqrt{3}+1}+\dfrac{\sqrt{3}+1}{\sqrt{3}-1}=\dfrac{(\sqrt{3}-1)^2+(\sqrt{3}+1)^2}{(\sqrt{3}+1)(\sqrt{3}-1)}=\mathbf{4}$

(2) $(与式)=\dfrac{\sqrt{3}-1}{\sqrt{3}+1}\times\dfrac{\sqrt{3}+1}{\sqrt{3}-1}=\mathbf{1}$

(3) $(与式)=(x+y)^2-2xy=4^2-2\cdot1=\mathbf{14}$

(4) $(与式)=(x+y)^3-3xy(x+y)=4^3-3\cdot1\cdot4=64-12=\mathbf{52}$

(5) $(与式)=(x^2+y^2)^2-2(xy)^2=14^2-2\cdot1^2=196-2=\mathbf{194}$

《３乗の乗法公式》

$(a+b)^3=a^3+3a^2b+3ab^2+b^3$　　$a^3+b^3=(a+b)^3-3ab(a+b)$

$(a-b)^3=a^3-3a^2b+3ab^2-b^3$　　$a^3-b^3=(a-b)^3+3ab(a-b)$

Assist

1° x，yを入れかえても変わらない式をx，yの対称式といい，$x+y$，xyで表せる．

2° $(a+b)^3$を展開すると

$$\begin{aligned}(a+b)^3&=(a+b)^2(a+b)=(a^2+2ab+b^2)(a+b)\\&=(a^3+2a^2b+ab^2)+(a^2b+2ab^2+b^3)\\&=a^3+3a^2b+3ab^2+b^3\end{aligned}$$

を得る．また，これより公式

$$a^3+b^3=(a+b)^3-3a^2b-3ab^2=(a+b)^3-3ab(a+b)$$

を得る．

さらに$a+b$でくくれば

$$a^3+b^3=(a+b)(a^2-ab+b^2)$$

という公式も得られる．これより

$$x^3+y^3=(x+y)(x^2-xy+y^2)$$

を使って(4)を計算してもよい．

シェーマ

x，yの対称式 ⋙ $x+y$，xyで表す

復習 003　$x=\dfrac{\sqrt{5}-\sqrt{3}}{\sqrt{5}+\sqrt{3}}$, $y=\dfrac{\sqrt{5}+\sqrt{3}}{\sqrt{5}-\sqrt{3}}$ のとき，次の値を求めよ．

(1) $3x^2-5xy+3y^2$　(2) $(x+2)(x-2)+(x+y)y$

(3) $\dfrac{y^2}{x}+\dfrac{x^2}{y}$

例題 004　2重根号・無理数の小数部分

(1)　次の式を簡単にせよ．

(i)　$\sqrt{31+12\sqrt{3}}$　　(ii)　$\sqrt{10-5\sqrt{3}}$

(2)　$\sqrt{31+12\sqrt{3}}$ の整数部分を a，小数部分を b とするとき，$\dfrac{2}{b}-a$ の値を求めよ．

解　(注)　ある数 X が整数 N と小数 $A\ (0 \leqq A < 1)$ を用いて $X=N+A$ と表せるとき，N を X の整数部分，A を X の小数部分という．

(1)　(i)　(与式) $=\sqrt{31+2\sqrt{6\cdot 6\cdot 3}}$　　← $\sqrt{A+2\sqrt{B}}$ の形に変形.

$$=\sqrt{(27+4)+2\sqrt{27\cdot 4}}=\sqrt{(\sqrt{27}+\sqrt{4})^2}$$

$$=\sqrt{27}+\sqrt{4}=\mathbf{3\sqrt{3}+2}$$

(ii)　(与式) $=\sqrt{\dfrac{20-10\sqrt{3}}{2}}$　　← 分母，分子に2をかけ，$\sqrt{A-2\sqrt{B}}$ の形にする.

$$=\frac{\sqrt{20-2\sqrt{5\cdot 5\cdot 3}}}{\sqrt{2}}=\frac{\sqrt{15}-\sqrt{5}}{\sqrt{2}}=\boldsymbol{\frac{\sqrt{30}-\sqrt{10}}{2}}$$

(2)　(1)(i)より，この数は　$3\sqrt{3}+2$

$3\sqrt{3}=\sqrt{27}$ より　$5<3\sqrt{3}<6$

$\therefore\ 7<3\sqrt{3}+2<8$　　$\therefore\ a=7,\ b=(3\sqrt{3}+2)-7=3\sqrt{3}-5$

よって，$\dfrac{1}{b}=\dfrac{1}{3\sqrt{3}-5}=\dfrac{3\sqrt{3}+5}{(3\sqrt{3}-5)(3\sqrt{3}+5)}=\dfrac{3\sqrt{3}+5}{2}$ となり

$$\frac{2}{b}-a=(3\sqrt{3}+5)-7=\mathbf{3\sqrt{3}-2}$$

《2重根号》　$\sqrt{(a+b)\pm 2\sqrt{ab}}=\sqrt{a}\pm\sqrt{b}\ \ (a>b>0)$　(複号同順)

Assist

(2)において，まず整数部分 a を求める．
次に，(小数部分 b) $=(3\sqrt{3}+2)-$ (整数部分 a) より b を求める．

シェーマ

2重根号 ≫ $\sqrt{(\text{和})\pm 2\sqrt{(\text{積})}}$ の形に変形

復習 004　次の式を計算して簡単にせよ．

(1)　(i)　$\dfrac{\sqrt{2}+\sqrt{5}+\sqrt{7}}{\sqrt{2}+\sqrt{5}-\sqrt{7}}+\dfrac{\sqrt{2}-\sqrt{5}+\sqrt{7}}{\sqrt{2}-\sqrt{5}-\sqrt{7}}$　　(ii)　$\sqrt{5+\sqrt{13-\sqrt{48}}}$

(2)　$\sqrt{19-8\sqrt{3}}$ の整数部分を a，小数部分を b とするとき，$ab+b^2$ の値を求めよ．

また，$b+\dfrac{1}{b}$，$b^2+\dfrac{1}{b^2}$ の値を求めよ．

例題 005　連立不等式

(1)　次の連立不等式を解け．

$$\begin{cases} 3(1-x) \leqq 5-x \\ x-9 < 6(2-x) \end{cases}$$

(2)　$5(x+1) \geqq 3x+7$，$3(x-1) > 4x-a$ をともにみたす整数 x がちょうど3個あるような定数 a の値の範囲を求めよ．

解 (1)　$3(1-x) \leqq 5-x$ より

$3-3x \leqq 5-x \quad \therefore \quad -2x \leqq 2 \quad \therefore \quad x \geqq -1 \quad \cdots\cdots$①

$x-9 < 6(2-x)$ より

$x-9 < 12-6x \quad \therefore \quad 7x < 21 \quad \therefore \quad x < 3 \quad \cdots\cdots$②

①と②の共通範囲を求めて　$\boldsymbol{-1 \leqq x < 3}$

(2)　$5(x+1) \geqq 3x+7$ より　$2x \geqq 2 \quad \therefore \quad x \geqq 1 \quad \cdots\cdots$①

$3(x-1) > 4x-a$ より　$3x-3 > 4x-a \quad \therefore \quad x < a-3 \quad \cdots\cdots$②

ここで，①と②の共通範囲が存在するためには

$a-3 > 1 \quad \therefore \quad a > 4$

でなければならない．

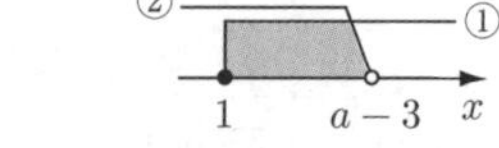

このとき，①と②の共通範囲は

$1 \leqq x < a-3 \quad \cdots\cdots$③

である．この範囲に整数 x がちょうど3個あればよいから

$3 < a-3 \leqq 4 \quad \therefore \quad \boldsymbol{6 < a \leqq 7}$

←数直線をかいて考える．

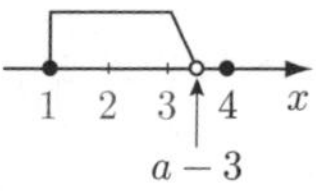

Assist

(2)において，$a-3=4$ のとき，③は $1 \leqq x < 4$ で，整数 x は1，2，3の3個あるが，$a-3=3$ のとき，③は $1 \leqq x < 3$ で，整数 x は1，2の2個しかない．したがって，$a-3=4$ は題意をみたすが，$a-3=3$ は題意をみたさない．

$a-3=4$ のとき　　$a-3=3$ のとき

③　1 2 3 4 x　　③　1 2 3 x

シェーマ

連立不等式 ⟫ 不等式の解の共通範囲を考える

復習 005　(1)　次の連立不等式を解け．

(i)　$2x-1 \leqq \dfrac{2x+3}{5} < \dfrac{x+2}{2}$　　(ii)　$\begin{cases} 5x-8 \geqq 7x-2 \\ 2x+6 \leqq 3x+9 \end{cases}$

(2)　$a(x+9) < 3a^2$，$x \geqq a$ をともにみたす整数 x がちょうど3個あるような整数 a の値を求めよ．

例題 006 絶対値の方程式と不等式

次の方程式・不等式を解け.

(1) $\sqrt{4x^2+12x+9}=5$　　(2) $|x+4| \leqq 5$

(3) $2|x-4| > -x+7$　　(4) $|2x-1| = \sqrt{4x^2+3}$

解 (1) $\sqrt{4x^2+12x+9}=5$ より

$\sqrt{(2x+3)^2}=5$　　$\therefore$　$|2x+3|=5$

$\therefore$　$2x+3=\pm 5$

$\therefore$　$\boldsymbol{x=1,\ -4}$

← $\sqrt{(2x+3)^2}=|2x+3|$ である. $\sqrt{(2x+3)^2}=2x+3$ と間違えやすいので注意.

(2) $|x+4| \leqq 5$ より　$-5 \leqq x+4 \leqq 5$　　$\therefore$　$\boldsymbol{-9 \leqq x \leqq 1}$

(3)　$2|x-4| > -x+7$　……①

(i) $x \geqq 4$ のとき

①は　$2(x-4) > -x+7$　　$\therefore$　$x>5$　……②　($x \geqq 4$ をみたす)

(ii) $x<4$ のとき

①は　$-2(x-4) > -x+7$　　$\therefore$　$x<1$　……③　($x<4$ をみたす)

②と③の範囲を合わせて　$\boldsymbol{x<1,\ 5<x}$

(4) $|2x-1| = \sqrt{4x^2+3}$ の両辺は0以上なので2乗して

$(2x-1)^2=4x^2+3$

これを解くと　$\boldsymbol{x=-\frac{1}{2}}$

← 「一般に $a \geqq 0$, $b \geqq 0$ のとき $a=b \iff a^2=b^2$」より, 2乗しても同値である.

《絶対値》 実数 a に対して, 数直線上で原点から点 $\mathrm{A}(a)$ までの距離 OA を a の絶対値といい, $|a|$ で表す.

《絶対値の性質》

(i) $a \geqq 0$ のとき　$|a|=a$　　$a<0$ のとき　$|a|=-a$

(ii) $|a| \geqq 0$　$|-a|=|a|$　$|a|^2=a^2$　$|ab|=|a||b|$　$\sqrt{a^2}=|a|$

(iii) $a>0$ のとき　$|x|=a \iff x=\pm a$

$|x|<a \iff -a<x<a$

$|x|>a \iff x<-a,\ a<x$

シェーマ

絶対値をはずす ⋙ 場合分けする (or) 2乗する (or) 性質(iii)を用いる

復習 006　次の不等式を解け.

(1) $\sqrt{x^2-2\sqrt{3}x+3}<1$　　(2) $|2x+1| \geqq x+3$

(3) $|x+2|-|2x-1|<x-1$

例題 007 集合と要素

(1) 全体集合 $U=\{x\,|\,1 \leqq x \leqq 9,\ x$ は自然数$\}$ の部分集合 A, B について, $\overline{A} \cup \overline{B}=\{1,\ 3,\ 4,\ 5,\ 6,\ 9\}$, $A \cup B=\{2,\ 4,\ 5,\ 6,\ 7,\ 8,\ 9\}$, $\overline{A} \cap B=\{4,\ 6\}$ であるとき, $A \cap B$, B, A を求めよ.

(2) 次の集合 A, B, C について, $A \cap B \cap C$, $A \cup B \cup C$ を求めよ.

$$A=\{x\,|\,-2 \leqq x < 3\},\ B=\{x\,|\,1 < x \leqq 6\},\ C=\{x\,|\,-9 \leqq x \leqq 4\}$$

解 (1) ド・モルガンの法則より $(\overline{\overline{A} \cup \overline{B}})=\overline{\overline{A}} \cap \overline{\overline{B}}=A \cap B$ であるから

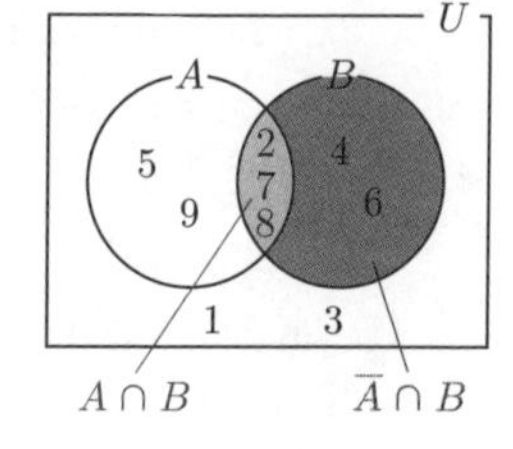

$$\boldsymbol{A \cap B}=\overline{\overline{A} \cup \overline{B}}$$
$$=\overline{\{1,\ 3,\ 4,\ 5,\ 6,\ 9\}}$$
$$\boldsymbol{=\{2,\ 7,\ 8\}}$$

よって

$$\boldsymbol{B}=(A \cap B) \cup (\overline{A} \cap B)$$
$$=\{2,\ 7,\ 8\} \cup \{4,\ 6\}$$
$$\boldsymbol{=\{2,\ 4,\ 6,\ 7,\ 8\}}$$

これと, $A \cup B=\{2,\ 4,\ 5,\ 6,\ 7,\ 8,\ 9\}$ と $A \cap B=\{2,\ 7,\ 8\}$ より

$$\boldsymbol{A=\{2,\ 5,\ 7,\ 8,\ 9\}}$$

(2) $A \cap B \cap C$ は A, B, C の共通部分であるから

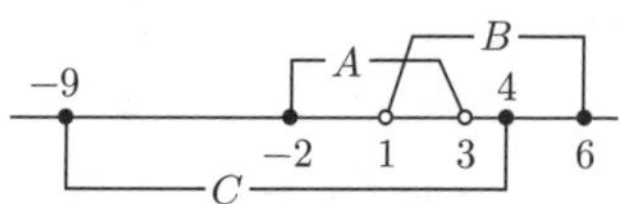

$$\boldsymbol{A \cap B \cap C=\{x\,|\,1 < x < 3\}}$$

$A \cup B \cup C$ は A, B, C の和集合であるから

$$\boldsymbol{A \cup B \cup C=\{x\,|\,-9 \leqq x \leqq 6\}}$$

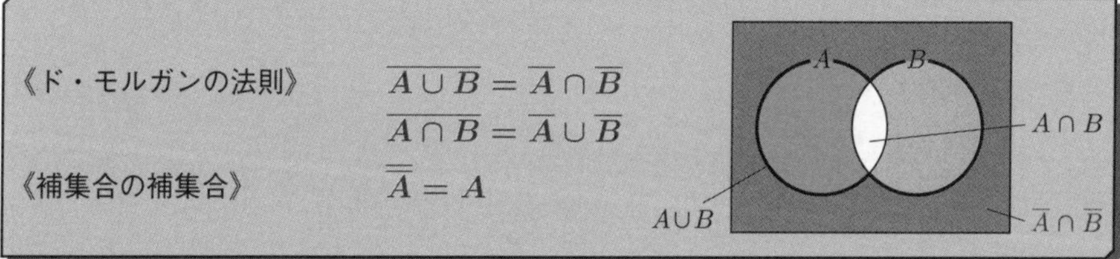

《ド・モルガンの法則》
$\overline{A \cup B}=\overline{A} \cap \overline{B}$
$\overline{A \cap B}=\overline{A} \cup \overline{B}$
《補集合の補集合》
$\overline{\overline{A}}=A$
A
B
A ∩ B
A∪B
Ā ∩ B̄

シェーマ

集合を求める ⋙ 図や数直線をかいて各部分の要素を調べる

復習 007 (1) 全体集合 $U=\{x\,|\,1 \leqq x \leqq 9,\ x$ は自然数$\}$ の部分集合 A, B について, $A \cap B=\{3\}$, $\overline{A} \cap B=\{4,\ 6,\ 9\}$, $\overline{A} \cap \overline{B}=\{1,\ 8\}$ であるとき, 集合 $A \cup B$, B, A を求めよ.

(2) 次の集合 A, B, C について, $A \cap B \cap C$, $A \cap (B \cup C)$ を求めよ.

$$A=\{x\,|\,-6 \leqq x < 3\},\ B=\{x\,|\,0 < x \leqq 6\},\ C=\{x\,|\,-5 \leqq x \leqq 5\}$$

例題 008　必要条件と十分条件

x，y は実数とする．次の $\boxed{}$ にあてはまるものを(ア)～(エ)の中から選べ．

(1)　$x^2=3x$ ……① は $x=3$ ……② であるための $\boxed{}$．

(2)　$x^2<25$ ……③ は $x<5$ ……④ であるための $\boxed{}$．

(3)　$x^2+xy+y^2=0$ ……⑤ は $x=y=0$ ……⑥ であるための $\boxed{}$．

(ア)　必要十分条件である　　(イ)　必要条件であるが十分条件ではない

(ウ)　十分条件であるが必要条件ではない　　(エ)　必要条件でも十分条件でもない

解 (1)　① $\iff x(x-3)=0 \iff x=0$　または　$x=3$

よって，② $\Longrightarrow$ ①，① $\not\Longrightarrow$ ② であるから，①は②であるための**必要条件であるが十分条件ではない．**　(イ)

← ① $\Longrightarrow$ ② は偽．反例は　$x=0$

(2)　③ $\iff -5<x<5 \iff x>-5$　かつ　$x<5$

よって，③ $\Longrightarrow$ ④，④ $\not\Longrightarrow$ ③ であり，③は④であるための**十分条件であるが必要条件ではない．**　(ウ)

← ④ $\Longrightarrow$ ③ は偽．反例は　$x=-6$

-5　5　x

(3)　⑤ $\iff \left(x+\dfrac{1}{2}y\right)^2+\dfrac{3}{4}y^2=0$

$\iff x+\dfrac{1}{2}y=y=0 \iff x=y=0$

← A，B が実数のとき　$A^2+B^2=0 \iff A=B=0$　より．

よって，⑤ $\iff$ ⑥ であり，⑤は⑥であるための**必要十分条件である．**　(ア)

《十分条件と必要条件》

$p \Longrightarrow q$ が成り立つとき，$\begin{cases} p\text{ は } q \text{ であるための十分条件} \\ q\text{ は } p \text{ であるための必要条件} \end{cases}$ という．

(2つの命題 $p \Longrightarrow q$ と $q \Longrightarrow p$ がともに真であるとき，すなわち，命題 $p \iff q$ が成り立つとき，p は q であるための必要十分条件である，という．このとき，p と q は互いに同値である，という．)

シェーマ

十分か必要か ⋙ $\begin{cases} \square \Longrightarrow \triangle \text{ のとき，} \square \text{ は十分条件} \\ \triangle \Longrightarrow \square \text{ のとき，} \square \text{ は必要条件} \end{cases}$
（$\boxed{\text{十分}} \Longrightarrow \boxed{\text{必要}}$ とおぼえる）

復習 008　x，y は実数とする．次の $\boxed{}$ にあてはまるものを**例題 008** の(ア)～(エ)の中から選べ．

(1)　$x \geqq 1$ は $x>1$ であるための $\boxed{}$．

(2)　$x>0$ かつ $y>0$ は $xy>0$ であるための $\boxed{}$．

(3)　$x<y$ は $x^2<y^2$ であるための $\boxed{}$．

(4)　$|x|+|y|=|x+y|$ は $xy \geqq 0$ であるための $\boxed{}$．

例題 009　条件・命題の否定

(1)　条件「$x>1$ かつ $y>1$」の否定を作れ.

(2)　次の命題の真偽を調べよ．また，否定を作れ.

(i)「すべての実数 x について $x^2+1 \geqq 0$ である」

(ii)「ある自然数 x について $\dfrac{2}{x+1}>x^2$」

解 (1)　否定は「($x>1$ でない)　または　($y>1$ でない)」
すなわち「$\boldsymbol{x \leqq 1}$　または　$\boldsymbol{y \leqq 1}$」

(2) (i)　すべての実数 x に対して $x^2 \geqq 0$ が成り立つので，つねに $x^2+1>0$．よって命題は真である．また，その否定は，「ある実数 x について $x^2+1 \geqq 0$ ではない」であり，すなわち，「**ある実数 $\boldsymbol{x}$ について $\boldsymbol{x^2+1<0}$ である**」.

(ii)　x を自然数とすると，$x \geqq 1$ より $x+1 \geqq 2$．よって，与式の左辺は 1 以下であり，右辺は 1 以上なのでこの不等式はつねに成り立たない．したがって，偽である.

この命題の否定は，「$\dfrac{2}{x+1}>x^2$ である自然数 x が存在しない」であり，すなわち，

「**すべての自然数 $\boldsymbol{x}$ について $\boldsymbol{\dfrac{2}{x+1} \leqq x^2}$ である**」.

Assist

1°「すべての x について $p(x)$」という命題は，「任意の x について $p(x)$」「どのような x に対しても $p(x)$」などともいう.
「ある x について $p(x)$」という命題は，「$p(x)$ である x が存在する」「適当な x について $p(x)$」などともいう.

2°　命題とその否定命題の真・偽は逆転する．つまり，命題 P が真ならば，その否定である $\overline{P}$ は偽である．P が偽であれば，$\overline{P}$ は真である.

シェーマ

「すべての x について…である」を否定する ➡ 「ある x について…でない」

「ある x について…である」を否定する ➡ 「すべての x について…でない」

復習 009　(1)　次の条件の否定を作れ.

(i)　$x \geqq 0$ または $y>0$

(ii)　($x<0$ かつ $y<0$) または $x=0$

(2)　次の命題の真偽を調べよ．また，否定を作れ.

(i)「すべての実数 x について $(x+2)^2>0$ である」

(ii)「ある自然数 x について $2x^3-2x+1=0$ である」

例題 010　命題の逆・裏・対偶

(1)　命題「$x=0$ ならば $xy=0$」について，逆，裏，対偶を述べよ．またそれらの真偽を調べよ．偽のときは反例を挙げよ．

(2)　命題「$x^2-y^2+xy=1$ ならば $x \neq 0$」の真偽を調べよ．

解 (1)　逆は　「$\boldsymbol{xy=0}$ ならば $\boldsymbol{x=0}$」　偽　　反例は　$\boldsymbol{x=1,\ y=0}$

裏は　「$\boldsymbol{x \neq 0}$ ならば $\boldsymbol{xy \neq 0}$」　偽　　反例は　$\boldsymbol{x=1,\ y=0}$

対偶は　「$\boldsymbol{xy \neq 0}$ ならば $\boldsymbol{x \neq 0}$」

これは元の命題と真偽が一致し，元の命題は真であるから，これも真である．

(2)　この命題の対偶は　「$x=0$ ならば $x^2-y^2+xy \neq 1$」

$x^2-y^2+xy \neq 1$ に $x=0$ を代入した $-y^2 \neq 1$ は常に成り立つので，対偶は真．よって，与えられた命題も真．

Assist

条件 p，q をみたすものの集合をそれぞれ P，Q とすると，命題「$p \Longrightarrow q$」が真であることと $P \subset Q$ が成り立つことは同じことである．さらに，これは $\overline{Q} \subset \overline{P}$ が成り立つことと同じことである．したがって命題「$p \Longrightarrow q$」が真であることと命題「$\overline{q} \Longrightarrow \overline{p}$」が真であることは同じことである．

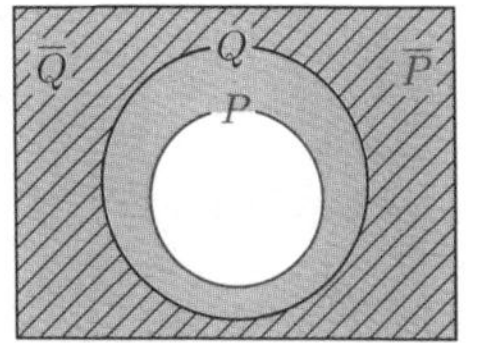

《逆・裏・対偶の定義》

命題 P: $p \Longrightarrow q$ に対して

$$\begin{cases} q \Longrightarrow p \text{ を } P \text{ の逆} \\ \overline{p} \Longrightarrow \overline{q} \text{ を } P \text{ の裏} \\ \overline{q} \Longrightarrow \overline{p} \text{ を } P \text{ の対偶} \end{cases}$$

という．

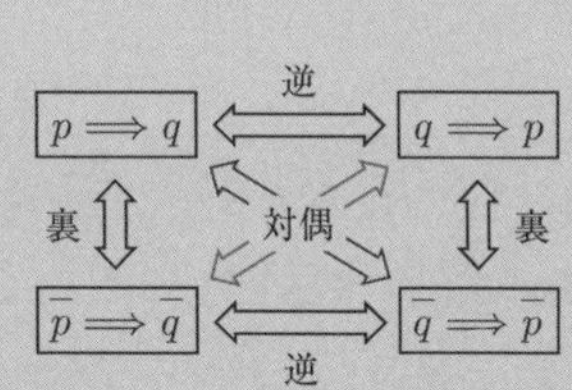

《対偶の同値性》

命題 $p \Longrightarrow q$ とその対偶 $\overline{q} \Longrightarrow \overline{p}$ の真偽は一致する．

命題の真偽がわからないとき ⋙ 対偶の真偽を調べよ

復習 010　命題「$m+n$ が偶数ならば，m と n はともに偶数である」について，逆，裏，対偶を述べよ．またそれらの真偽を調べよ．ただし，m，n は自然数とする．

例題 011 無理数であることの証明

(1) $\sqrt{3}$ が無理数であることを証明せよ.

(2) (1)を用いて, $\sqrt{2}+\sqrt{3}$ が無理数であることを証明せよ.

解 (1) $\sqrt{3}$ が有理数であると仮定すると, $\sqrt{3}$ は正であるから, $\sqrt{3}=\dfrac{q}{p}$ (p と q は自然数, p と q の最大公約数は 1) と表せる. このとき

p と q は互いに素. **例題 074** 参照.

$$\sqrt{3}p=q \qquad \therefore\ 3p^2=q^2 \quad \cdots\cdots①$$

ここで左辺が 3 で割り切れるので右辺の q^2 も 3 で割り切れる. 3 は素数であるから q も 3 で割り切れる. このとき $q=3k$ (k は自然数) と表せ, ①に代入すると

$$3p^2=9k^2$$
$$\therefore\ p^2=3k^2$$

よって, p^2 が 3 で割り切れる. このとき上と同様に, p が 3 で割り切れることになり (p と q がともに 3 で割り切れることになり), p と q の最大公約数が 1 という仮定に反する. よって, $\sqrt{3}$ は無理数である. 終

(2) $\sqrt{2}+\sqrt{3}$ が有理数であると仮定すると, $\sqrt{2}+\sqrt{3}=r$ (r は正の有理数) と表せる. このとき, $\sqrt{2}=r-\sqrt{3}$ より 2 乗して

$$2=r^2-2\sqrt{3}r+3 \qquad \therefore\ \sqrt{3}=\frac{r^2+1}{2r}$$

右辺は有理数の四則演算で作られるので有理数.

よって, $\sqrt{3}$ は有理数. ところがこれは(1)の結果に反する.

したがって, $\sqrt{2}+\sqrt{3}$ は無理数である. 終

《背理法》 命題 P を証明するのに, $\overline{P}$ を仮定して矛盾を導く方法を背理法という.
「p ならば q」を証明するときには, p と $\overline{q}$ を仮定して, 矛盾を導く. それに対して, 「p ならば q」の対偶を示す, というのは「$\overline{q}$ ならば $\overline{p}$」を証明することである. 論理的にはどちらも p と $\overline{q}$ が両立しないことを示す方法である.

シェーマ

直接証明につまずいたとき ⟫ 背理法
(結論を否定して矛盾を導く)

復習 011 (1) $\sqrt{6}$ が無理数であることを証明せよ.

(2) (1)を用いて $\sqrt{3}-\sqrt{2}$ が無理数であることを証明せよ.

例題 012　放物線のグラフ

(1)　放物線 $y=3x^2-2x-5$ の頂点の座標を求め，グラフをかけ．

(2)　放物線 $y=ax^2+bx+c$ の頂点の座標を求めよ．

 (1)　$y=3x^2-2x-5$ より

$$y=3\left(x-\frac{1}{3}\right)^2-\frac{16}{3}$$

←途中の変形は

$$y=3x^2-2x-5=3\left(x^2-\frac{2}{3}x\right)-5$$

$$=3\left\{\left(x-\frac{1}{3}\right)^2-\frac{1}{3^2}\right\}-5$$

頂点の座標は

$$\left(\boldsymbol{\frac{1}{3}},\ \boldsymbol{-\frac{16}{3}}\right)$$

グラフは $y=3x^2$ を x 軸方向に $\frac{1}{3}$，y 軸方向に $-\frac{16}{3}$ だけ平行移動したもの．

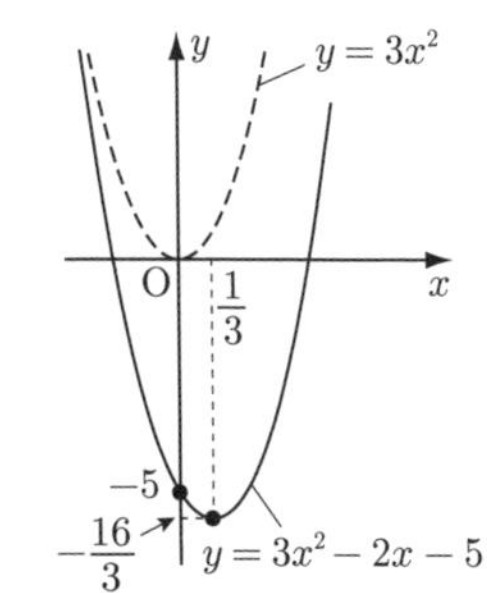

(2)　$y=ax^2+bx+c$ より

$$y=a\left(x+\frac{b}{2a}\right)^2-\frac{b^2-4ac}{4a}$$

よって，頂点の座標は

$$\left(\boldsymbol{-\frac{b}{2a}},\ \boldsymbol{-\frac{b^2-4ac}{4a}}\right)$$

Assist

(2)の途中の変形は次の通り．

$$ax^2+bx+c=a\left(x^2+\frac{b}{a}x\right)+c$$

$$=a\left\{\left(x+\frac{b}{2a}\right)^2-\frac{b^2}{4a^2}\right\}+c$$

$$=a\left(x+\frac{b}{2a}\right)^2-\frac{b^2}{4a}+c$$

$$=a\left(x+\frac{b}{2a}\right)^2-\frac{b^2-4ac}{4a}$$

このような変形を「平方完成」という．

$y=ax^2+bx+c$ のグラフをかく ⇒ **$y=a(x-\alpha)^2+\beta$ の形に変形し，$y=ax^2$ を x 軸方向に α，y 軸方向に β だけ平行移動する**

復習 012　放物線 $y=-4x^2-2x-3$ の頂点の座標を求め，グラフをかけ．

2次関数

例題 013 放物線の移動

放物線 $y=\frac{1}{2}x^2$ を x 軸方向に 2，y 軸方向に -3 だけ平行移動し，x 軸に関して対称移動した放物線の方程式を求め，y 軸との交点の座標を求めよ．

解 放物線 $y=\frac{1}{2}x^2$ を問題文にあるように平行移動し，x 軸に関して対称移動すると，頂点と x^2 の係数は

$$\text{頂点}:(0,\ 0)\to(2,\ -3)\to(2,\ 3)$$

$$x^2\text{の係数}:\ \frac{1}{2}\ \to\ \frac{1}{2}\ \to\ -\frac{1}{2}$$

と変化する．よって，求める放物線の頂点は $(2,\ 3)$，x^2 の係数は $-\frac{1}{2}$ であるから

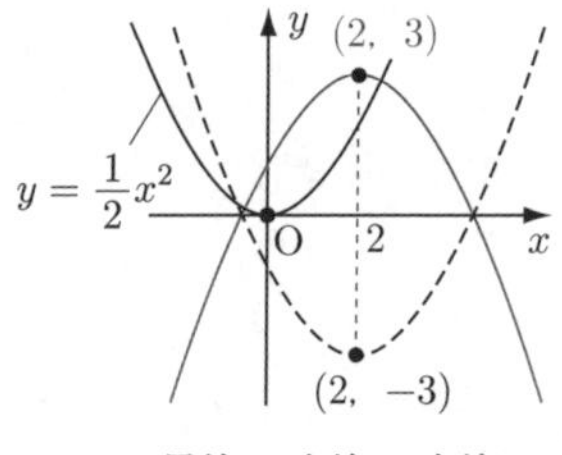

黒線 → 点線 → 赤線

$$y=-\frac{1}{2}(x-2)^2+3 \qquad \therefore\ \boldsymbol{y=-\frac{1}{2}x^2+2x+1}$$

また，$x=0$ を代入すると ←| y 軸を表す式が $x=0$

$$y=1$$

であるから，y 軸との交点は **(0, 1)**

Assist

1° 題意をみたす放物線は，移動すれば，もとの放物線と重なる図形だが，もとの放物線が下に凸であるのに対して，x 軸で折り返したので，上に凸になる．よって，x^2 の係数は $-\frac{1}{2}$

2° 次のように放物線の方程式を順に求めてもよい．

放物線 $y=\frac{1}{2}x^2$ を x 軸方向に 2，y 軸方向に -3 だけ平行移動した放物線の方程式は

$$y+3=\frac{1}{2}(x-2)^2 \qquad \therefore\ y=\frac{1}{2}x^2-2x-1$$

さらにこれを x 軸に関して対称移動すると，放物線の方程式は

$$y=-\left(\frac{1}{2}x^2-2x-1\right) \qquad \therefore\ y=-\frac{1}{2}x^2+2x+1$$

シェーマ

頂点 $(\alpha,\ \beta)$ は

「x 軸に関する対称移動」 ⋙ 点 $(\alpha,\ -\beta)$ に移る

「y 軸に関する対称移動」 ⋙ 点 $(-\alpha,\ \beta)$ に移る

「原点 O に関する点対称移動」 ⋙ 点 $(-\alpha,\ -\beta)$ に移る

復習 013 放物線 $y=-2x^2$ を x 軸方向に -1，y 軸方向に 2 だけ平行移動し，原点に関して対称に移動した放物線の方程式を求め，y 軸との交点の座標を求めよ．

例題 014　2次関数の決定

グラフが，次の各条件をみたすような2次関数を求めよ．

(1)　3点 $(0,\ 9)$，$(1,\ 3)$，$(2,\ 1)$ を通る．

(2)　放物線 $y=2x^2+x$ を平行移動したもので，頂点が $y=x+2$ 上にあり，点 $(1,\ 4)$ を通る．

(3)　x 軸上の2点 $(-3,\ 0)$，$(1,\ 0)$ と y 軸上の点 $(0,\ -3)$ を通る．

解 (1)　2次関数を $y=ax^2+bx+c$ と表すと，3点 $(0,\ 9)$，$(1,\ 3)$，$(2,\ 1)$ を通るので

$$\begin{cases} 9=c \\ 3=a+b+c \\ 1=4a+2b+c \end{cases} \quad \therefore \quad \begin{cases} a+b=-6 \\ 4a+2b=-8 \\ c=9 \end{cases} \quad \therefore \quad a=2,\ b=-8$$

よって　$\boldsymbol{y=2x^2-8x+9}$

(2)　頂点は $y=x+2$ 上にあるから，$(t,\ t+2)$ と表せる．また，放物線 $y=2x^2+x$ を平行移動したものであるから，x^2 の係数は2であり，放物線の方程式は

← 点が $y=f(x)$ 上のとき $(t,\ f(t))$ と表せる．

$$y=2(x-t)^2+t+2 \quad \cdots\cdots①$$

と表せる．さらに，点 $(1,\ 4)$ を通るので

$$4=2(1-t)^2+t+2 \quad \therefore \quad t(2t-3)=0 \quad \therefore \quad t=0,\ \frac{3}{2}$$

①に代入して　$\boldsymbol{y=2x^2+2,\ \ y=2\left(x-\frac{3}{2}\right)^2+\frac{7}{2}}$

(3)　x 軸上の2点 $(-3,\ 0)$，$(1,\ 0)$ を通るので，2次関数は $y=a(x+3)(x-1)$ と表せる．さらに，点 $(0,\ -3)$ を通るので　$-3=-3a$　　$\therefore$　$a=1$

よって　$y=(x+3)(x-1)$　　$\therefore$　$\boldsymbol{y=x^2+2x-3}$

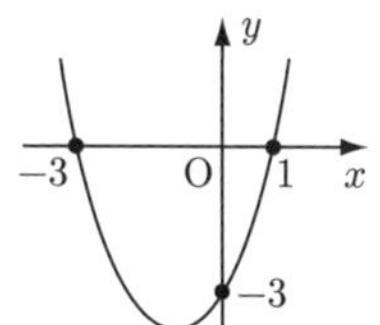

シェーマ

2次関数の決定 ⋙
- ○ 3点が与えられたら $y=ax^2+bx+c$ と表す
- ○ 軸 $x=\alpha$ か頂点 $(\alpha,\ \beta)$ が与えられたら $y=a(x-\alpha)^2+\beta$ と表す
- ○ x 軸との2交点 $(\alpha,\ 0)$，$(\beta,\ 0)$ が与えられたら $y=a(x-\alpha)(x-\beta)$ と表す

復習 014　グラフが，次の各条件をみたすような2次関数を求めよ．

(1)　3点 $(0,\ 1)$，$(2,\ 0)$，$(3,\ 5)$ を通る．

(2)　放物線 $y=-3x^2+2x$ を平行移動したもので，頂点が $y=2x-1$ 上にあり，点 $(1,\ 1)$ を通る．

(3)　x 軸上の2点 $(-1,\ 0)$，$(-3,\ 0)$ と点 $(1,\ -1)$ を通る．

例題 015　2次関数の最大値・最小値①

2次関数 $y=\dfrac{1}{2}x^2+\dfrac{1}{2}x+1$ において，$-1 \leqq x \leqq 1$ における最大値，最小値を求めよ．また，$0 \leqq x \leqq 2$ における最大値，最小値を求めよ．

解

$$y=\frac{1}{2}x^2+\frac{1}{2}x+1$$

$$\therefore\ y=\frac{1}{2}\left(x+\frac{1}{2}\right)^2+\frac{7}{8}$$

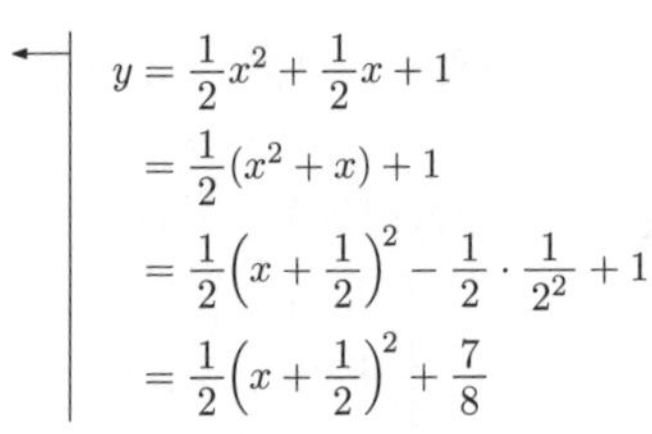

$y=\frac{1}{2}x^2+\frac{1}{2}x+1$
$=\frac{1}{2}(x^2+x)+1$
$=\frac{1}{2}\left(x+\frac{1}{2}\right)^2-\frac{1}{2}\cdot\frac{1}{2^2}+1$
$=\frac{1}{2}\left(x+\frac{1}{2}\right)^2+\frac{7}{8}$

よって，このグラフは頂点が $\left(-\dfrac{1}{2},\ \dfrac{7}{8}\right)$ であり，

$y=\dfrac{1}{2}x^2$ を平行移動したもの．

($-1 \leqq x \leqq 1$ の場合)

$x=1$ のとき

y の最大値　2

$x=-\dfrac{1}{2}$ のとき

y の最小値　$\dfrac{7}{8}$

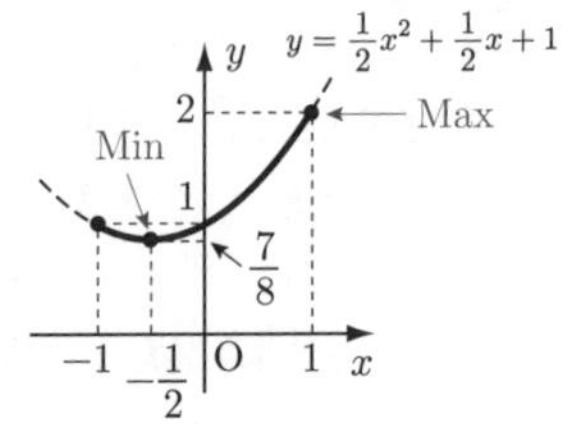

($0 \leqq x \leqq 2$ の場合)

$x=2$ のとき

y の最大値　4

$x=0$ のとき

y の最小値　1

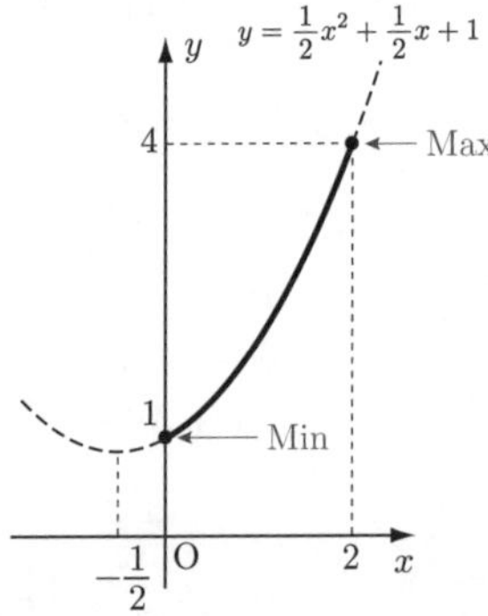

シェーマ

$f(x)$ の最大・最小 ⋙ $y=f(x)$ のグラフをかいて，定義域内の一番高い点と低い点の y 座標を考える（必ずしも端点でとるわけではない）

復習 015　2次関数 $y=-3x^2+5x+1$ において，$-2 \leqq x \leqq 2$ における最大値，最小値を求めよ．また，$1 \leqq x \leqq 2$ における最大値，最小値を求めよ．

例題 016　2次関数の最大値・最小値②

2次関数 $y=x^2-2ax+a+2$ (a は定数)において，$0 \leqq x \leqq 2$ における最大値，最小値を求めよ．

解 $y=x^2-2ax+a+2=(x-a)^2-a^2+a+2$ より，軸は　$x=a$

(最大値)

(i)　$a \leqq 1$ のとき，$x=2$ で　$\boldsymbol{y}$ **の最大値**　$\boldsymbol{-3a+6}$

(ii)　$a \geqq 1$ のとき，$x=0$ で　$\boldsymbol{y}$ **の最大値**　$\boldsymbol{a+2}$

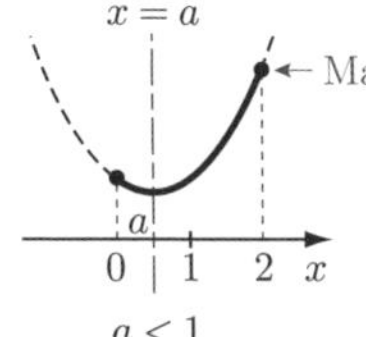

$a<1$

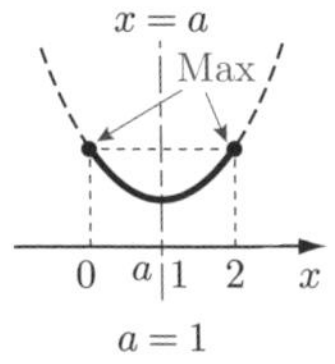

$a=1$

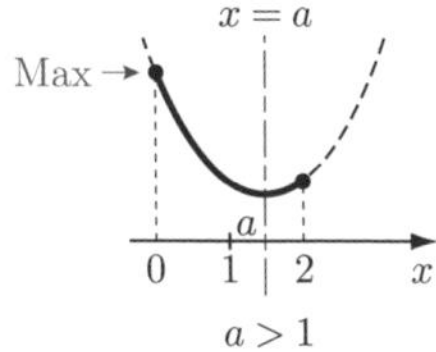

$a>1$

(最小値)

(i)　$a \leqq 0$ のとき，$x=0$ で　$\boldsymbol{y}$ **の最小値**　$\boldsymbol{a+2}$

(ii)　$0 \leqq a \leqq 2$ のとき，$x=a$ で　$\boldsymbol{y}$ **の最小値**　$\boldsymbol{-a^2+a+2}$

(iii)　$a \geqq 2$ のとき，$x=2$ で　$\boldsymbol{y}$ **の最小値**　$\boldsymbol{-3a+6}$

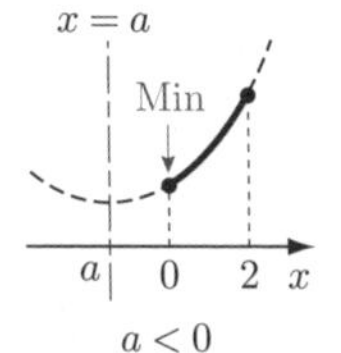

$a<0$

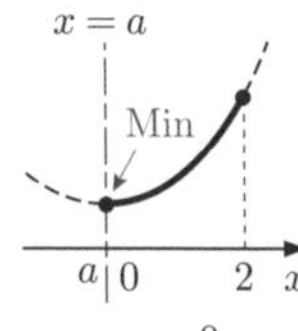

$a=0$

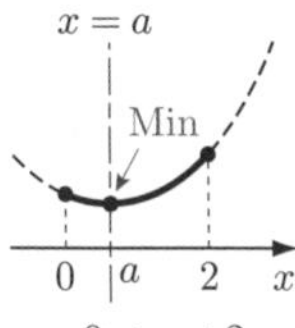

$0<a<2$

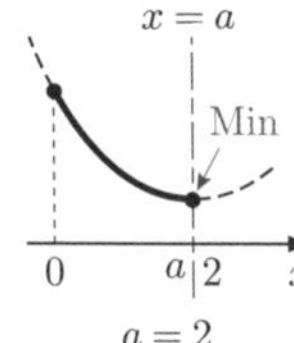

$a=2$

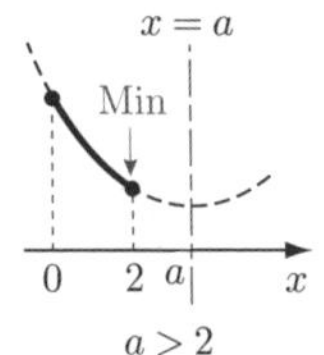

$a>2$

Assist

最大値・最小値を与えるグラフ上の点は，左端点か右端点か頂点のいずれかで，文字定数 a の値によって異なる．そこで場合分けをして答えを表すことになる．

放物線のグラフが下に凸であるから，最大値は，軸に一番遠い点で与えられるので，軸が定義域の中央に対して左側，右側で場合分けをする．最小値は，軸に一番近い点で与えられるので，軸が定義域の左側，内側，右側で場合分けをする．

{ 最大値は，グラフの両端の高さが等しいとき ($a=1$) が分岐点！
　最小値は，軸が x の範囲の左端，右端に重なるとき ($a=0$，2) が分岐点！

シェーマ

文字定数を含む2次関数の最大・最小 ⋙ **軸の位置と定義域の位置関係で場合分け**

復習 016　2次関数 $y=2x^2-ax+2$ (a は定数)において，$0 \leqq x \leqq 1$ における最大値，最小値を求めよ．

例題 017　2次関数の最大値・最小値③

2次関数 $y=x^2-2x+2$ において，$a \leqq x \leqq a+1$ (a は定数) における最大値，最小値を求めよ．

解 $y=x^2-2x+2=(x-1)^2+1$ より，軸は　$x=1$

（最大値）

（i）$a \leqq \dfrac{1}{2}$ のとき，$x=a$ で　　**y の最大値　a^2-2a+2**

（ii）$a \geqq \dfrac{1}{2}$ のとき，$x=a+1$ で　**y の最大値　a^2+1**

←定義域の中央が $x=a+\dfrac{1}{2}$，軸が $x=1$ その大小で場合分け．

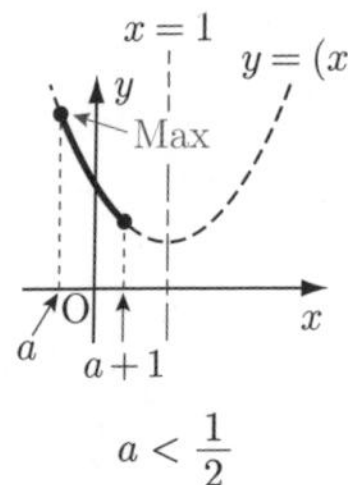

$a<\dfrac{1}{2}$

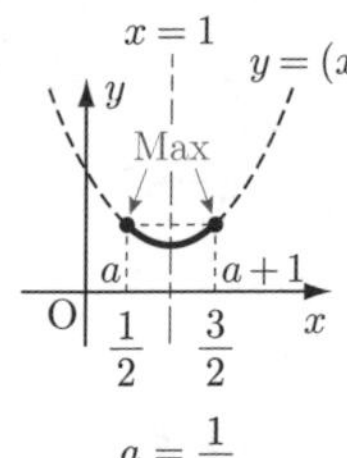

$a=\dfrac{1}{2}$

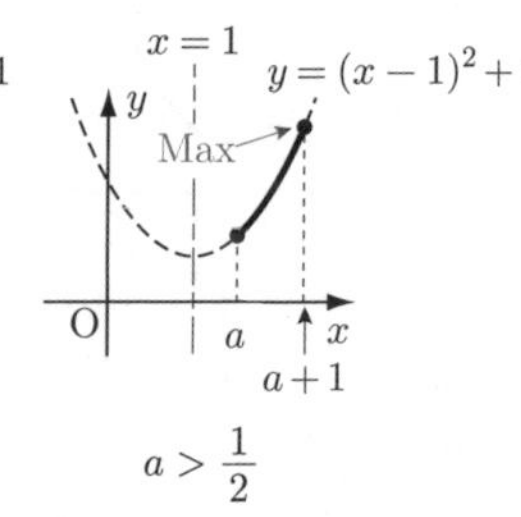

$a>\dfrac{1}{2}$

（最小値）

（i）$a \leqq 0$ のとき，$x=a+1$ で　**y の最小値　a^2+1**

（ii）$0 \leqq a \leqq 1$ のとき，$x=1$ で　**y の最小値　1**

（iii）$a \geqq 1$ のとき，$x=a$ で　　**y の最小値　a^2-2a+2**

←定義域の両端が $x=a$，$a+1$，軸が $x=1$ それらの大小で場合分け．

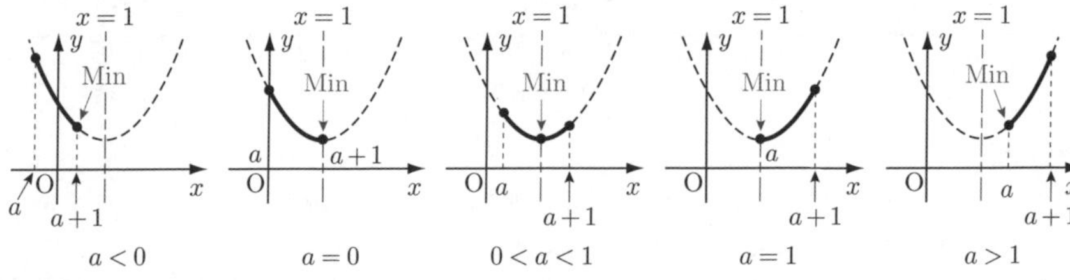

$a<0$　　$a=0$　　$0<a<1$　　$a=1$　　$a>1$

Assist

y の最大値は，必ず $x=a$ か $x=a+1$ でとるので，a^2-2a+2 と a^2+1 の大きい方の値（同じ値のときはその値）になる．そこで横軸を a として $y=a^2-2a+2$ と $y=a^2+1$ のグラフをかいて最大値を調べることもできる．最小値についても，$0<a<1$（軸が定義域の内部）のとき以外は，a^2-2a+2 と a^2+1 の小さい方の値（同じ値のときはその値）になる．

シェーマ

下に凸の2次関数の最大・最小 ⟫ {○ 軸から一番遠い点で最大 / ○ 軸から一番近い点で最小}

復習 017　2次関数 $y=x^2-2x+2$ において，$0 \leqq x \leqq a$ (a は正の定数) における最大値，最小値を求めよ．

例題 018　x の2次式の2次式

4次関数 $y=(x^2+2x)^2+4(x^2+2x)+5$ の最大値，最小値を求めよ．

解 $x^2+2x=t$ ……① とおくと

$$y=t^2+4t+5$$
$$=(t+2)^2+1 \quad \cdots\cdots②$$

一方，①より

$$t=(x+1)^2-1$$

よって，x がすべての実数値をとるとき，t の値の範囲は

$$t \geqq -1$$

したがって，この範囲で②の最大，最小を求めればよい．

$t=-1$ のとき

y の最小値　2

また

y の最大値は存在しない

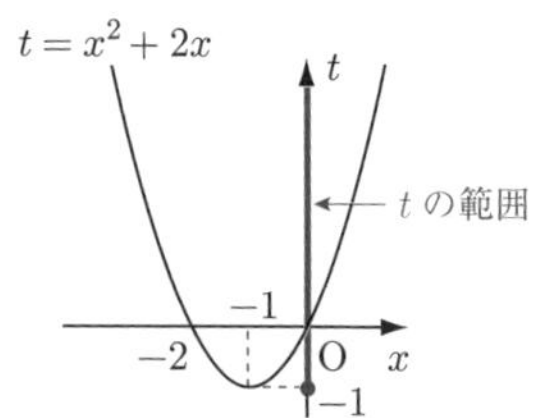

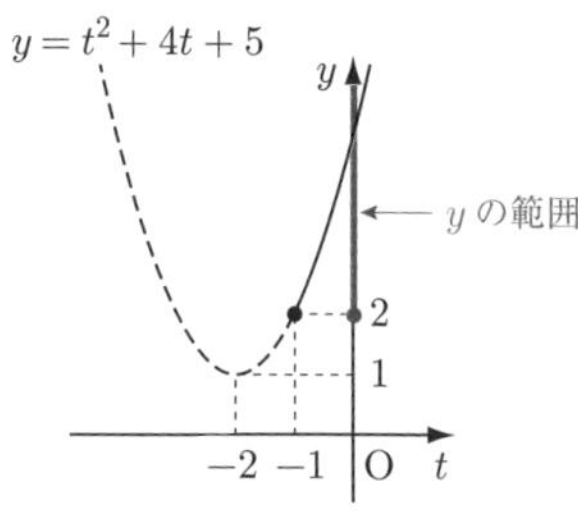

Assist

$x^2+2x=t$ とおくと，y は t の2次関数となる．t 自身も x の2次関数である．そこで x が実数値をとるときの t のとり得る値の範囲を調べ，その範囲で t の2次関数 y のとり得る値の範囲を考える．

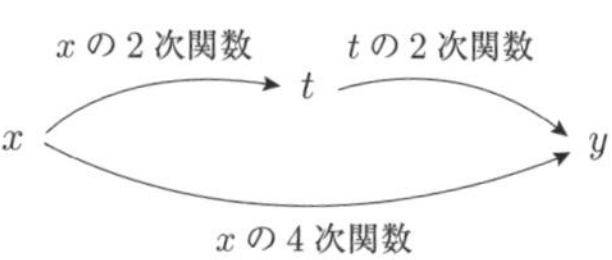

シェーマ

$y=a\{f(x)\}^2+b\{f(x)\}+c$ の最大値・最小値 ⇒

(i)　$t=f(x)$ とおく
(ii)　t の範囲を求める
(iii)　$y=at^2+bt+c$ の最大値，最小値を求める

復習 018　4次関数 $y=(x^2+4x)^2-4x^2-16x+1$ $(0 \leqq x \leqq 1)$ の最大値，最小値を求めよ．

例題 019 放物線と x 軸の共有点

放物線 $y=x^2+3x+a+1$ において，次のおのおのの条件をみたす定数 a の値を求めよ．

(1) x 軸と 2 交点をもち，その 2 点の距離が 1 である．

(2) x 軸との 2 交点と頂点が直角二等辺三角形をなす．

解 (1) $y=x^2+3x+a+1$ と $y=0$ を連立して，y を消去すると

$$x^2+3x+a+1=0 \quad \cdots\cdots ①$$

←①をみたす実数 x は 2 次関数のグラフと x 軸の共有点の x 座標．

2 交点をもつ条件は，判別式を D とすると

$$D=3^2-4(a+1)>0 \qquad \therefore \quad a<\frac{5}{4}$$

$y=x^2+3x+a+1$

A B α β x

このとき①は異なる 2 解をもち，これを α，β $(\alpha<\beta)$ とすると $\alpha=\dfrac{-3-\sqrt{D}}{2}$，$\beta=\dfrac{-3+\sqrt{D}}{2}$

このとき 2 交点は $A(\alpha,\ 0)$，$B(\beta,\ 0)$ で，条件より

$$AB=1 \qquad \therefore \quad \beta-\alpha=1$$

ここで $\beta-\alpha=\dfrac{-3+\sqrt{D}}{2}-\dfrac{-3-\sqrt{D}}{2}=\sqrt{D}=\sqrt{-4a+5}$ より

$$\sqrt{-4a+5}=1 \qquad \therefore \quad -4a+5=1 \qquad \therefore \quad a=\mathbf{1}$$

(2) $y=\left(x+\dfrac{3}{2}\right)^2+a-\dfrac{5}{4}$ より放物線の頂点は

$y=x^2+3x+a+1$

A M B α β x C

$C\left(-\dfrac{3}{2},\ a-\dfrac{5}{4}\right)$．AB の中点を M とすると，△ABC が直角二等辺三角形となる条件は　$AM=MC$

$AM=\dfrac{\beta-\alpha}{2}=\dfrac{1}{2}\sqrt{-4a+5}$，$MC=-\left(a-\dfrac{5}{4}\right)=\dfrac{1}{4}(-4a+5)$ より

$$\frac{1}{2}\sqrt{-4a+5}=\frac{1}{4}(-4a+5) \qquad \therefore \quad \frac{1}{2}=\frac{1}{4}\sqrt{-4a+5}$$

←$\sqrt{-4a+5}$ で割った．

$$\therefore \quad 4=-4a+5 \qquad \therefore \quad a=\mathbf{\frac{1}{4}}$$

《解の公式》　方程式 $ax^2+bx+c=0$ の解は

$$D=b^2-4ac \geqq 0 \text{ のとき} \quad x=\frac{-b\pm\sqrt{b^2-4ac}}{2a}$$

シェーマ

放物線 $y=f(x)$ と x 軸の2交点の距離 ⋙ $f(x)=0$ の2実数解の差

復習 | 019　2 次関数 $y=x^2-2x+2a$ のグラフが x 軸と 2 交点をもち，その 2 交点の距離が 3 であるとき，定数 a の値を求めよ．また，2 交点と頂点が正三角形をなす定数 a の値を求めよ．

例題 020　2次不等式①

次の2次不等式を解け.

(1)　$2x^2-x-6>0$

(2)　$2x^2+4x-3 \leqq 0$

解 (1)　(与式) $\iff (2x+3)(x-2)>0$

より

$$\boldsymbol{x<-\frac{3}{2},\ 2<x}$$

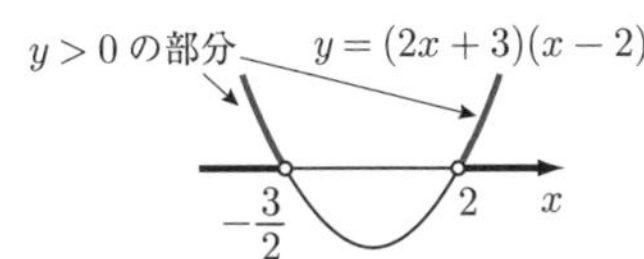

(2)　$2x^2+4x-3=0$ とおくと，解の公式より

$$x=\frac{-2\pm\sqrt{10}}{2}$$

これは，$y=2x^2+4x-3$ と x 軸の交点の x 座標であるから，図より

$$\boldsymbol{\frac{-2-\sqrt{10}}{2} \leqq x \leqq \frac{-2+\sqrt{10}}{2}}$$

《解の公式($b=2b'$のとき)》

$ax^2+2b'x+c=0$ の解は

$\dfrac{D}{4}=b'^2-ac \geqq 0$ のとき

$$x=\frac{-b'\pm\sqrt{b'^2-ac}}{a}$$

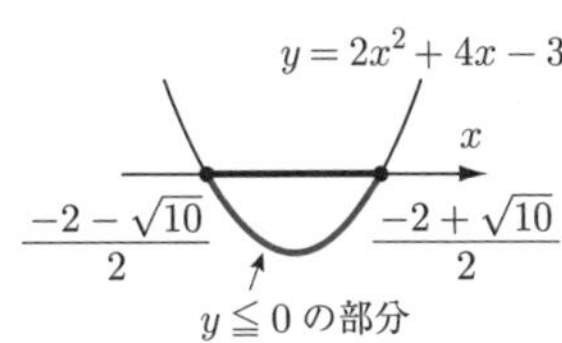

Assist

1°　(1)において，2次不等式を解くとは，$2x^2-x-6>0$ をみたす実数 x の全体を求めることである．これは，$y=2x^2-x-6$ のグラフ上の点で $y=0$ (x 軸) より上にあるものの x 座標の全体である．

2°　(2)において，与式は $2\left(x-\dfrac{-2-\sqrt{10}}{2}\right)\left(x-\dfrac{-2+\sqrt{10}}{2}\right) \leqq 0$ と変形できる．

《2次不等式の解》　$(x-\alpha)(x-\beta)>0 \iff x<\alpha,\ \beta<x$

$(x-\alpha)(x-\beta)<0 \iff \alpha<x<\beta$

(α，β は実数の定数で $\alpha<\beta$ とする)

シェーマ

不等式 $f(x)>0$ を解く ≫ $y=f(x)$ のグラフ上で，x 軸より上にある点の x 座標の全体を求める

復習 | 020　次の2次不等式を解け.

(1)　$3x^2+x-4<0$

(2)　$2x^2-x-2 \geqq 0$

例題 021 2次不等式②

次の2次不等式を解け.

(1) $x^2-2x+2>0$

(2) $x^2-2x+1>0$

(3) $x^2-2\sqrt{2}x+2\leqq 0$

解 (1) 与式は $(x-1)^2+1>0$ と変形できるが，この式はつねに成り立つ．よって，求める解は ←（実数)$^2\geqq 0$ より.

すべての実数

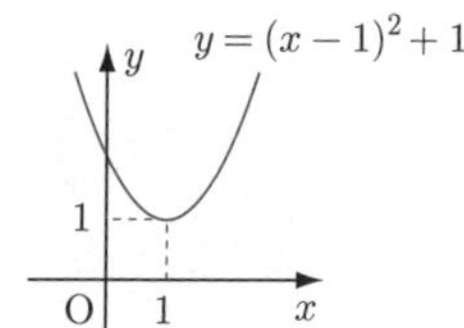

(2) 与式は $(x-1)^2>0$ と変形できるが，この式は $x=1$ 以外でつねに成り立つ．よって，求める解は

$\boldsymbol{x\neq 1}$ (であるすべての実数)

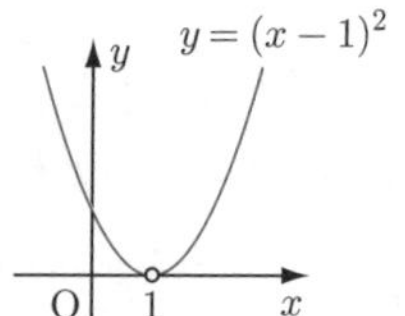

(3) 与式は $(x-\sqrt{2})^2\leqq 0$ と変形できる．よって，求める解は

$\boldsymbol{x=\sqrt{2}}$

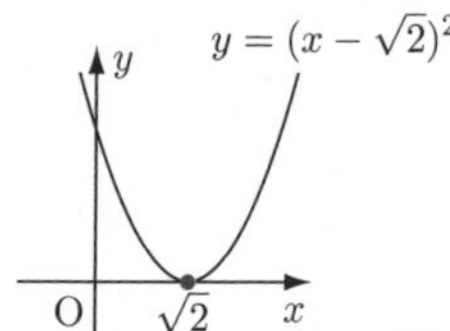

Assist

(1)において，$x^2-2x+2=0$ とおくと $\dfrac{D}{4}=-1\ (<0)$ であるから，$y=x^2-2x+2$ のグラフは x 軸と共有点をもたない．しかも下に凸であるから，グラフは x 軸の上側にある．つまり，つねに $y>0$，よって $x^2-2x+2>0$ とわかる．このように，2次式の値が「つねに正かどうか」「つねに負かどうか」といったことは D の符号(あるいは頂点の y 座標)と，凸の向き(x^2 の係数の符号)でわかる.

シェーマ

$(x-a)^2+b>0$ （b は正） ⋙ **解はすべての実数**

復習 021 次の2次不等式を解け.

(1) $-x^2-2x-2>0$

(2) $x^2-ax+a^2>0$ (a は正の定数)

(3) $2x^2-6\sqrt{2}x+9\leqq 0$

例題 022　文字定数を含む2次不等式

a は定数とする.

(1)　2次不等式 $x^2-(a+2)x+2a>0$ を解け.

(2)　不等式 $ax^2-3a^2x+2a^3<0$ を解け.

解 (1)　$x^2-(a+2)x+2a>0$ より　$(x-a)(x-2)>0$

よって

(i)　$a<2$ のとき

　　$\boldsymbol{x<a,\ 2<x}$

(ii)　$a>2$ のとき

　　$\boldsymbol{x<2,\ a<x}$

(iii)　$a=2$ のとき

　　$\boldsymbol{x\neq 2}$ (であるすべての実数)

(i)
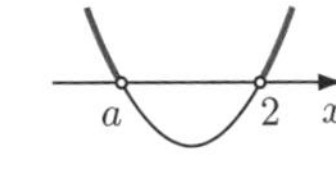

(ii)
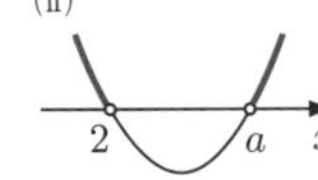

(iii)
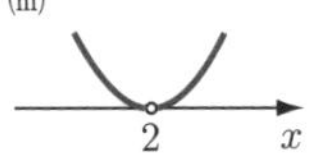

←このとき
与式 $\iff (x-2)^2>0$

(2)　$ax^2-3a^2x+2a^3<0$ より

$$a(x^2-3ax+2a^2)<0$$

$$\therefore\quad a(x-a)(x-2a)<0 \qquad \cdots\cdots①$$

よって

(i)　$a=0$ のとき, 与式は $0<0$ となり

　　解なし

(ii)　$a>0$ のとき

　　① $\iff (x-a)(x-2a)<0$

　であり, このとき $a<2a$ より

　　$\boldsymbol{a<x<2a}$

(ii)
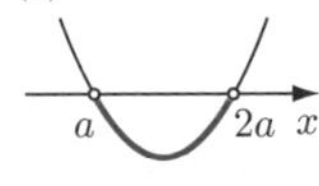

(iii)　$a<0$ のとき

　　① $\iff (x-a)(x-2a)>0$

　であり, このとき $2a<a$ より

　　$\boldsymbol{x<2a,\ a<x}$

(iii)
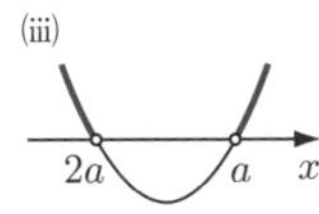

Assist

2次不等式の左辺を $a(x-\alpha)(x-\beta)$ (右辺が0)の形に変形したとき, a が負であれば, a で割ると不等号の向きが変わることに注意する.

シェーマ

文字定数 a を含む2次不等式 ⇒ 文字定数の値により場合分けを考える

復習 | 022　不等式 $ax^2+(a-3a^2)x+2a^3-a^2\leqq 0$ を解け. ただし, a は定数とする.

例題 023　2次方程式の解の配置

2次方程式 $x^2-2ax-2a+1=0$ について，次の条件をみたす定数 a の値の範囲を求めよ．

(1)　1解が1より大きく，もう1解が1より小さい．

(2)　1解が0と2の間にあり，もう1解が0より小さいか2より大きい．

(3)　2解がともに0より大きく，2より小さい．

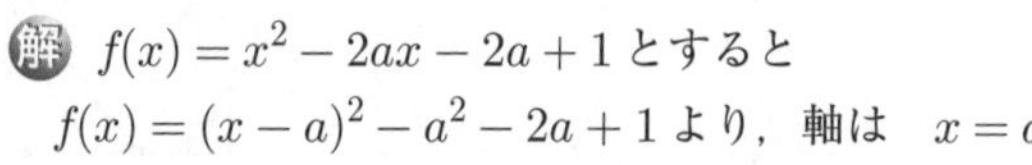

解　$f(x)=x^2-2ax-2a+1$ とすると

$f(x)=(x-a)^2-a^2-2a+1$ より，軸は　$x=a$

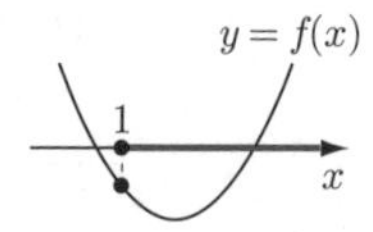

(1)　条件より　$f(1)=-4a+2<0$　　$\therefore$　$\boldsymbol{a>\dfrac{1}{2}}$

(2)　条件より，$f(0)$ と $f(2)$ は異符号である．つまり

$$f(0)f(2)=(-2a+1)(-6a+5)<0$$

$$\therefore\quad (2a-1)(6a-5)<0$$

$$\therefore\quad \boldsymbol{\frac{1}{2}<a<\frac{5}{6}}$$

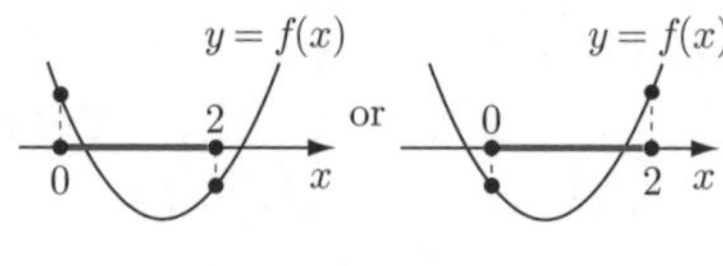

(3)　条件より

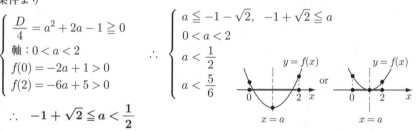

$$\begin{cases}\dfrac{D}{4}=a^2+2a-1\geqq 0\\ \text{軸}:0<a<2\\ f(0)=-2a+1>0\\ f(2)=-6a+5>0\end{cases}\quad\therefore\quad\begin{cases}a\leqq -1-\sqrt{2},\ -1+\sqrt{2}\leqq a\\ 0<a<2\\ a<\dfrac{1}{2}\\ a<\dfrac{5}{6}\end{cases}$$

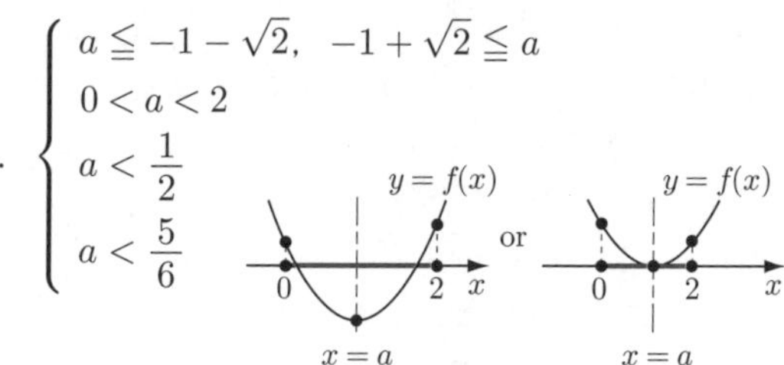

$$\therefore\quad \boldsymbol{-1+\sqrt{2}\leqq a<\frac{1}{2}}$$

Assist

1°　(3)において $\dfrac{D}{4}\geqq 0$ という条件は，$y=f(x)$ のグラフが下に凸であるから，頂点の y 座標 $=-a^2-2a+1\leqq 0$ で置きかえてもよい．

2°　たんに「2解」というときは，重解の場合も含む．これは，2解を α，β とするとき，条件が「$0<\alpha<2$ かつ $0<\beta<2$」と表せ，$\alpha=\beta$ の場合も含むからである（重解を含まない場合は，「異なる2解」という）．

シェーマ

2次方程式 $f(x)=0$ の解の配置の問題 ⟫ **「判別式（or 頂点の y 座標），軸，端点」に着目**

復習 023　2次方程式 $x^2-4ax+2a+1=0$ について，次の条件をみたす定数 a の値の範囲を求めよ．

(1)　1解が2より大きく，もう1解が2より小さい．

(2)　2解がともに1より大きい．　　(3)　2解がともに0以上2以下である．

例題 024　x^2 の2次方程式の解の個数

x の方程式 $x^4+2ax^2+a+6=0$ が，異なる4つの実数解をもつ定数 a の値の範囲を求めよ．

解　$x^2=t$　……①　とおくと，与式は

$$t^2+2at+a+6=0 \quad ……②$$

①より，与式がちょうど4つの実数解をもつのは，t の2次方程式②が異なる2つの正の解をもつときである．

$f(t)=t^2+2at+a+6$ とおくと，$f(t)=(t+a)^2-a^2+a+6$ より，$y=f(t)$ の軸は $t=-a$ である．$f(t)=0$ の判別式を D とすると，条件は

$$\begin{cases} \dfrac{D}{4}=a^2-(a+6)>0 & \text{←判別式の条件} \\ -a>0 & \text{←軸の条件} \\ f(0)=a+6>0 & \text{←端点の条件}(t>0\text{より}) \end{cases}$$

y
y = f(t)
O
t
t = −a

$$\therefore \begin{cases} (a-3)(a+2)>0 & \therefore\ a<-2,\ 3<a \\ a<0 \\ a>-6 \end{cases}$$

$$\therefore \ \boldsymbol{-6<a<-2}$$

Assist

①より実数 t に対応する実数 x の個数は

$$\begin{cases} t>0\text{のとき2個} \\ t=0\text{のとき1個} \end{cases}$$

である．($t<0$ である実数 t に対応する実数 x は存在しない)

よって，②が2つの異なる正の解をもてば，そのおのおのが①をみたす2つの x に対応するので，与式は4つの異なる実数解をもつことになる．

たとえば，②が正の2解 α，$\beta\ (\alpha \neq \beta)$ をもつならば，元の x の4次方程式は $\pm\sqrt{\alpha}$，$\pm\sqrt{\beta}$ の4つの解をもつことになる．

シェーマ

x^2 の方程式の解の個数 ⋙ **$x^2=t$ とおき，t と x の個数の対応を考える**

復習 | 024　$x^4+2ax^2+3a-1=0$ が，ちょうど2つの実数解をもつ定数 a の値の範囲を求めよ．

例題 025　不等式がつねに成り立つ条件

すべての実数 x に対し，$ax^2+x+a \geqq 0$ をみたす定数 a の値の範囲を求めよ．

解　$f(x)=ax^2+x+a$ とおく．

$a=0$ とすると与式は $x \geqq 0$ となり，すべての x で成り立つわけではないので，題意をみたさない．

よって　$a \neq 0$

このとき，$f(x)$ は2次関数であり，題意をみたすのは，$y=f(x)$ が下に凸で，x 軸と接するか共有点をもたないときである．

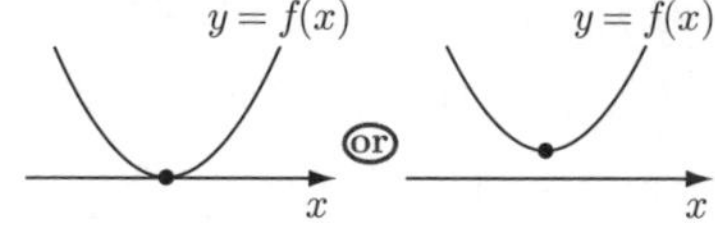

つまり，$a>0$ であり，かつ方程式

$ax^2+x+a=0$ が重解をもつか実数解をもたないときで，判別式を D とすると

$$a>0 \quad \text{かつ} \quad D=1-4a^2 \leqq 0$$

$$\therefore \quad \boldsymbol{a \geqq \frac{1}{2}}$$

Assist

「$y=f(x)$ のグラフが下に凸で，x 軸と接するか共有点をもたない」という条件は，$a>0$ かつ「頂点の y 座標 $\geqq 0$」といってもよい．つまり，$f(x)=a\left(x+\dfrac{1}{2a}\right)^2+a-\dfrac{1}{4a}$ であるから

$$a>0 \quad \text{かつ} \quad \text{頂点の}\ y\ \text{座標}=a-\frac{1}{4a} \geqq 0$$

$$\therefore \quad a \geqq \frac{1}{2}$$

としてもよい．

すべての実数 x について，$f(x) \geqq 0$（$f(x)$ は2次式）

$y=f(x)$ のグラフが下に凸で，x 軸と接するか共有点をもたない

復習 025　すべての実数 x に対し，$ax^2+2(a+1)x+a-2 \leqq 0$ をみたす定数 a の値の範囲を求めよ．

例題 026　2次不等式がつねに成り立つ条件

$0 \leqq x \leqq 2$ であるすべての x に対し，$x^2 - 2ax + 2a + 1 \geqq 0$ をみたす定数 a の値の範囲を求めよ．

解 $f(x) = x^2 - 2ax + 2a + 1$ とおくと

$$f(x) = (x-a)^2 - a^2 + 2a + 1$$

$0 \leqq x \leqq 2$ であるすべての x に対し，$f(x) \geqq 0$ となる条件は，$0 \leqq x \leqq 2$ における $f(x)$ の最小値が 0 以上ということである．$y = f(x)$ の軸が $x = a$ であるから

(i)　$a < 0$ のとき，条件は

$$f(0) = 2a + 1 \geqq 0$$

← $f(x)$ の最小値を**例題 016** のように場合分けをして求める．

$$\therefore \quad a \geqq -\frac{1}{2}$$

これと $a < 0$ より　$-\dfrac{1}{2} \leqq a < 0$　……①

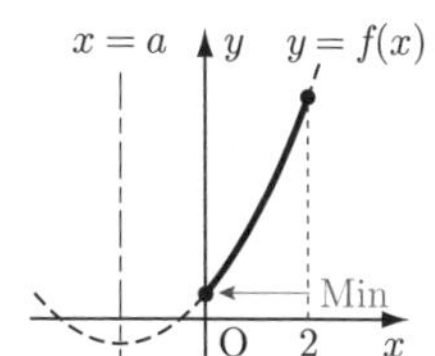

(ii)　$0 \leqq a \leqq 2$ のとき，条件は

$$f(a) = -a^2 + 2a + 1 \geqq 0$$

$$\therefore \quad a^2 - 2a - 1 \leqq 0$$

$$\therefore \quad 1 - \sqrt{2} \leqq a \leqq 1 + \sqrt{2}$$

これと $0 \leqq a \leqq 2$ より　$0 \leqq a \leqq 2$　……②

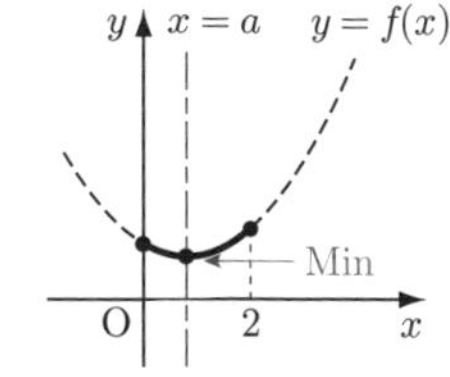

(iii)　$a > 2$ のとき，条件は

$$f(2) = -2a + 5 \geqq 0$$

$$\therefore \quad a \leqq \frac{5}{2}$$

これと $a > 2$ より　$2 < a \leqq \dfrac{5}{2}$　……③

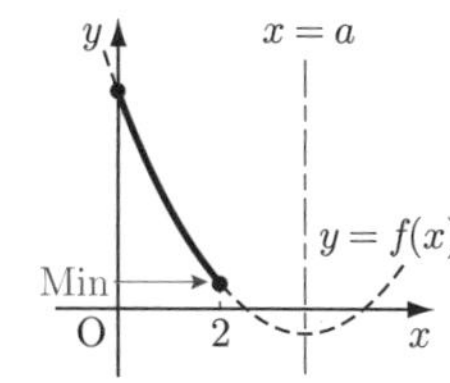

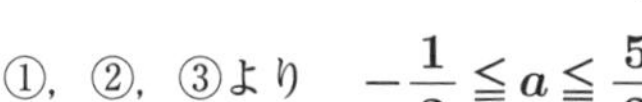

①，②，③より　$\boldsymbol{-\dfrac{1}{2} \leqq a \leqq \dfrac{5}{2}}$

シェーマ

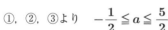

$\alpha \leqq x \leqq \beta$ であるすべての x に対し $f(x) \geqq 0$　⋙　$f(x)$ の最小値 $\geqq 0$

$\alpha \leqq x \leqq \beta$ であるすべての x に対し $f(x) \leqq 0$　⋙　$f(x)$ の最大値 $\leqq 0$

復習 026　$0 \leqq x \leqq 1$ であるすべての x に対し，$x^2 + 4ax + 3a - 1 < 0$ をみたす定数 a の値の範囲を求めよ．

例題 027 連立不等式が解をもつ条件

a を正の定数とする．次の2つの不等式をともにみたす実数 x が存在する a の値の範囲を求めよ．

(1) $\begin{cases} x^2-ax-2a^2<0 \\ x^2-x-6>0 \end{cases}$　　(2) $\begin{cases} x^2-5ax+6a^2\leqq 0 \\ x^2-7x+10\leqq 0 \end{cases}$

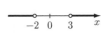

解 (1) $x^2-ax-2a^2<0$ ……①　　$x^2-x-6>0$ ……②

①は $(x+a)(x-2a)<0$ と変形され，$a>0$ より

$-a<x<2a$ ……①′

②は　$(x-3)(x+2)>0$　　$\therefore$　$x<-2,\ 3<x$ ……②′

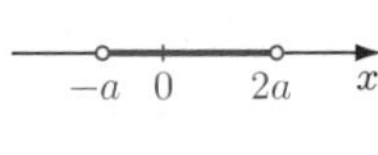

よって，題意をみたすのは，①′と②′をともにみたす実数 x が存在するときである．つまり

$-a<-2$　または　$3<2a$

$\therefore$　$a>2$　または　$a>\dfrac{3}{2}$　　$\therefore$　$\boldsymbol{a>\dfrac{3}{2}}$

(2) $x^2-5ax+6a^2\leqq 0$ ……①　　$x^2-7x+10\leqq 0$ ……②

①は $(x-2a)(x-3a)\leqq 0$ と変形され，$a>0$ より

$2a\leqq x\leqq 3a$ ……①′

②は　$(x-2)(x-5)\leqq 0$　　$\therefore$　$2\leqq x\leqq 5$ ……②′

よって，題意をみたすのは，①′と②′をともにみたす実数 x が存在するときである．つまり

$2\leqq 3a\leqq 5$　または　$2\leqq 2a\leqq 5$

$\therefore$　$\dfrac{2}{3}\leqq a\leqq\dfrac{5}{3}$　または　$1\leqq a\leqq\dfrac{5}{2}$

$\therefore$　$\boldsymbol{\dfrac{2}{3}\leqq a\leqq\dfrac{5}{2}}$

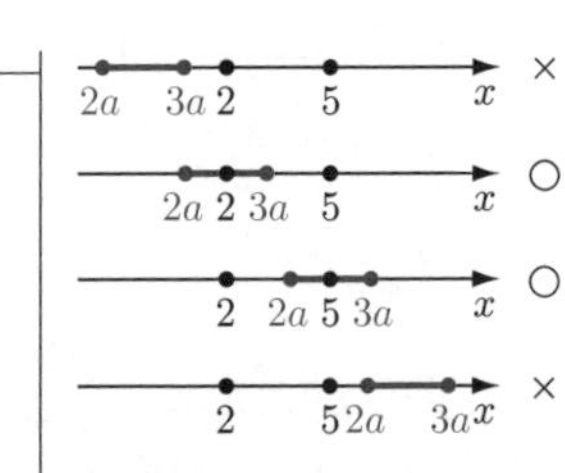

(上図より，$2a$ と $3a$ のうちいずれか一方が $2\leqq x\leqq 5$ の範囲になければならないことがわかる.)

(注) 次のように考えてもよい．題意をみたさないのは，①′と②′をともにみたす実数 x が存在しないときで

$5<2a$　または　$3a<2$

よって，題意をみたすのは，これを否定して

$5\geqq 2a$　かつ　$3a\geqq 2$　　$\therefore$　$\dfrac{2}{3}\leqq a\leqq\dfrac{5}{2}$

シェーマ

連立不等式が解をもつ ⋙ それぞれの不等式の解の共通部分が存在する

復習 027　a を正の定数とする．$ax^2+(a^2-1)x-a<0$ と $x^2-3x-10\geqq 0$ をともにみたす実数 x が存在する a の値の範囲を求めよ．

例題 028　共通解

2 次方程式 $x^2-3x+2a=0$ と $x^2+ax-6=0$ が実数の共通解をもつ定数 a の値を求めよ.

解

$$x^2-3x+2a=0 \quad \cdots\cdots ①$$
$$x^2+ax-6=0 \quad \cdots\cdots ②$$

②－①より

$$(a+3)x-2(a+3)=0$$
$$\therefore \quad (a+3)(x-2)=0$$
$$\therefore \quad a=-3 \quad \text{または} \quad x=2$$

(i) $a=-3$ のとき, ①, ②とも $x^2-3x-6=0$ となり, $x=\dfrac{3\pm\sqrt{33}}{2}$ が①と②の共通解となる.

(ii) $x=2$ のとき, これが共通解となる条件は, これが①と②をみたすときで

$$2a-2=0$$
$$\therefore \quad a=1$$

以上から

$$\boldsymbol{a=-3,\ 1}$$

Assist

①と②が共通解をもつとは, ①と②をみたす x が存在することである. よって, ①と②を連立して a の条件を求めるが, 導かれた a の値に対して共通解 x が存在することを確認しなくてはならない.

シェーマ

2 つの方程式の共通解 ⟫ 連立方程式とみなす（共通解が存在することを確認する）

復習 028　2 次方程式 $x^2-x+2a+4=0$ と $x^2-3x+a-1=0$ が実数の共通解をもつ定数 a の値を求めよ.

例題 029　2変数関数の最大・最小①

(1) 実数x，yが$2x+y=4$，$x \geqq 0$，$y \geqq 0$をみたすとき，$z=x^2+y^2$の最大値，最小値を求めよ．

(2) 実数x，yが$x^2+y^2=4$をみたすとき，$z=x^2+2y$の最大値，最小値を求めよ．

解 (1) $y=4-2x$によって，yを消去すると

$$z=x^2+(4-2x)^2$$

$$\therefore \quad z=5x^2-16x+16$$

$$\therefore \quad z=5\left(x-\frac{8}{5}\right)^2+\frac{16}{5} \quad \cdots\cdots ①$$

また，xの変域は，$x \geqq 0$，$y=4-2x \geqq 0$より

$$0 \leqq x \leqq 2$$

よって，$0 \leqq x \leqq 2$における①の最大値，最小値を求めればよい．したがって

$$\begin{cases} x=0\text{のとき} & z\text{の最大値}\ \mathbf{16} \\ x=\dfrac{8}{5}\text{のとき} & z\text{の最小値}\ \dfrac{\mathbf{16}}{\mathbf{5}} \end{cases}$$

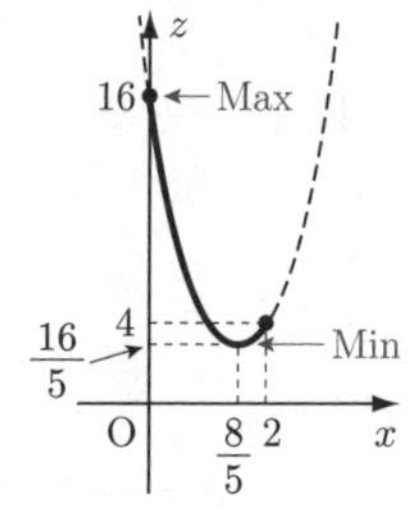

(2) $x^2+y^2=4$より$x^2=4-y^2$であるから，xを消去すると

$$z=(4-y^2)+2y=-y^2+2y+4=-(y-1)^2+5 \quad \cdots\cdots ②$$

ここで$x^2 \geqq 0$より

$$4-y^2 \geqq 0 \qquad \therefore \quad -2 \leqq y \leqq 2$$

よって，$-2 \leqq y \leqq 2$における②の最大値，最小値を求めればよい．したがって

$$\begin{cases} y=1\text{のとき} \\ \qquad z\text{の最大値}\ \mathbf{5} \\ y=-2\text{のとき} \\ \qquad z\text{の最小値}\ \mathbf{-4} \end{cases}$$

← このとき$x^2=3$　$\therefore \quad x=\pm\sqrt{3}$

← このとき$x^2=0$　$\therefore \quad x=0$

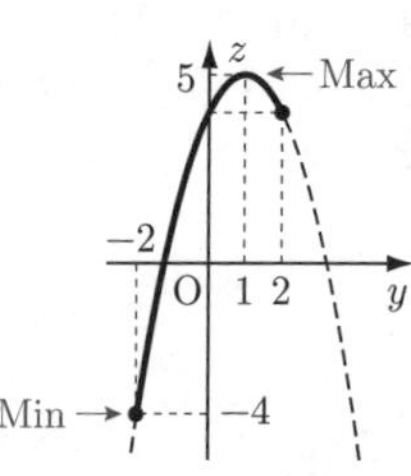

シェーマ

2変数関数で１文字消去 ⋙ 消去する文字の条件を残った文字の条件におきかえる

復習 029　実数x，yが$2x^2+y=4$，$x \geqq 0$，$y \geqq 0$をみたすとき，$z=x^2+y+2$の最大値，最小値を求めよ．

例題 030　2変数関数の最大・最小②

x と y の関数 $z=x^2-2xy+2y^2-4x+10y+5$ において

(1)　x と y が任意の実数値をとるとき，z の最小値を求めよ．

(2)　$x \geqq 0$，$y \geqq 0$ をみたすとき，z の最小値を求めよ．

(1)　$z=x^2-2(y+2)x+2y^2+10y+5$

$=\{x-(y+2)\}^2+y^2+6y+1$　……①

$=\{x-(y+2)\}^2+(y+3)^2-8$

←まず x の式とみて平方完成．

←$\{x-(y+2)\}^2-(y+2)^2+2y^2+10y+5$ を計算．

よって，$x=y+2$ かつ $y=-3$（$\therefore$　$x=-1$，$y=-3$）のとき

←$\{x-(y+2)\}^2 \geqq 0$，$(y+3)^2 \geqq 0$ より．

z の最小値　-8

(2)　まず y を固定し，z を x の関数とみて，$x \geqq 0$ における最小値 m_y を求める．

$y \geqq 0$ より $y+2$ も 0 以上であるから，①より $x=y+2$ のとき z は最小となり

$$m_y=y^2+6y+1=(y+3)^2-8$$

次に，y を $y \geqq 0$ で動かすと，$y=0$ で m_y は最小値 1 をとる．z の最小値 $=m_y$ の最小値であるから

z の最小値　1

←$x=y+2=2$ のとき．

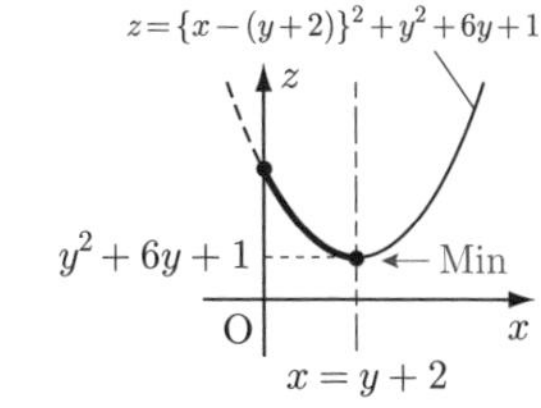

Assist

(2)において，まず y を固定して，z を x の関数とみなすとき，①より，このグラフの軸は $x=y+2$（ここで，$y+2$ は定数とみなしている）である．

$y \geqq 0$ より，軸は $x \geqq 0$ の範囲にあり，頂点で最小となる．

つまり，$x=y+2$ のとき，x の関数 z は最小となる．

シェーマ

x と y の2次関数の最大・最小（x と y は任意の実数） ⋙ **$(\quad)^2+(\quad)^2+$ 定数の形に変形する**

復習 030　x と y の関数 $z=x^2+4xy+6y^2+4x-12y$ において

(1)　x と y が任意の実数値をとるとき，z の最小値を求めよ．

(2)　$x \geqq 0$，$y \geqq 0$ をみたすとき，z の最小値を求めよ．

2次関数

例題 031　2変数関数の最大・最小③

実数x, yが$2x^2+y^2=1$をみたすとき，$z=2x+y$の最大値，最小値を求めよ．

解

$$2x^2+y^2=1 \quad \cdots\cdots①$$

$$z=2x+y \quad \cdots\cdots②$$

②より

$$y=z-2x \quad \cdots\cdots②'$$

これを①に代入して

$$2x^2+(z-2x)^2=1$$

$$\therefore \quad 6x^2-4zx+z^2-1=0 \quad \cdots\cdots③$$

よって，①，②をみたす実数zのとり得る値の範囲は，

③をみたす実数xが存在する(zの)条件より

← このxに対して②′をみたす実数yをとれば，①，②をみたすので．

$$\frac{D}{4}=(2z)^2-6(z^2-1) \geqq 0$$

$$\therefore \quad z^2 \leqq 3$$

$$\therefore \quad -\sqrt{3} \leqq z \leqq \sqrt{3}$$

よって

zの最大値　$\sqrt{3}$，　zの最小値　$-\sqrt{3}$

Assist

実数x, yが①をみたして変化するとき，②で定まる実数zの値の範囲は，①，②をみたす実数x, yが存在するzの条件より求まる．

実数xが存在すれば②′より実数yは必ず存在するので，③をみたす実数xが存在する条件を求めればよいことになる．

シェーマ

zのとり得る値の範囲 ⋙ 与式をみたす実数x, yが存在する条件

復習 031　実数x, yが$x^2+3y^2+2y=1$のとき，$z=x+y$の最大値，最小値を求めよ．

例題 032　絶対値を含む関数のグラフ

(1)　$y=|x(x-2)|$ のグラフをかけ.

(2)　a を定数とする．方程式 $|x(x-2)|-a=0$ の異なる実数解の個数を求めよ.

解 (1)

$$y=|x(x-2)|$$

$$=\begin{cases} x(x-2) & \cdots\cdots\ x \leqq 0,\ 2 \leqq x \\ -x(x-2) & \cdots\cdots\ 0<x<2 \end{cases}$$

← $\begin{cases} x(x-2) \geqq 0 \iff x \leqq 0,\ 2 \leqq x \\ x(x-2)<0 \iff 0<x<2 \end{cases}$

$$\therefore\quad y=\begin{cases} (x-1)^2-1 & \cdots\cdots\ x \leqq 0,\ 2 \leqq x \\ -(x-1)^2+1 & \cdots\cdots\ 0<x<2 \end{cases}$$

よって，グラフは右図のようになる.

(2)　方程式 $|x(x-2)|-a=0$ は

$$|x(x-2)|=a$$

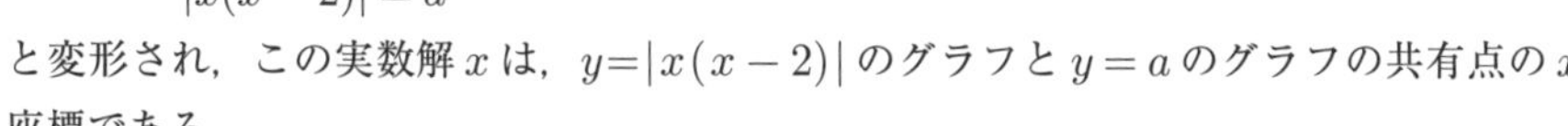

と変形され，この実数解 x は，$y=|x(x-2)|$ のグラフと $y=a$ のグラフの共有点の x 座標である.

よって，解の個数は，この2つのグラフの共有点の個数と等しい．図より，これを調べて

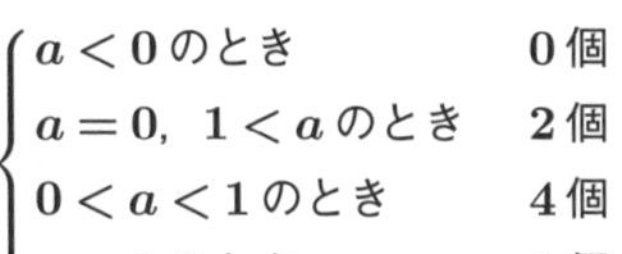

$$\begin{cases} \boldsymbol{a<0} \textbf{ のとき} & \textbf{0 個} \\ \boldsymbol{a=0,\ 1<a} \textbf{ のとき} & \textbf{2 個} \\ \boldsymbol{0<a<1} \textbf{ のとき} & \textbf{4 個} \\ \boldsymbol{a=1} \textbf{ のとき} & \textbf{3 個} \end{cases}$$

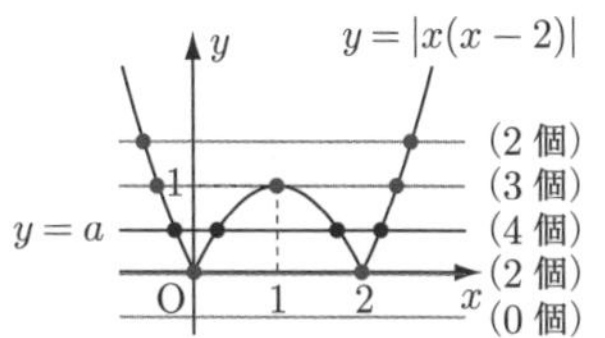

Assist

1°　方程式 $f(x)=g(x)$ の実数解 x は，$y=f(x)$ のグラフと $y=g(x)$ の共有点の x 座標である.

2°　$y=|f(x)|$ のグラフは，

$y=|f(x)|=\begin{cases} f(x) & (f(x) \geqq 0 \text{ のとき}) \\ -f(x) & (f(x)<0 \text{ のとき}) \end{cases}$ であるから，

$y=f(x)$ のグラフにおいて，$y<0$ の部分を x 軸に関して折り返したものである.

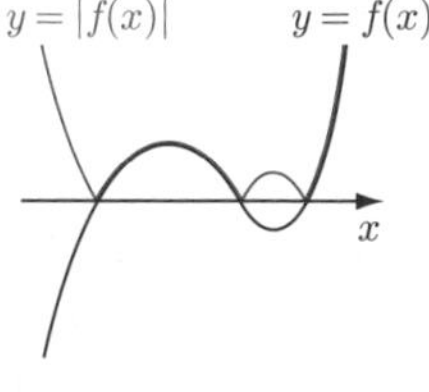

シェーマ

文字定数 a を定数項に含む方程式 ⋙ **$f(x)=a$ の形に a を分離し，$y=f(x)$ のグラフと $y=a$ のグラフの共有点を調べる**

復習 | 032　a を定数とする．方程式 $|x^2-4|+2x-a=0$ の異なる実数解の個数を求めよ.

例題 033 三角比の相互関係

(1) 鈍角θに対して$\sin\theta=\dfrac{4}{5}$のとき，$\cos\theta$，$\tan\theta$の値を求めよ．

(2) $0°<\theta<180°$，$\tan\theta=-3$のとき，$\sin\theta$，$\cos\theta$の値を求めよ．

解 (1) $\sin^2\theta+\cos^2\theta=1$より

$$\cos^2\theta=1-\sin^2\theta=1-\frac{16}{25}=\frac{9}{25}$$

$90°<\theta<180°$ (θは鈍角)であるから　$\cos\theta<0$

よって　$\boldsymbol{\cos\theta=-\dfrac{3}{5}}$

← θが鈍角という条件がなければ$\cos\theta=\pm\dfrac{3}{5}$となり，1つには決まらない．

$\tan\theta=\dfrac{\sin\theta}{\cos\theta}$より

$$\boldsymbol{\tan\theta=\frac{\frac{4}{5}}{-\frac{3}{5}}=-\frac{4}{3}}$$

(2) $1+\tan^2\theta=\dfrac{1}{\cos^2\theta}$より

$$\frac{1}{\cos^2\theta}=1+(-3)^2=10 \qquad \therefore\ \cos^2\theta=\frac{1}{10}$$

$\tan\theta<0$であるから，$90°<\theta<180°$をみたし　$\cos\theta<0$

よって　$\boldsymbol{\cos\theta=-\dfrac{1}{\sqrt{10}}}$

また，$\tan\theta=\dfrac{\sin\theta}{\cos\theta}$より

$$\boldsymbol{\sin\theta}=\cos\theta\cdot\tan\theta=\left(-\frac{1}{\sqrt{10}}\right)\cdot(-3)=\boldsymbol{\frac{3}{\sqrt{10}}}$$

《三角比の相互関係》

(i) $\tan\theta=\dfrac{\sin\theta}{\cos\theta}$　(ii) $\sin^2\theta+\cos^2\theta=1$　(iii) $1+\tan^2\theta=\dfrac{1}{\cos^2\theta}$

シェーマ

$\sin\theta$，$\cos\theta$，$\tan\theta$の値 ⟫ 1つがわかれば残りも求まる

復習 033　$0°<\theta<180°$とする．$\sin\theta$，$\cos\theta$，$\tan\theta$のうち，1つが次のように与えられたとき，他の2つの値を求めよ．

(1) $\cos\theta=-\dfrac{4}{5}$　　(2) $\tan\theta=2$

例題 034　$\sin\theta$ と $\cos\theta$ の対称式

$\sin\theta+\cos\theta=\sqrt{2}$ が成り立つとき，次の式の値を求めよ．

(1)　$\sin\theta\cos\theta$　　(2)　$\sin^3\theta+\cos^3\theta$　　(3)　$\sin^4\theta+\cos^4\theta$

解 (1)　$\sin\theta+\cos\theta=\sqrt{2}$　……①　の両辺を 2 乗して

$$\sin^2\theta+\cos^2\theta+2\sin\theta\cos\theta=2$$

$\sin^2\theta+\cos^2\theta=1$ を代入して

$$1+2\sin\theta\cos\theta=2$$

$$\therefore\quad \boldsymbol{\sin\theta\cos\theta=\frac{1}{2}}\quad\cdots\cdots②$$

(2)　①，②より

$$\boldsymbol{\sin^3\theta+\cos^3\theta}$$
$$=(\sin\theta+\cos\theta)^3-3\sin\theta\cos\theta(\sin\theta+\cos\theta)$$
$$=(\sqrt{2})^3-3\cdot\frac{1}{2}\cdot\sqrt{2}=\boldsymbol{\frac{\sqrt{2}}{2}}$$

← $x^3+y^3=(x+y)^3-3xy(x+y)$

(3)　同様に

$$\boldsymbol{\sin^4\theta+\cos^4\theta}$$
$$=(\sin^2\theta+\cos^2\theta)^2-2(\sin\theta\cos\theta)^2$$
$$=1^2-2\cdot\left(\frac{1}{2}\right)^2=\boldsymbol{\frac{1}{2}}$$

← $x^4+y^4=(x^2+y^2)^2-2x^2y^2$

(2)は

$$\sin^3\theta+\cos^3\theta=(\sin\theta+\cos\theta)(\sin^2\theta-\sin\theta\cos\theta+\cos^2\theta)$$
$$=\sqrt{2}\cdot\left(1-\frac{1}{2}\right)=\frac{\sqrt{2}}{2}$$

としてもよい．

シェーマ

$\sin\theta$ と $\cos\theta$ の対称式　⋙　和と積で表せる
（$\sin\theta+\cos\theta$ がわかれば $\sin\theta\cos\theta$ も求まる）

復習 | 034　$\sin\theta-\cos\theta=\frac{1}{3}$ が成り立つとき，次の式の値を求めよ．

(1)　$\sin\theta\cos\theta$

(2)　$\sin^3\theta-\cos^3\theta$

(3)　$\sin^5\theta-\cos^5\theta$

図形と計量

例題 035 三角方程式・不等式

$0° \leqq \theta \leqq 180°$ のとき，次の方程式，不等式を解け．

(1) $\sin\theta = \dfrac{\sqrt{3}}{2}$　(2) $\cos\theta > \dfrac{1}{2}$　(3) $\tan\theta < 1$　(4) $\sin\theta \leqq \sin 50°$

解 (1) $\boldsymbol{\theta = 60°,\ 120°}$

(2) $\boldsymbol{0° \leqq \theta < 60°}$

(3) $\boldsymbol{0° \leqq \theta < 45°,\ 90° < \theta \leqq 180°}$

(4) $\boldsymbol{0° \leqq \theta \leqq 50°,\ 130° \leqq \theta \leqq 180°}$

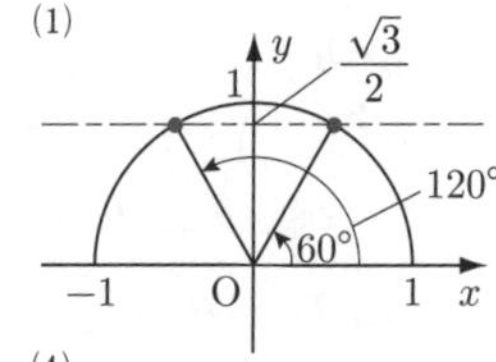

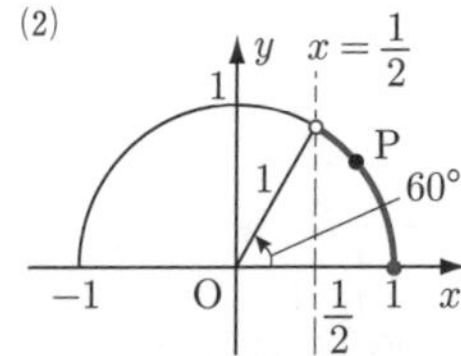

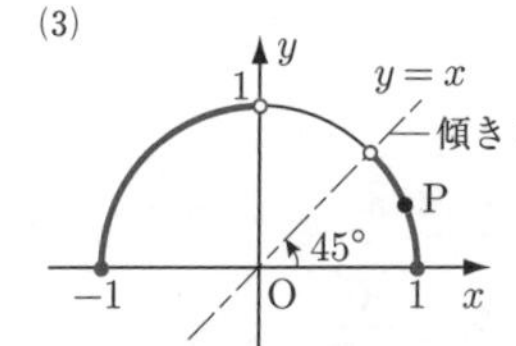

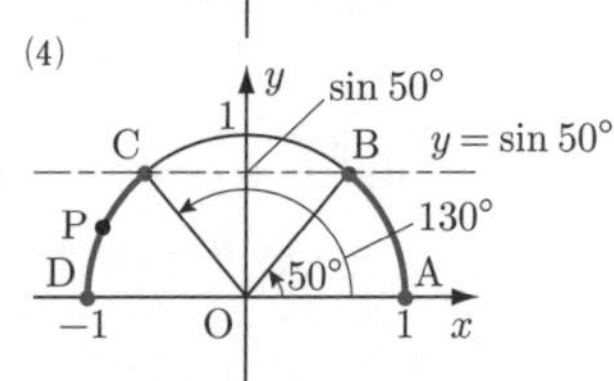

《三角比》

右図のように原点を中心とする半径 1 の半円周上の点を $P(x,\ y)$ とし $\angle AOP = \theta\ (0° \leqq \theta \leqq 180°)$ とすると

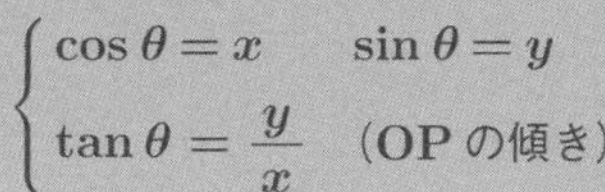

$$\begin{cases} \cos\theta = x \qquad \sin\theta = y \\ \tan\theta = \dfrac{y}{x} \quad (\text{OP の傾き}) \end{cases}$$

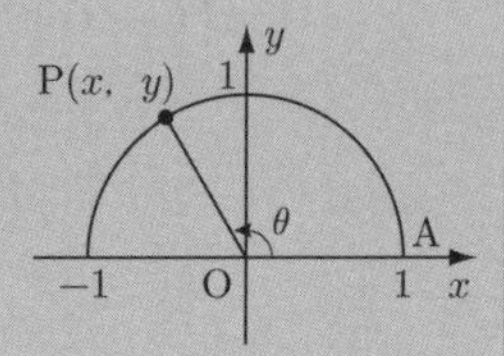

Assist

$A(1,\ 0)$，$\angle AOP = \theta$ をみたす点 $P(x,\ y)$ を半径 1 の半円周上にとり，条件をみたす点 P の範囲を考えることにより，θ を求める．

(2)では $x > \dfrac{1}{2}$ となる θ の範囲を求める．

(3)では (OP の傾き) < 1 となる θ の範囲を求める．

　㊟ $\theta = 90°$ のとき，$\tan\theta$ は存在しない．また，$90° < \theta \leqq 180°$ のとき $\tan\theta \leqq 0$ である．

(4)では $y \leqq \sin 50°$ となる θ の範囲を求める．

　㊟ 図のように A，B，C，D（BC$/\!/x$ 軸）をとると，$y \leqq \sin 50°$ となる点 $P(x,\ y)$ は，弧 AB 上かまたは弧 CD 上の点である．

シェーマ

三角不等式の解 ⋙ **半径 1 の円上の点の x 座標，y 座標に着目して θ の範囲を求める**

復習 035 $0° \leqq \theta \leqq 180°$ のとき，次の方程式，不等式を解け．

(1) $\cos\theta = -\dfrac{1}{2}$　(2) $\sin\theta \leqq \dfrac{1}{\sqrt{2}}$　(3) $\cos\theta \geqq -\dfrac{\sqrt{3}}{2}$　(4) $-\sqrt{3} \leqq \tan\theta < 1$

例題 036　三角比の計算

次の式の値を求めよ．

(1)　$\cos 156^\circ + \cos 68^\circ + \cos 24^\circ - \sin 22^\circ$

(2)　$2\tan 140^\circ \tan 50^\circ + \tan 155^\circ \cos 25^\circ + \cos 65^\circ$

解 (1)

$$\cos 156^\circ = \cos(180^\circ - 24^\circ) = -\cos 24^\circ$$
$$\cos 68^\circ = \cos(90^\circ - 22^\circ) = \sin 22^\circ$$

よって

$$(\text{与式}) = -\cos 24^\circ + \sin 22^\circ + \cos 24^\circ - \sin 22^\circ$$
$$= \mathbf{0}$$

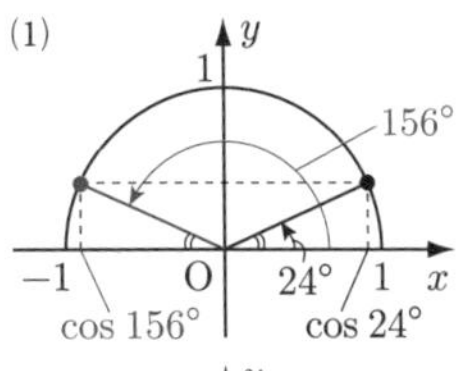

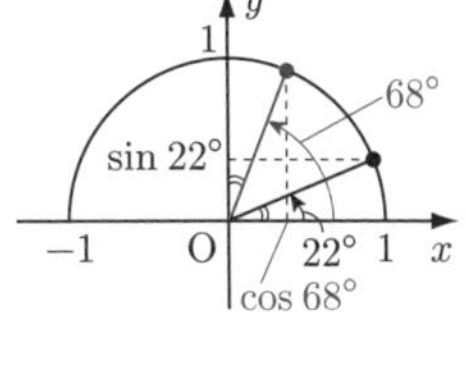

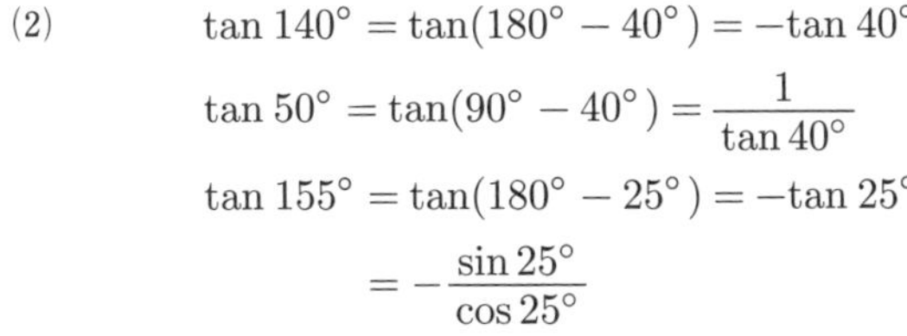

(2)

$$\tan 140^\circ = \tan(180^\circ - 40^\circ) = -\tan 40^\circ$$
$$\tan 50^\circ = \tan(90^\circ - 40^\circ) = \frac{1}{\tan 40^\circ}$$
$$\tan 155^\circ = \tan(180^\circ - 25^\circ) = -\tan 25^\circ$$
$$= -\frac{\sin 25^\circ}{\cos 25^\circ}$$
$$\cos 65^\circ = \cos(90^\circ - 25^\circ) = \sin 25^\circ$$

よって

$$(\text{与式}) = 2(-\tan 40^\circ) \times \frac{1}{\tan 40^\circ}$$
$$+ \left(-\frac{\sin 25^\circ}{\cos 25^\circ}\right) \times \cos 25^\circ + \sin 25^\circ$$
$$= -2 - \sin 25^\circ + \sin 25^\circ = \mathbf{-2}$$

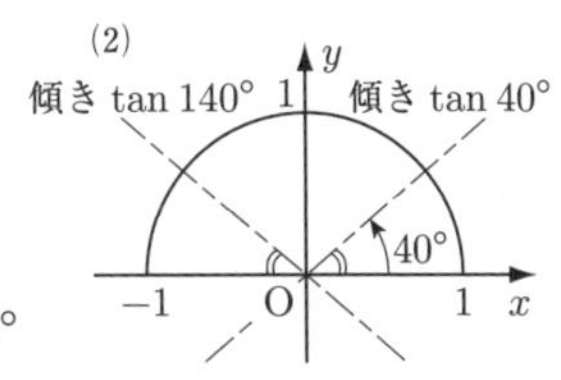

《$180^\circ - \theta$，$90^\circ - \theta$ の三角比》

$$\begin{cases} \sin(180^\circ - \theta) = \sin\theta \\ \cos(180^\circ - \theta) = -\cos\theta \\ \tan(180^\circ - \theta) = -\tan\theta \end{cases} \qquad \begin{cases} \sin(90^\circ - \theta) = \cos\theta \\ \cos(90^\circ - \theta) = \sin\theta \\ \tan(90^\circ - \theta) = \dfrac{1}{\tan\theta} \end{cases}$$

注　(1)のように，単位円上の点の座標に注目すれば，成り立つことがわかる．

シェーマ

さまざまな角度の計算 ≫ **$180^\circ - \theta$，$90^\circ - \theta$ の公式を用いて角の種類を減らす**

復習 036　(1)　次の式の値を求めよ．

(i)　$\sin^2 124^\circ + \sin^2 34^\circ$　　(ii)　$\tan 22^\circ \tan 68^\circ + \tan 33^\circ \tan 147^\circ + \dfrac{1}{\sin^2 57^\circ}$

(2)　$0^\circ \leqq \theta \leqq 180^\circ$ のとき，次の不等式を解け．

(i)　$\cos\theta \geqq \sin 40^\circ$　　(ii)　$\tan\theta < \dfrac{1}{\tan 50^\circ}$

例題 037 三角比の関数

$y=2\cos^2\theta-\sin\theta-1$ において θ が $0°\leqq\theta\leqq 180°$ の値をとるものとする．
(1) $y=0$ のときの θ の値を求めよ．　(2) y の最大値，最小値を求めよ．

解

$$y=2\cos^2\theta-\sin\theta-1$$
$$=2(1-\sin^2\theta)-\sin\theta-1$$ ←$\sin^2\theta+\cos^2\theta=1$ より．
$$=-2\sin^2\theta-\sin\theta+1$$

ここで $t=\sin\theta$ とおくと

$$y=-2t^2-t+1$$ ←y は t の２次関数とみることができる．

また，$0°\leqq\theta\leqq 180°$ より

$$0\leqq\sin\theta\leqq 1 \qquad \therefore\ 0\leqq t\leqq 1$$ ←おいた文字 t の範囲を求める．

(1) $y=0$ のとき

$$-2t^2-t+1=0$$
$$\therefore\ 2t^2+t-1=0 \qquad \therefore\ (2t-1)(t+1)=0$$

$0\leqq t\leqq 1$ より

$$t=\frac{1}{2} \qquad \therefore\ \sin\theta=\frac{1}{2}$$

$0°\leqq\theta\leqq 180°$ より

$\boldsymbol{\theta=30°,\ 150°}$

(2)

$$y=-2t^2-t+1$$
$$=-2\left(t+\frac{1}{4}\right)^2+\frac{9}{8}$$ ←t で平方完成した．

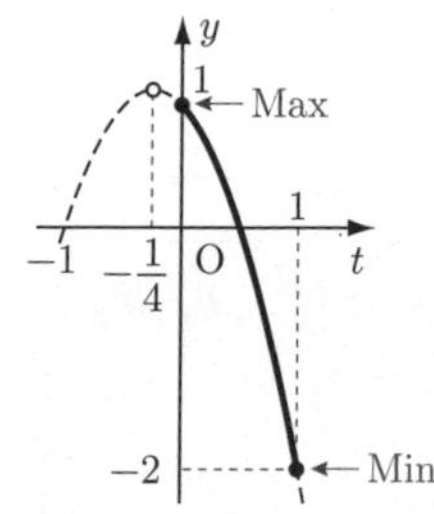

また，t の値の範囲は $0\leqq t\leqq 1$ であるから

$t=0$ のとき　**y の最大値　1**

$t=1$ のとき　**y の最小値　−2**

シェーマ

$\sin\theta$，$\cos\theta$ の２次の関数 ⋙ **$\sin^2\theta+\cos^2\theta=1$ により，$\sin\theta$ か $\cos\theta$ だけの式に直す**

復習 037　$f(\theta)=2\sin^2\theta+3\cos\theta-3$ において θ が $0°\leqq\theta\leqq 180°$ の値をとるとする．

(1) $f(\theta)=0$ のときの θ の値を求めよ．

(2) $f(\theta)=a$ が解をもつように，定数 a の値の範囲を定めよ．

例題 038　正弦定理・余弦定理

BC＝15，CA＝7，∠C＝60° である △ABC において，∠A の二等分線が辺 BC と交わる点を D とする．次の値を求めよ．

(1)　AB の長さ　　(2)　$\sin B$　　(3)　CD の長さ　　(4)　AD の長さ

(1)　余弦定理より

$$AB^2 = 15^2 + 7^2 - 2 \cdot 15 \cdot 7 \cos 60^\circ = 169$$

$\therefore$　$\mathbf{AB = 13}$

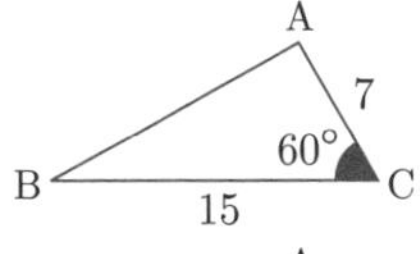

(2)　正弦定理より

$$\frac{7}{\sin B} = \frac{13}{\sin 60^\circ} \qquad \therefore \ \boldsymbol{\sin B = \frac{7\sqrt{3}}{26}}$$

(3)　角の二等分線の性質より

BD：DC＝AB：AC＝13：7

$$\therefore \ \mathbf{CD} = \frac{7}{13+7} \cdot 15 = \mathbf{\frac{21}{4}}$$

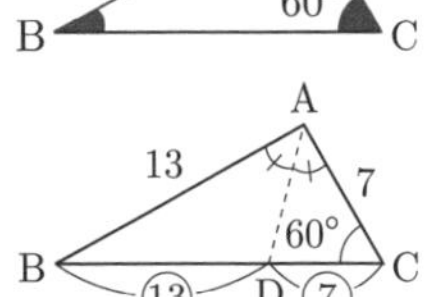

(4)　△ADC において余弦定理を用いると

$$AD^2 = 7^2 + \left(\frac{21}{4}\right)^2 - 2 \cdot 7 \cdot \frac{21}{4} \cos 60^\circ = \frac{7^2 \cdot 13}{4^2} \qquad \therefore \ \mathbf{AD = \frac{7\sqrt{13}}{4}}$$

《正弦定理》　$\dfrac{a}{\sin A} = \dfrac{b}{\sin B} = \dfrac{c}{\sin C} = 2R$　（R は外接円の半径）

これより，$a : b : c = \sin A : \sin B : \sin C$ が成り立つ．

《余弦定理》　$a^2 = b^2 + c^2 - 2bc \cos A$　$\left(\cos A = \dfrac{b^2 + c^2 - a^2}{2bc}\right)$

《角の二等分線の性質》

BD：DC＝AB：AC

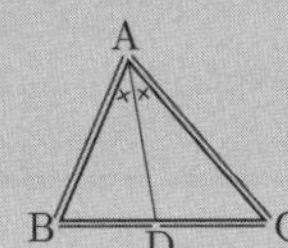

シェーマ

3辺と1角の関係　»»　余弦定理

2辺と2角の関係　»»　正弦定理

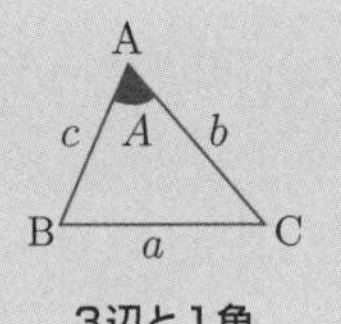

3辺と1角

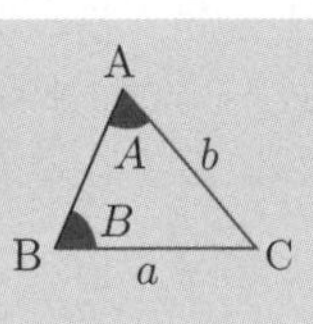

2辺と2角

復習 | 038　△ABC において，BC＝a，CA＝b，AB＝c とする．次の値を求めよ．

(1)　∠A：∠B：∠C＝3：4：5，$a=2$ のとき，b

(2)　$a=2$，$c=2\sqrt{2}$，∠B＝135° のとき，b

(3)　$a : b : c = 7 : 5 : 3$ のとき，∠A

例題 039 三角形と外接円・内接円の半径

△ABCにおいて，BC = 5，CA = 7，AB = 8のとき，次の値を求めよ．

(1) $\cos A$　　(2) △ABCの外接円の半径 R

(3) △ABCの面積 S　　(4) 内接円の半径 r

解 BC = a，CA = b，AB = c とする．

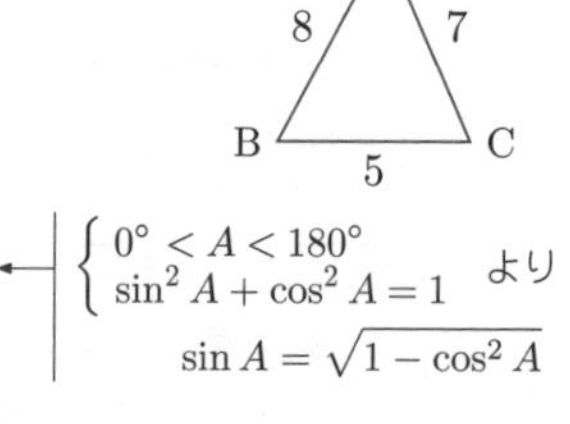

(1) 余弦定理より

$$\boldsymbol{\cos A} = \frac{7^2+8^2-5^2}{2\cdot7\cdot8} = \boldsymbol{\frac{11}{14}}$$

(2) $\sin A = \sqrt{1-\cos^2 A} = \sqrt{1-\left(\frac{11}{14}\right)^2} = \frac{5\sqrt{3}}{14}$

←$\begin{cases} 0° < A < 180° \\ \sin^2 A + \cos^2 A = 1 \end{cases}$ より $\sin A = \sqrt{1-\cos^2 A}$

正弦定理より　$\frac{a}{\sin A} = 2R$

$$\therefore\ \boldsymbol{R} = \frac{a}{2\sin A} = \frac{5}{2\cdot\frac{5\sqrt{3}}{14}} = \frac{7}{\sqrt{3}} = \boldsymbol{\frac{7\sqrt{3}}{3}}$$

(3) $\boldsymbol{S} = \frac{1}{2}bc\sin A = \frac{1}{2}\cdot7\cdot8\cdot\frac{5\sqrt{3}}{14} = \boldsymbol{10\sqrt{3}}$

(4) $S = \frac{1}{2}(a+b+c)r = \frac{1}{2}(5+7+8)r = 10r$

(3)より　$10r = 10\sqrt{3}$　　$\therefore\ \boldsymbol{r = \sqrt{3}}$

《三角形の面積の公式》　$S = \frac{1}{2}bc\sin A$

《内接円の半径による三角形の面積の公式》

$$S = \frac{1}{2}(a+b+c)r$$

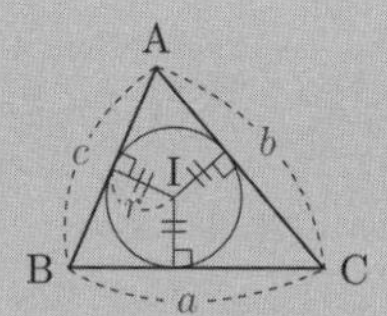

Assist

後半の公式は次のように導く（Iは△ABCの内心）.

$$S = \triangle\mathrm{IBC} + \triangle\mathrm{ICA} + \triangle\mathrm{IAB} = \frac{1}{2}ar + \frac{1}{2}br + \frac{1}{2}cr = \frac{1}{2}(a+b+c)r$$

シェーマ

外接円の半径 ≫ 正弦定理
内接円の半径 ≫ 面積の公式　を利用

復習 039　△ABCにおいて，$\sin A = \frac{5}{13}$，$\cos B = -\frac{3}{5}$，BC = 50のとき，AB，AC，外接円の半径 R，内接円の半径 r を求めよ．

例題 040 三角形の形状

次の等式が成立するとき，△ABC はどのような三角形か．

$$2\sin C\cos B = \sin A - \sin B + \sin C$$

解 BC $= a$，CA $= b$，AB $= c$ とする．

外接円の半径を R とおくと，正弦定理より

$$\frac{a}{\sin A} = 2R \qquad \therefore\ \sin A = \frac{a}{2R}$$

← $\sin A$，$\sin B$，$\sin C$ を正弦定理より a，b，c，R で表し，$\cos B$ を余弦定理より a，b，c で表す．

同様にして　$\sin B = \dfrac{b}{2R}$，　$\sin C = \dfrac{c}{2R}$

また，余弦定理より　$\cos B = \dfrac{c^2 + a^2 - b^2}{2ca}$

これらを与式に代入して　$2\cdot\dfrac{c}{2R}\cdot\dfrac{c^2+a^2-b^2}{2ca} = \dfrac{a}{2R} - \dfrac{b}{2R} + \dfrac{c}{2R}$

両辺を $2aR$ 倍して

$$c^2 + a^2 - b^2 = a(a - b + c) \qquad \therefore\ c^2 - b^2 = a(c - b)$$

$\therefore\ (c + b)(c - b) = a(c - b)$　　← $c - b$ で割ってはいけない．

$\therefore\ (c - b)(c + b - a) = 0$　　← 左辺に移項して因数分解する．

三角形の成立条件より $c + b - a > 0$ なので

$$c - b = 0 \qquad \therefore\ c = b$$

よって　**AB ＝ AC の二等辺三角形**

《三角形の成立条件》

$$\begin{cases} a + b > c \\ b + c > a \\ c + a > b \end{cases}$$

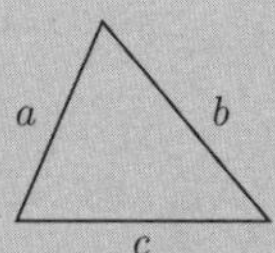

(2 辺の和は他の 1 辺より大)

($|b - c| < a < b + c$ とも表せる)

シェーマ

三角形の形状の問題 ⋙ **正弦定理・余弦定理を利用して，辺の長さの式に直す**

(注) 角の式で考えた方がよいときもある(数Ⅱの三角関数を利用する)．

復習 040 △ABC において，BC $= a$，CA $= b$，AB $= c$ とする．次の等式が成立するとき，この三角形はどのような三角形か．

(1) $b\cos B + c\cos C = a\cos A$

(2) $b\sin^3 A\tan B = a\sin^3 B\tan A$

例題 041　四角形と外接円

AB = 7，BC = 8，CD = 15，DA = 7 である四角形 ABCD が円に内接しており，2 つの対角線 AC と BD の交点を E とする．次の値を求めよ．

(1)　$\cos B$　(2)　AC の長さ　(3)　四角形 ABCD の面積 S　(4)　AE : EC

解 (1)　△ABC と △ACD に余弦定理を用いると

$$\mathrm{AC}^2 = 7^2 + 8^2 - 2\cdot 7\cdot 8\cos B = 113 - 112\cos B \quad \cdots\cdots①$$

$$\mathrm{AC}^2 = 7^2 + 15^2 - 2\cdot 7\cdot 15\cos(180^\circ - B)$$

$$= 274 + 210\cos B \quad \cdots\cdots②$$

← 四角形 ABCD は円に内接するから　$D = 180^\circ - B$

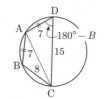

①，②より AC^2 を消去して

$$113 - 112\cos B = 274 + 210\cos B \qquad \therefore\ \boldsymbol{\cos B = -\frac{1}{2}}$$

(2)　①に代入して

$$\mathrm{AC}^2 = 113 - 112\left(-\frac{1}{2}\right) = 169 \qquad \therefore\ \mathbf{AC = 13}$$

(3)　(1)より $\angle \mathrm{B} = 120^\circ$ であるから

$$\boldsymbol{S} = \triangle\mathrm{ABC} + \triangle\mathrm{ACD} = \frac{1}{2}\cdot 7\cdot 8\cdot \sin 120^\circ + \frac{1}{2}\cdot 7\cdot 15\cdot \sin 60^\circ = \boldsymbol{\frac{161\sqrt{3}}{4}}$$

(4)　△ABD と △BCD において底辺を BD と考えると

$$\triangle\mathrm{ABD} : \triangle\mathrm{BCD} = \mathrm{AE} : \mathrm{EC} \quad \cdots\cdots③$$

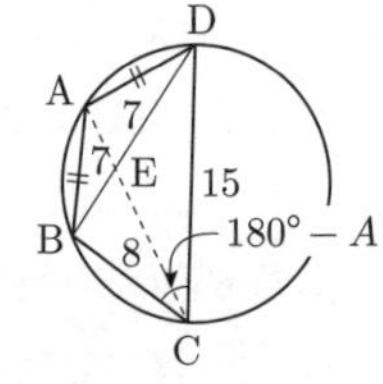

一方，$\sin C = \sin(180^\circ - A) = \sin A$ であるから

$$\triangle\mathrm{ABD} : \triangle\mathrm{BCD} = \frac{1}{2}\cdot 7\cdot 7\cdot \sin A : \frac{1}{2}\cdot 8\cdot 15\cdot \sin C$$

$$= 49 : 120 \quad \cdots\cdots④$$

③，④より　**AE : EC = 49 : 120**

《円に内接する四角形》　四角形 ABCD が円に内接するとき　$\angle \mathrm{A} + \angle \mathrm{C} = 180^\circ$

シェーマ

4 辺の長さが与えられた円に内接する四角形 ABCD

余弦定理を用いて対角線 AC と $\cos B$ の連立方程式を作る

復習 041　円に内接する四角形 ABCD において，$\mathrm{AB} = \sqrt{3} - 1$，$\mathrm{BC} = \sqrt{3} + 1$，$\cos\angle\mathrm{ABC} = -\frac{1}{4}$ をみたしており，△ACD の面積は △ABC の面積の 3 倍であるとする．次の値を求めよ．

(1)　AC の長さ　(2)　外接円の半径 R　(3)　$\mathrm{AD} \times \mathrm{CD}$

(4)　$\mathrm{AD}^2 + \mathrm{CD}^2$　(5)　四角形 ABCD の周の長さ

例題 042　測量の問題

平地からの山の高さを知りたい．平面上の地点Aから5 kmだけ直進したところに地点Bがあり，さらにそこから向きを変えずに5 kmだけ直進したところに地点Cがある．3つの地点A，B，Cから山の頂点を見上げたときの仰角がそれぞれ30°，60°，45°であった．このとき，山の高さを求めよ．ただし，目の高さは山の高さに比べると非常に小さいので無視してよいものとし，地点B，CもAと同じ平地上にあるものとする．

解　山の頂点をH，Hから平地におろした垂線をHOとし，$\mathrm{HO}=h$ (km) とおくと，$\angle\mathrm{OAH}=30^\circ$，$\angle\mathrm{OBH}=60^\circ$，$\angle\mathrm{OCH}=45^\circ$ であるから

$$\mathrm{OA}=\sqrt{3}h,\quad \mathrm{OB}=\frac{h}{\sqrt{3}},\quad \mathrm{OC}=h$$

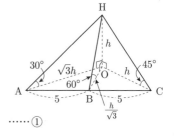

$\angle\mathrm{OBA}=\theta$ とおき，$\triangle\mathrm{OAB}$ に余弦定理を用いると

$$(\sqrt{3}h)^2=5^2+\left(\frac{h}{\sqrt{3}}\right)^2-2\cdot5\cdot\left(\frac{h}{\sqrt{3}}\right)\cos\theta \quad \cdots\cdots①$$

また，$\triangle\mathrm{OBC}$ に余弦定理を用いると

$$h^2=5^2+\left(\frac{h}{\sqrt{3}}\right)^2-2\cdot5\cdot\left(\frac{h}{\sqrt{3}}\right)\cos(180^\circ-\theta) \quad \cdots②$$

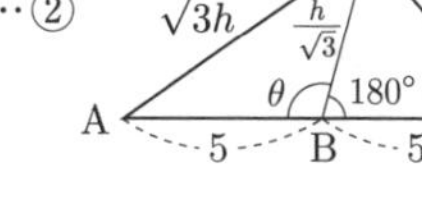

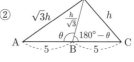

$\cos(180^\circ-\theta)=-\cos\theta$ であるから，①＋②より

$$(\sqrt{3}h)^2+h^2=2\left\{5^2+\left(\frac{h}{\sqrt{3}}\right)^2\right\} \qquad \therefore\ h^2=15$$

よって，山の高さは　$\sqrt{15}$ **km**

Assist

1°　点Aから点Pを見るとき，Pが水平面より上にある場合，Aを通る水平面とAPのなす角のうち鋭角の方を仰角という．

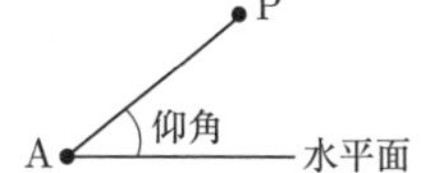

2°　①，②を用いるかわりに次のようにしてhを求めることもできる．
$\angle\mathrm{OAC}=\theta$ とおいて，$\triangle\mathrm{OAC}$ と $\triangle\mathrm{OAB}$ に余弦定理を用いて

$$\begin{cases} h^2=3h^2+10^2-2\cdot\sqrt{3}h\cdot10\cos\theta \\ \left(\dfrac{h}{\sqrt{3}}\right)^2=3h^2+5^2-2\cdot\sqrt{3}h\cdot5\cos\theta \end{cases}$$

この2式より $\cos\theta$ を消去すればhは求まる．

シェーマ

測量の問題 ⟫⟫ 1つの平面上で正弦定理・余弦定理などを利用

復習 042　塔の高さを測るために，2地点A，Bから塔の頂点Pとその真下の点Hを観測して，$\mathrm{AB}=a$，$\angle\mathrm{HAB}=\alpha$，$\angle\mathrm{HBA}=\beta$，$\angle\mathrm{HAP}=\theta$ を得た．塔の高さPHを a，α，β，θ を用いて表せ．

例題 043 四面体の体積

四面体ABCDがあり，AB＝AC＝AD＝5，BC＝2，CD＝$\sqrt{7}$，DB＝3である．この四面体の体積Vを求めよ．

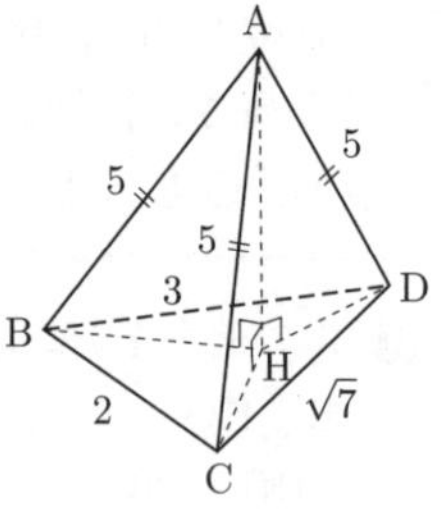

解 頂点Aから平面BCDにおろした垂線をAHとおくと

$$V=\frac{1}{3}\times(\triangle \mathrm{BCD})\times \mathrm{AH} \quad \cdots\cdots ①$$

△BCDにおいて余弦定理を用いると

$$\cos B=\frac{2^2+3^2-(\sqrt{7})^2}{2\times2\times3}=\frac{1}{2}$$

であるから　$\angle \mathrm{DBC}=60^\circ$

よって　$\triangle \mathrm{BCD}=\frac{1}{2}\times2\times3\times\sin60^\circ=\frac{3\sqrt{3}}{2}$ ……②

また，AB＝AC＝ADであるから，BH＝CH＝DHとなり，Hは△BCDの外心である．　←Assist 参照．

よって，BHは△BCDの外接円の半径であるから，△BCDに正弦定理を用いて

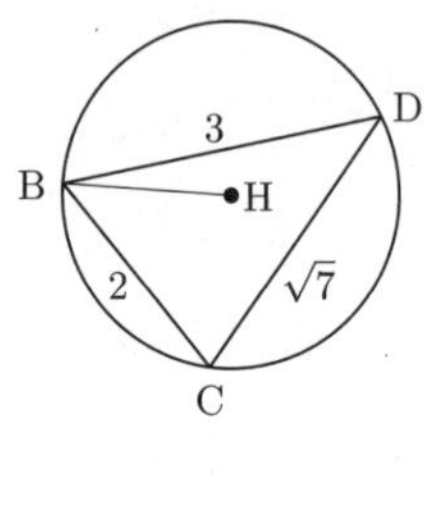

$$\frac{\sqrt{7}}{\sin60^\circ}=2\mathrm{BH} \qquad \therefore\ \mathrm{BH}=\frac{\sqrt{7}}{\sqrt{3}}$$

$\mathrm{AH}^2+\mathrm{BH}^2=\mathrm{AB}^2$より

$$\mathrm{AH}=\sqrt{\mathrm{AB}^2-\mathrm{BH}^2}=\sqrt{5^2-\left(\frac{\sqrt{7}}{\sqrt{3}}\right)^2}=\frac{2\sqrt{17}}{\sqrt{3}} \quad \cdots\cdots ③$$

②，③を①に代入して

$$\boldsymbol{V}=\frac{1}{3}\times\frac{3\sqrt{3}}{2}\times\frac{2\sqrt{17}}{\sqrt{3}}=\boldsymbol{\sqrt{17}}$$

Assist

△ABH，△ACH，△ADHにおいて，$\angle \mathrm{AHB}=\angle \mathrm{AHC}=\angle \mathrm{AHD}=90^\circ$であるから

$$\mathrm{BH}=\sqrt{\mathrm{AB}^2-\mathrm{AH}^2},\ \mathrm{CH}=\sqrt{\mathrm{AC}^2-\mathrm{AH}^2},\ \mathrm{DH}=\sqrt{\mathrm{AD}^2-\mathrm{AH}^2}$$

さらにAB＝AC＝ADであるから

$$\mathrm{BH}=\mathrm{CH}=\mathrm{DH}$$

よって，Hが△BCDの外心とわかる．

AB＝AC＝ADの四面体ABCD ⋙ **頂点Aから底面へおろした垂線との交点は外心**

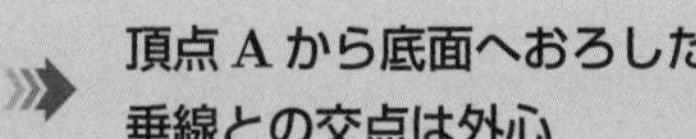

復習 043　四角錐OABCDがあり，OA＝OB＝OC＝OD＝5，AB＝CD＝2，BC＝DA＝4である．この四角錐の体積Vを求めよ．

例題 044　集合の要素の個数

1 から 1000 までの整数の集合 U の要素を考える.
(1)　4 でも 5 でも割り切れない数はいくつあるか.
(2)　4 でも 5 でも 6 でも割り切れない数はいくつあるか.

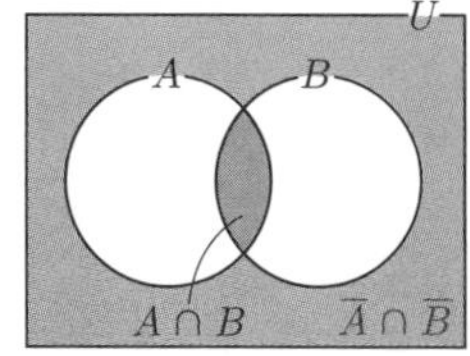

解 (1)　U の部分集合で, 4, 5, 6 の倍数の集合をおのおの A, B, C とする. このとき, $\overline{A}\cap\overline{B}$ の要素の個数 $n(\overline{A}\cap\overline{B})$ を求めればよい. $\overline{A}\cap\overline{B}$ の補集合は $A\cup B$ である.

$1000=4\times 250$ より　$n(A)=250$

$1000=5\times 200$ より　$n(B)=200$

$A\cap B$ は 20 の倍数の集合で, $1000=20\times 50$ より　$n(A\cap B)=50$

よって　$n(\overline{A}\cap\overline{B})=n(U)-n(A\cup B)=n(U)-\{n(A)+n(B)-n(A\cap B)\}$

$=1000-(250+200-50)=\mathbf{600}$ (個)

(2)　$n(\overline{A}\cap\overline{B}\cap\overline{C})$ を求めればよい. $\overline{A}\cap\overline{B}\cap\overline{C}$ の補集合は $A\cup B\cup C$ である.

$1000=6\times 166+4$ より　$n(C)=166$

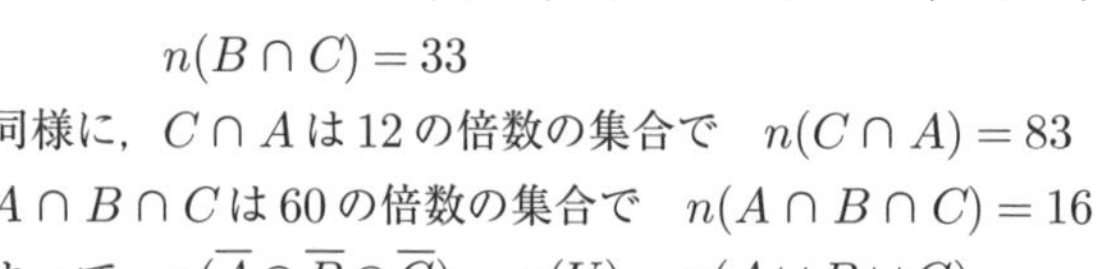

$B\cap C$ は 30 の倍数の集合で, $1000=30\times 33+10$ より

$n(B\cap C)=33$

同様に, $C\cap A$ は 12 の倍数の集合で　$n(C\cap A)=83$

$A\cap B\cap C$ は 60 の倍数の集合で　$n(A\cap B\cap C)=16$

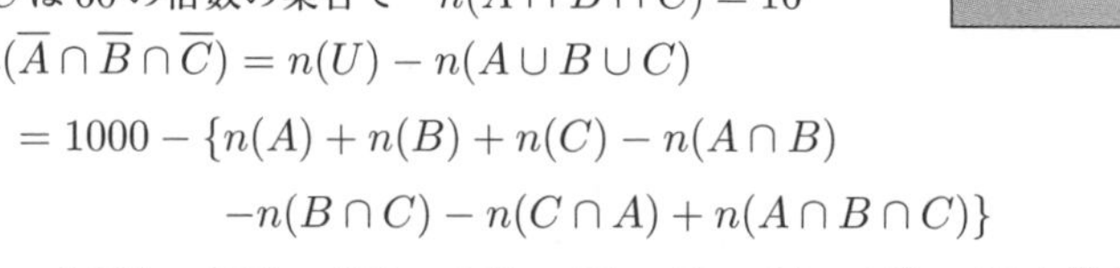

よって　$n(\overline{A}\cap\overline{B}\cap\overline{C})=n(U)-n(A\cup B\cup C)$

$=1000-\{n(A)+n(B)+n(C)-n(A\cap B)$

$-n(B\cap C)-n(C\cap A)+n(A\cap B\cap C)\}$

$=1000-(250+200+166-50-33-83+16)=\mathbf{534}$ (個)

《要素の個数の計算》　(U は全体集合)

$$n(\overline{A})=n(U)-n(A)\qquad n(A\cup B)=n(A)+n(B)-n(A\cap B)$$

$$n(A\cup B\cup C)=n(A)+n(B)+n(C)-n(A\cap B)-n(B\cap C)-n(C\cap A)+n(A\cap B\cap C)$$

《ド・モルガンの法則》　$\overline{A\cup B}=\overline{A}\cap\overline{B}$　　$\overline{A\cap B}=\overline{A}\cup\overline{B}$

$\overline{A}\cap\overline{B}$ の要素の個数 ⋙ まず補集合 $A\cup B$ の要素の個数を求める (ベン図を利用)

復習 044　1 から 1000 までの整数のうち
(1)　3 でも 4 でも割り切れない数はいくつあるか.
(2)　3 でも 4 でも割り切れないが 2 で割り切れる数はいくつあるか.

例題 045 約数の個数

(1) 720 の正の約数の個数を求めよ．

(2) 720 の正の約数の総和を求めよ．

(3) 720 の正の約数のうち，15 で割り切れるが 4 で割り切れないものの個数を求めよ．

解 (1) 720 を素因数分解すると，$720=2^4\cdot3^2\cdot5^1$ より，正の約数は

$$2^k\cdot3^l\cdot5^m \quad (k=0,1,2,3,4,\quad l=0,1,2,\quad m=0,1)$$

と表される（ここで自然数 n に対して $n^0=1$ と約束する）．

よって，その個数は k，l，m の決め方より

$$5\times3\times2=\mathbf{30}\ (個)$$

(2) $(2^0+2^1+2^2+2^3+2^4)(3^0+3^1+3^2)(5^0+5^1)$ を展開すると，すべての正の約数の和となる．よって，総和は

$$(2^0+2^1+2^2+2^3+2^4)(3^0+3^1+3^2)(5^0+5^1)=31\cdot13\cdot6=\mathbf{2418}$$

(3) 正の約数のうち，$15\ (=3\times5)$ で割り切れるが $4\ (=2^2)$ で割り切れないものは

$$2^k\cdot3^l\cdot5^m \quad (k=0,1,\quad l=1,2,\quad m=1)$$

と表せる．

よって　$2\times2\times1=\mathbf{4}$ (個)

Assist

「場合の数」では，計算の基本にあるのは次の二つの法則である．

《和の法則》 2 つの事柄 A，B は同時には起こらないとする．A の起こり方が m 通り，B の起こり方が n 通りあるとき，A または B が起こる場合は，$m+n$ 通り．

《積の法則》 事柄 A の起こり方が m 通り，そのおのおのの場合に対して，事柄 B の起こり方が n 通りあるとき，A と B がともに起こる場合は，$m\times n$ 通り．

シェーマ

素因数分解された $n=p^kq^l\cdots r^m$ の正の約数 ⋙

$$\begin{cases} 個数=(k+1)(l+1)\cdots(m+1) \\ 総和=(p^0+p^1+\cdots+p^k)(q^0+q^1+\cdots+q^l)\cdots(r^0+r^1+\cdots+r^m) \end{cases}$$

復習 045 (1) 12600 の正の約数の個数を求めよ．

(2) 12600 の正の約数の総和を求めよ．

(3) 12600 の正の約数のうち，20 で割り切れないものの個数を求めよ．

例題 046　5桁の整数

0から4までの5つの数字を1個ずつ使って5桁の整数を作る.

(1)　5桁の整数の個数を求めよ.　　(2)　5桁の偶数の個数を求めよ.

(3)　5桁の整数のうち, 23000より大きな整数の個数を求めよ.

解 (1)　万の位は0以外の数字で選び方は4通り.

千以下の位の数字は残りの4つの数字を並べるので, 順に考えて $4\times3\times2\times1\,(=4!)$ 通り. よって

$4\times4!=\mathbf{96}$ (個)

① 0以外
□□□□□
② 残り4つの数字を並べる

(2)　偶数なので一の位が0か2か4.

(i)　一の位が0のとき, 万の位から十の位までの4つの数字の並べ方は, $4!$ 通り.

□□□□ 0
残り4つの数字を並べる

(ii)　一の位が2か4のとき, 万の位から十の位までの4つの数字の並べ方は, 0を含む残りの4つの数字で4桁の整数を作るのと同じであるから, (1)と同様にして, $3\times3!$ 通り.

① 2か4
□□□□□
② 0を含む4つの数字で4桁の整数を作る

(i), (ii)より　$1\times4!+2\times(3\times3!)=\mathbf{60}$ (個)

(3)　23000より大きな整数は23∗∗∗, 24∗∗∗, 3∗∗∗∗, 4∗∗∗∗の形に限る.

(i)　23∗∗∗の形の整数は, 残り3つの数字を1列に並べるので, $3!$ 通り.
24∗∗∗の形の整数も同様.

(ii)　3∗∗∗∗の形の整数は, 残り4つの数字を1列に並べるので, $4!$ 通り.
4∗∗∗∗の形の整数も同様.

(i), (ii)より　$3!\times2+4!\times2=\mathbf{60}$ (個)

《階乗》 $n(n-1)(n-2)\cdots3\cdot2\cdot1$ を $n!$ で表す.
異なる n 個のものを1列に並べたものの総数は $n!$ 通り.

シェーマ

**位どりの整数 ⋙ 最高位が0でないことに注意
(特殊な条件をもつ位から決める)**

復習 | 046　0から9までの10個の数字を使って4桁の整数を作る(同じ数字は1度しか使えない).

(1)　全部で何個作れるか.　　(2)　5の倍数は何個作れるか.

(3)　4500より小さな整数は何個作れるか.

場合の数と確率

例題 047　男子と女子が1列に並ぶ

男子4人と女子3人が1列に並ぶとき

(1)　両端が女子である並び方は何通りあるか.

(2)　特定の2人が隣り合う並び方は何通りあるか.

(3)　女子が隣り合わない並び方は何通りあるか.

解 (1)　女子3人から女子2人を選んで両端に配置する方法は $_3P_2$ 通り．そのおのおのに対して，残り5人がその間に並ぶ方法が $5!$ 通り.

よって　$_3P_2 \times 5! = \mathbf{720}$ (通り)

① 女子3人

女 □ □ □ □ □ 女

② 残り男子4人，女子1人（計5人）

(2)　特定の2人をAとBとする．この2人をひとまとまりと考え，これと残り5人が1列に並ぶ方法が $6!$ 通り．そのおのおのに対して，AとBの左右の入れかえ方が2通り.

よって　$6! \times 2 = \mathbf{1440}$ (通り)

「特定の2人」とは，あらかじめ決められている2人のこと.

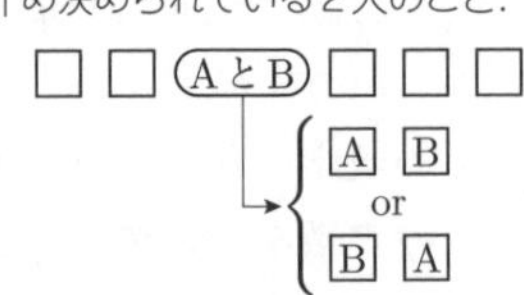

(3)　まず，男子4人が1列に並ぶ方法が $4!$ 通り．その間と両端の計5ヶ所から3ヶ所を選んで女子を1人ずつ入れる方法が $_5P_3$ 通り．こうすれば題意をみたす並べ方になるので

$$4! \times {}_5P_3 = \mathbf{1440} \text{ (通り)}$$

男 男 男 男

3ヶ所に女子3人を1人ずつ入れる

《順列》　異なる n 個のものから r 個とり出して1列に並べたものの総数を $_nP_r$ で表すと,

$$_nP_r = n(n-1)(n-2)\cdots(n-r+1) \quad \left(= \frac{n!}{(n-r)!}\right)$$

(ここで $_nP_n = n!$)

シェーマ

隣り合う ⋙ **ひとまとまりで扱う**

隣り合わない ⋙ **それ以外のものを先に並べてその間におく**

復習 047　赤玉4個，白玉4個の合わせて8個の玉があり，赤玉と白玉にはそれぞれ1個ずつ1から4の番号がついている．この8個の玉を1列に並べる.

(1)　1列に並べる場合の数を求めよ.

(2)　赤玉4個が隣り合う並べ方の総数を求めよ.

(3)　どの赤玉も隣り合わない並べ方の総数を求めよ.

例題 048 円順列と首飾りの順列

(1) 6人が円形に並ぶとき，その並び方は何通りあるか．

(2) 異なる6個の玉で首飾りを作る方法は何通りあるか．

(3) 図のような正三角形の各辺に2人ずつ計6人が並ぶとき，その並び方は何通りあるか．

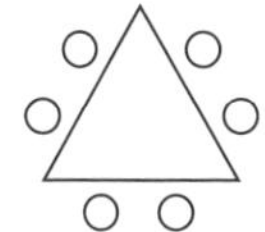

解 (1) 特定の1人を例えばAとして図のように固定する．このとき，残り5人が1列に並ぶ順列と同じになるから

$5! = \mathbf{120}$（通り）

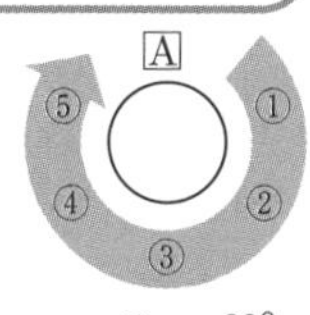

別解 席に区別があるとして6人を円形に並べる方法は6!通り．この中には，円順列として同じものが6通りずつ含まれる．よって $\dfrac{6!}{6} = 5! = \mathbf{120}$（通り）

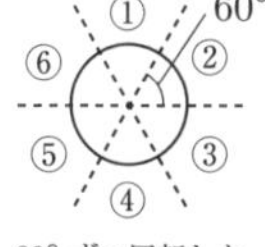

60° ずつ回転したものも同じ並べ方

(2) 首飾りでは，裏返して一致するものを同じ並べ方とみるので，異なる6個のものの円順列5!通り（(1)より）のなかに，同じ並べ方が2通りずつ含まれる．よって

$\dfrac{5!}{2} = \mathbf{60}$（通り）

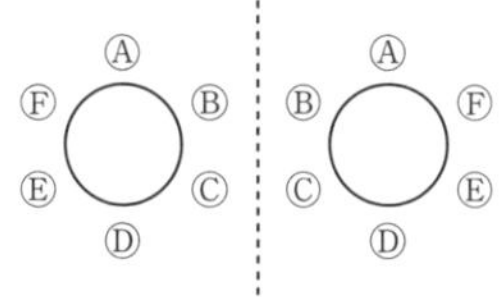

裏返すと重なるので同じ並べ方

(3) (1)のように，特定の1人を固定して考える．図の①，②の2つの位置は回転しても重なることはないので，固定の仕方は2通り．このおのおのに対して，残り5人の並び方は5!通り．よって $2 \times 5! = \mathbf{240}$（通り）

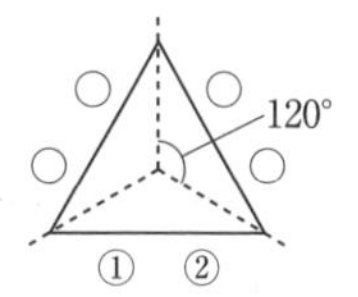

120° ずつ回転したものも同じ並べ方

別解 席に区別があるとして，6人を正三角形の各辺に2人ずつ並べる方法は6!通り．この中には，席に区別のない，正三角形の各辺に並べる方法として同じものが3通りずつ含まれる．よって $\dfrac{6!}{3} = \mathbf{240}$（通り）

《円順列》 異なる n 個のものを円形に並べたものの総数は $(n-1)!$ 通り

Assist

円順列とは，円形に並べて相互の順序だけが問題であるときの並べ方をいう．それゆえ，円順列では回転して一致する並べ方は同じものとみなす．

シェーマ

円順列 ⋙ 特定の1個を特定の場所に固定して考える

復習 048 (1) 異なる7個の玉を円形に並べる方法は何通りあるか．

(2) 異なる7個の玉で首飾りを作る方法は何通りあるか．

(3) 8人が正方形のテーブルの各辺に2人ずつ並ぶ方法は何通りあるか．

場合の数と確率

例題 049 異なる数の組合せ

1から20までの自然数から3個の異なる数を選んで作る組合せを考える．

(1) 偶数だけからなる組は何通りあるか．

(2) 3つの数の積が5の倍数となる組は何通りあるか．

(3) 3つの数の積が25の倍数となる組は何通りあるか．

解 (1) 偶数は全部で10個．ここから3個を選べばよいので

$${}_{10}\mathrm{C}_3 = \frac{10 \cdot 9 \cdot 8}{3 \cdot 2 \cdot 1} = \mathbf{120}\ (\text{通り})$$

(2) 1から20までの自然数のうち5の倍数は4個，5の倍数でない数は16個．題意をみたすのは，3つの数のうち少なくとも1つが5の倍数のときである．よって，すべての組合せから3つの数がいずれも5の倍数でない組合せを除いたものであるから

$${}_{20}\mathrm{C}_3 - {}_{16}\mathrm{C}_3 = 1140 - 560 = \mathbf{580}\ (\text{通り})$$

(3) $25 = 5^2$ より，題意をみたすのは3つの数のうち少なくとも2つが5の倍数のときである．これは,「2つが5の倍数で1つが5の倍数でない」か,「3つとも5の倍数」のいずれかで

← 1から20までの自然数には，25の倍数が存在しない．

$${}_4\mathrm{C}_2 \times {}_{16}\mathrm{C}_1 + {}_4\mathrm{C}_3 = 6 \times 16 + 4 = \mathbf{100}\ (\text{通り})$$

《組合せ》 異なる n 個のものから r 個とり出して作る組の総数を ${}_n\mathrm{C}_r$ で表すと

$${}_n\mathrm{C}_r = \frac{{}_n\mathrm{P}_r}{r!} \quad \left(= \frac{n!}{r!(n-r)!} \right)$$

Assist

この公式は，順列の公式と積の法則から導かれる．異なる n 個のものから r 個とり出して1列に並べる(${}_n\mathrm{P}_r$ 通り)には，まず r 個とり出して組を作り(${}_n\mathrm{C}_r$ 通り)，そのおのおのの場合に対して，とり出した r 個を順に並べればよい($r!$ 通り)．

よって，${}_n\mathrm{P}_r = {}_n\mathrm{C}_r \times r!$ この式を $r!$ で割ったのが組合せの公式である．

シェーマ

区別のあるものから決まった個数を選ぶとき ⋙ C (組合せ)を使う
(順番は考えないとき)

復習 | 049 1から21までの自然数から4個の異なる数を選んで作る組合せを考える．

(1) 3の倍数だけからなる組は何通りあるか．

(2) 4個の数の積が7の倍数となる組は何通りあるか．

(3) 4個の数の積が49の倍数となる組は何通りあるか．

(4) 4個の数の積が35の倍数となる組は何通りあるか．

例題 050　人を組に分ける

(1)　6 人を 1 人，2 人，3 人に分ける方法は何通りあるか．
(2)　6 人を 1 人，1 人，4 人に分ける方法は何通りあるか．
(3)　6 人を 2 人，2 人，2 人に分ける方法は何通りあるか．
ただし，いずれの場合も同人数の組には区別がないものとする．

解 (1)　1 人の組，2 人の組に誰が入るかを順に考え(3 人の組には自動的に残りの人が入る)

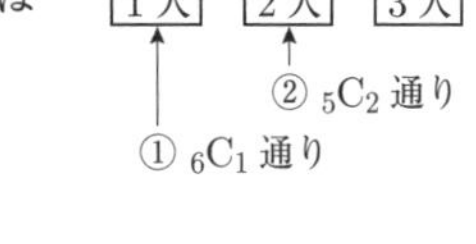

$$ {}_6C_1 \times {}_5C_2 = 6 \cdot \frac{5 \cdot 4}{2 \cdot 1} = \mathbf{60}\ (\text{通り}) $$

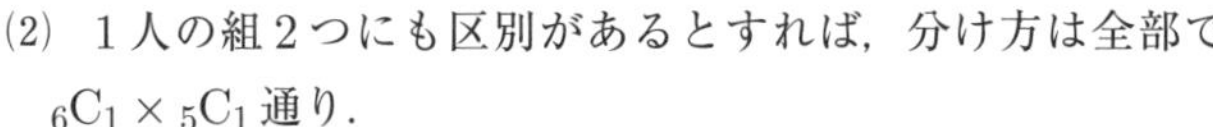

(2)　1 人の組 2 つにも区別があるとすれば，分け方は全部で ${}_6C_1 \times {}_5C_1$ 通り．

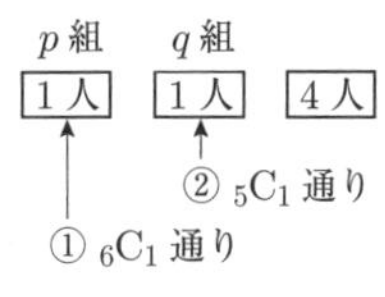

実際には組に区別がないので，同じ分け方が 2! 通りずつ重複している．

よって　$\dfrac{{}_6C_1 \times {}_5C_1}{2!} = \dfrac{6 \cdot 5}{2} = \mathbf{15}\ (\text{通り})$

(p)	(q)	(4 人)
A	B	CDEF
B	A	CDEF

} 2! 通り

(3)　2 人の組 3 つに区別があるとすれば，分け方は全部で ${}_6C_2 \times {}_4C_2$ 通り．

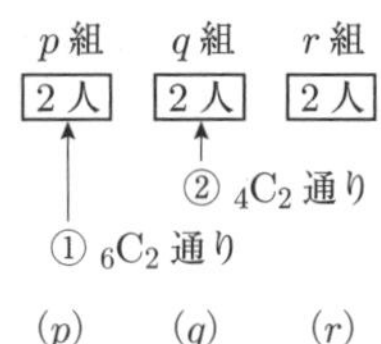

実際には組に区別がないので，同じ分け方が 3! 通りずつ重複している．

よって　$\dfrac{{}_6C_2 \times {}_4C_2}{3!} = \dfrac{15 \cdot 6}{6} = \mathbf{15}\ (\text{通り})$

(p)	(q)	(r)
AB	CD	EF
AB	EF	CD
CD	AB	EF
CD	EF	AB
EF	AB	CD
EF	CD	AB

} 3! 通り

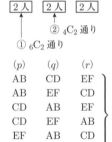

シェーマ

区別のない同じ人数の k 個の組に分ける

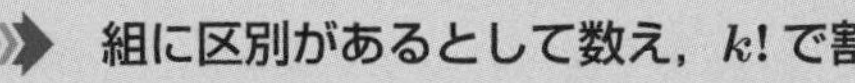

組に区別があるとして数え，$k!$ で割る

復習 050　8 人を次のような組に分けるとき，その分け方の総数を求めよ．

(1)　1 人，3 人，4 人の 3 組
(2)　2 人，2 人，2 人，2 人の 4 組
(3)　1 人，1 人，3 人，3 人の 4 組
ただし，同人数の組には区別がないものとする．

例題 051　同じものを含む順列

aが2個，bが3個，cが3個あり，これらを1列に並べる．

(1)　並べ方は何通りあるか．

(2)　cが連続する部分を含むように並べるとき，並べ方は何通りあるか．

解 (1)　a, a, b, b, b, c, c, cを1列に並べる方法は，同じものを含む順列の公式より

$$\frac{8!}{2!\,3!\,3!} = \mathbf{560}\ (\text{通り})$$

(2)　まず，cが隣り合わない並べ方を考える．

aを2個，bを3個並べる方法が　$\dfrac{5!}{2!\,3!} = 10$ (通り)

そのおのおのに対して，並べた5個の間と両端の計6ヶ所から3ヶ所を選び，1個ずつcを入れる方法が　${}_6C_3 = 20$ (通り)

よって，cが隣り合わない並べ方は $10 \times 20 = 200$(通り)あるので，題意をみたす並べ方は　$560 - 200 = \mathbf{360}$ (通り)

《同じものを含む順列》

Aがp個，Bがq個，Cがr個，・・・ある．$n = p + q + r + \cdots$とするとき，これらn個のものを1列に並べたものの総数は　$\dfrac{n!}{p!\,q!\,r!\cdots}$

Assist

1°　(1)において，すべての文字に区別があると仮定すると(a_1, a_2, b_1, b_2, b_3, c_1, c_2, c_3として考えると)，8個の並べ方が8!通り．この中には2個のa，3個のb，3個のcに区別がないときには同じ並べ方となるものが$2! \times 3! \times 3!$個ずつ重複して含まれている．よって，区別がないときの8個の並べ方は，$\dfrac{8!}{2!\,3!\,3!}$ 通りとなる．

2°　(1)は組合せの記号を使って，次のように計算してもよい．文字の入る8個の場所が1列に並んでいるとする．このうちaの入る2ヶ所，bの入る3ヶ所と順に考えて，${}_8C_2 \times {}_6C_3 = 560$ (通り)．

□□□□□□□□

↑① aの入る2ヶ所を選ぶ(${}_8C_2$ 通り)

↑② bの入る3ヶ所を選ぶ(${}_6C_3$ 通り)

3°　上のように，隣り合わないものがある場合は，まず，それ以外のものを並べておいて，その間に隣り合わないものを1つずつ入れる方法を考える．

シェーマ

同じものをくり返し使ってよい ≫ 同じものを含む順列の公式

復習 051　(1)　1, 1, 1, 2, 2, 3を使ってできる6桁の整数は何個あるか．

(2)　1, 1, 1, 2, 2, 2から5つの数字を選んでできる5桁の偶数は何個あるか．

例題 052 区別のあるものを分ける

1から6までの番号をつけた6枚のカードがある．

(1) この6枚のカードをA，Bの2人に分ける方法は何通りあるか．

(2) この6枚のカードをA，B，Cの3人に分ける方法は何通りあるか．

ただし，いずれの場合も，どの人にも少なくとも1枚は分けられるものとする．

解 (1) 1枚ももらえない人がいてもよい場合，「1」のカードをAとBに分ける方法は2通りで，残りのカードについても同じであるから，カードの分け方は2^6通り．

この中には，6枚ともすべてA，あるいは6枚ともすべてBの2通りが含まれるので，これを除いて

$$2^6-2=\mathbf{62}\text{（通り）}$$

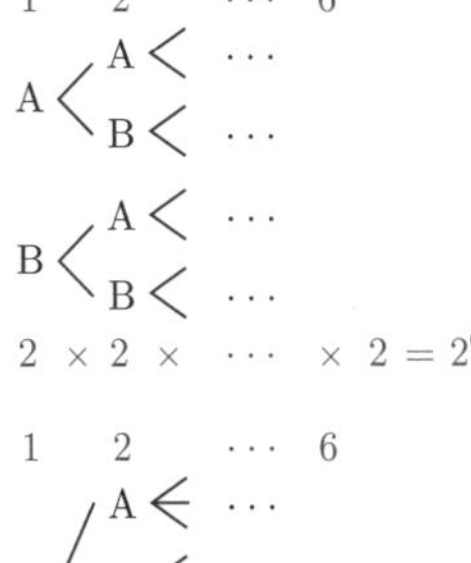

(2) 1枚ももらえない人がいてもよい場合，「1」のカードをA，B，Cの3人に分ける方法は3通りで，他のカードについても同じであるから，カードの分け方は3^6通り．

このうち

(ア) 6枚とも1人だけがもらうとき，分け方は3通り．

(イ) 2人だけがもらうとき，まず，この2人の選び方が${}_3C_2$通り．この2人に（おのおの少なくとも1枚はもらうとして）6枚を分ける方法は，(1)より(2^6-2)通り．よって，このときの分け方は${}_3C_2\times(2^6-2)=186$通り．

以上より　$3^6-(3+186)=\mathbf{540}$（通り）

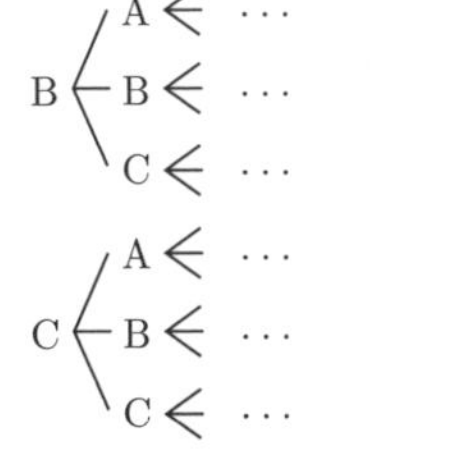

《重複順列》

異なるn個のものから重複を許してr個とり出して並べる順列の総数は　n^r

(2)のはじめに計算した，「1枚ももらえない人がいてもよい場合」は，A，B，Cを何回使ってもよいとして，6個並べる順列と1対1に対応する．これは，上の公式において，3個のものから6個とる重複順列である．

シェーマ

区別のあるものを区別のある組に1個ずつ分ける ≫ 重複順列

復習 052　8個の異なる品物がある．

(1) これらを2人に分ける場合の数を求めよ．

(2) これらを3人に分ける場合の数を求めよ．

ただし，どの人にも少なくとも1個は分けられるものとする．

例題 053 区別のないものを分ける

同じ品質の6個のりんごをA，B，Cの3人に分ける．
(1) もらわない人がいてもよいとき，分け方は何通りあるか．
(2) どの人も少なくとも1個はもらうとき，分け方は何通りあるか．

解 (1) 6個の○と2本の仕切り｜を1列に並べる方法の数を求めればよい(｜で仕切られた○の数だけ順にA，B，Cに分けると決めておけば，問題の分け方と1対1に対応する)．

A，B，C の個数

A ○○ ｜ B ○○○ ｜ C ○ ⟷ (2, 3, 1)

A ○○ ｜ B ○○○○ ｜ C ⟷ (2, 4, 0)

A ○○○○ ｜ B ｜ C ○○ ⟷ (4, 0, 2)

よって

$$\frac{(6+2)!}{6!\,2!}=\frac{8\cdot 7}{2\cdot 1}=\mathbf{28}\text{ (通り)}$$

(2) 6個の○を1列に並べて，その5つの間から2つ選んで仕切り｜を1本ずつ入れる方法の数を求めればよい((1)と同様に3人への分け方を決めておけばよい)．

A ○○ ｜ B ○ ｜ C ○○○

→A：2個，B：1個，C：3個

よって　$_5C_2=\frac{5\cdot 4}{2\cdot 1}=\mathbf{10}$ (通り)

別解 りんごには区別がないので，6個のりんごから1個ずつ3人に分けておくと，残り3個を(もらわない人がいてもよいとして)3人に分ける方法の数を求めればよいことになる．よって，(1)と同様に，3個の○と2本の仕切り｜の並べ方を考え

$$\frac{(3+2)!}{3!\,2!}=\frac{5\cdot 4}{2\cdot 1}=\mathbf{10}\text{ (通り)}$$

Assist

A，B，Cに分けられるりんごの数をおのおのx個，y個，z個とすると，(1)の場合の数は，$x+y+z=6$ ($x\geqq 0$，$y\geqq 0$，$z\geqq 0$) をみたす整数解 (x，y，z) の個数と等しい．(同様に，(2)の方は，$x+y+z=6$ ($x\geqq 1$，$y\geqq 1$，$z\geqq 1$))

シェーマ

区別のないものを区別のある組に分ける ⟫ ○(もの)と｜(仕切り)の並べ方を考える

復習 053 互いに区別のできない10個のボールを区別のある5個の箱に入れる．
(1) ボールを入れない箱があってもよいとすると，何通りの入れ方があるか．
(2) どの箱にも少なくとも1つは入れるとすると，何通りの入れ方があるか．

例題 054　重複組合せ

(1)　a，b，c，d の 4 個の文字から重複を許して 5 個の文字をとる組合せの数を求めよ．

(2)　異なる n 個のものから重複を許して r 個とる組合せの数を求めよ．

解 (1)　a，b，c，d をそれぞれ何個ずつとるか，その個数の組を数えればよい．

これは，5 個の○と 3 本の仕切り｜を 1 列に並べる方法の数だけある（｜で仕切られた○の個数を左から順に a，b，c，d の個数と決めればよい）．

a　b　c　d
○｜○○｜｜○○
→ a：1 個，b：2 個，c：0 個，d：2 個

よって　$\dfrac{8!}{5!\,3!}=\dfrac{8\cdot7\cdot6}{3\cdot2\cdot1}=\mathbf{56}$（通り）

(2)　異なる n 個のものをそれぞれ何個ずつとるか，その個数の組を数えればよい．

これは，(1)と同様に考えて，r 個の○と $n-1$ 本の仕切り｜を 1 列に並べる方法の数だけある．

よって　$\dfrac{\{r+(n-1)\}!}{r!\,(n-1)!}=\boldsymbol{\dfrac{(n+r-1)!}{r!(n-1)!}}$（通り）

Assist

(2)の組合せを「異なる n 個のものから r 個とる**重複組合せ**」といい，その総数を ${}_n\mathrm{H}_r$ で表すことがある．これは**解**のように，「r 個の○と $n-1$ 本の仕切り｜を 1 列に並べる方法」の数と等しく，さらにこれは**例題 051 Assist 2°** と同様に考えて，「$n+r-1$ 個の場所から○の入る r 個の場所を選ぶ（残りの $n-1$ 個の場所に｜を入れる）方法」の数と等しい．よって

$$\boldsymbol{{}_n\mathrm{H}_r=\frac{\{r+(n-1)\}!}{r!\,(n-1)!}={}_{n+r-1}\mathrm{C}_r}$$

という式が成り立つ（異なるものの個数（n 個）から 1 引いて，仕切りの本数になることに注意）．

シェーマ

異なる n 個のものから r 個とる重複組合せ

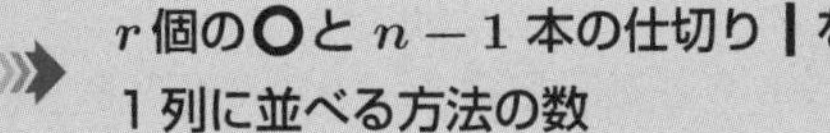

r 個の○と n − 1 本の仕切り｜を
1 列に並べる方法の数

復習 054　(1)　区別のない 4 個のサイコロを投げるとき，目の出方は何通りあるか．

(2)　$(x+y+z)^n$ を展開した式の中に，同類項は何種類あるか．ただし，n は正の整数とする．

例題 055 数の組と大小関係

a, b, cはどれも1以上6以下の自然数とする．a, b, cを順に並べた組$(a,\ b,\ c)$を考える．

(1) このような組は何通りあるか．

(2) a, b, cが相異なる組は何通りあるか．

(3) $a<b<c$をみたす組は何通りあるか．

(4) $a \leqq b \leqq c$をみたす組は何通りあるか．

解 (1) a, b, cの選び方はそれぞれ6通りずつあるので $6^3 = \mathbf{216}$ (通り)

(2) 6個の数字から3個をとってa, b, cと並べればよいので ${}_6\mathrm{P}_3 = \mathbf{120}$ (通り)

(3) 6個の数字から3つを選び，それを小さいほうから並べれば，題意をみたす数の組ができる．

よって ${}_6\mathrm{C}_3 = \mathbf{20}$ (通り)

(4) 6個の数字から重複を許して3つを選び，それを小さいほうから並べれば，題意をみたす数の組ができる．

これは，3個の○と5本の｜を1列に並べる方法の数と等しく ←重複組合せ.

$$\frac{8!}{3!\,5!} = \frac{8\cdot 7\cdot 6}{3\cdot 2\cdot 1} = \mathbf{56}\ (\text{通り})$$

Assist

(4)は次のようにしてもよい．

$a' = a$, $b' = b+1$, $c' = c+2$ ……① とすると，a', b', c'はどれも1から8までのいずれかの自然数で$a' < b' < c'$をみたす．逆にこれをみたすとき，①で定まる$(a,\ b,\ c)$は題意をみたす．

よって，このような$(a',\ b',\ c')$の組の総数を求めればよく，(3)と同様にして

${}_8\mathrm{C}_3 = 56$ (通り)

シェーマ

$a<b<c$である組$(a,\ b,\ c)$の総数 ➡ 3個とる組合せ

$a \leqq b \leqq c$である組$(a,\ b,\ c)$の総数 ➡ 3個とる重複組合せ

復習 055 a, b, c, dはどれも1以上7以下の自然数とする．a, b, c, dを順に並べた組$(a,\ b,\ c,\ d)$を考える．

(1) a, b, c, dが相異なる組は何通りあるか．

(2) $a > b = c > d$をみたす組は何通りあるか．

(3) $a \geqq b \geqq c \geqq d$をみたす組は何通りあるか．

例題 056　最短経路の数

図のような格子状の道路がある．S 地点を出発して，道路上を東または北に進んで G 地点に到達する経路を考える(図の太線はそのような経路の一例である)．

(1)　経路は何通りあるか．

(2)　図の A が通れないとき，経路は何通りあるか．

(3)　図の B と C と D が通れないとき，経路は何通りあるか．

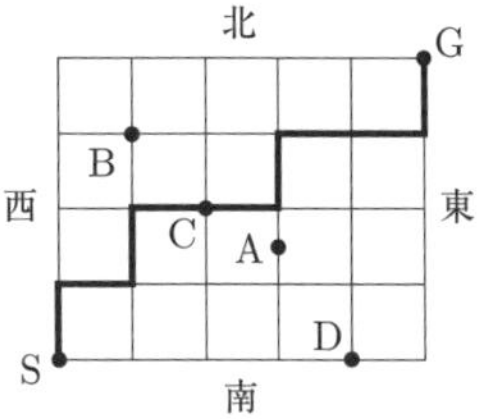

解 (1)　東に 1 区画だけ移動することを e，北に 1 区画だけ移動することを n で表すと，経路の総数は，5 個の e と 4 個の n を 1 列に並べる場合の数だけあり

$$\frac{9!}{5!\,4!} = \frac{9\cdot 8\cdot 7\cdot 6}{4\cdot 3\cdot 2\cdot 1} = \mathbf{126}\ \text{(通り)}$$

(2)　まず，A を通る経路は，図のように E，F をとると S → E → F → G と進む．これは，S → E が東に 3 区画，北に 1 区画の移動で，F → G が東に 2 区画，北に 2 区画の移動であるから

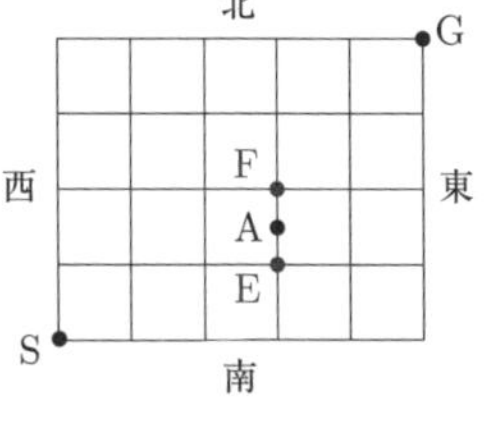

$$\frac{4!}{3!\,1!} \times 1 \times \frac{4!}{2!\,2!} = 4\cdot 6 = 24\ \text{(通り)}$$

よって，A を通らない経路は　$126 - 24 = \mathbf{102}$ (通り)

(3)　図のように点 P，Q をとると，どの経路も必ず P，B，C，Q，D のいずれか 1 点を通り，2 点を通ることはない．よって，P，Q を通る経路(S → P → G または S → Q → G)の数を数え

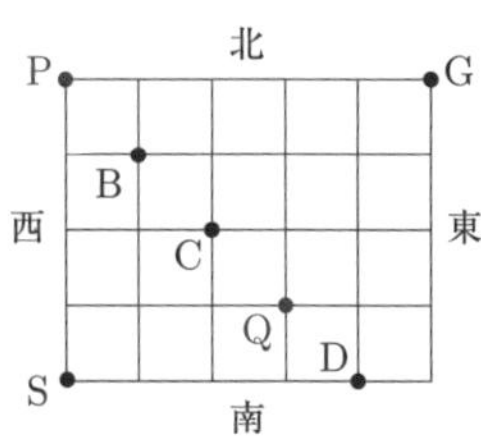

$$1 + \frac{4!}{3!\,1!} \times \frac{5!}{2!\,3!} = 1 + 40 = \mathbf{41}\ \text{(通り)}$$

シェーマ

最短経路 ⟫ 東への移動と北への移動の組み合わせで決まる

復習 056　図のような格子状の道路がある．S 地点を出発して，道路上を東または北に進んで G 地点に到達する経路を考える．

(1)　経路は何通りあるか．

(2)　図の B が通行止めのとき，経路は何通りあるか．

(3)　図の A と C と D が通れないとき，経路は何通りあるか．

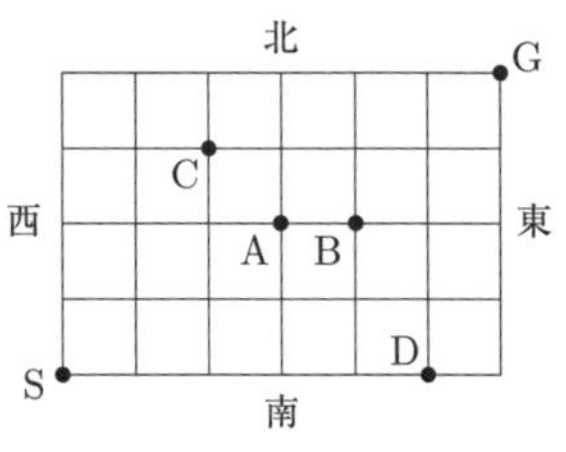

例題 057 三角形の個数

正n角形の3つの頂点を結んでできる三角形を考える．ただし，nは$n \geqq 6$をみたすものとする．

(1) この正n角形とただ1つの辺を共有するものは何通りあるか．

(2) この正n角形と辺を共有しないものは何通りあるか．

(3) nが偶数のとき，直角三角形は何通りあるか．

解 (1) n個の頂点を順にA_1，A_2，$\cdots$，A_nとする．共有する1辺の選び方がn通り．この1辺を例えば，A_1A_2とすると，三角形の残りの1頂点の選び方は，A_3～A_nのうち，A_3，A_n以外で$n-4$通り（他も同様）．

よって　$\boldsymbol{n(n-4)}$（通り）

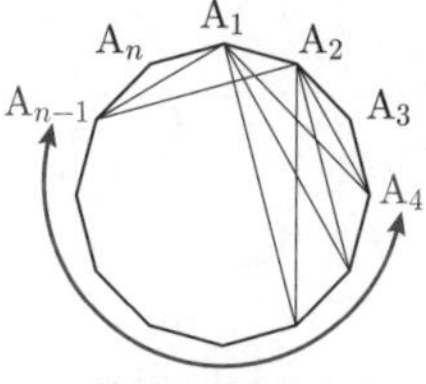

この範囲の頂点ならよい

(2) 正n角形の3つの頂点を結んでできる三角形は，全部で${}_nC_3$通り．このうち

(ア) 正n角形と1つの辺だけを共有するものは(1)より$n(n-4)$通り．

(イ) 2辺を共有するものは，この2辺が正n角形の隣り合う2辺であるから，頂角のとり方よりn通り．

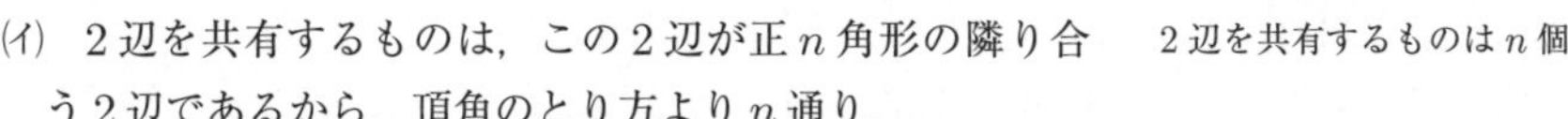

2辺を共有するものはn個

よって，全体から(ア)と(イ)の場合を除いて

$$
\begin{aligned}
{}_nC_3-\{n+n(n-4)\} &= \frac{n(n-1)(n-2)}{3!}-n-n(n-4) \\
&= \boldsymbol{\frac{1}{6}n(n-4)(n-5)}\text{（通り）}
\end{aligned}
$$

(3) $n=2m$（mは自然数）と表すと，直角三角形の斜辺は外接円の直径で，とり方はm通り．そのおのおのに対して，直角の頂点のとり方が斜辺の両端の頂点以外で，$n-2$通り．

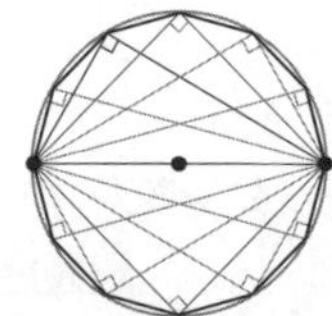

よって　$m\cdot(n-2)=\boldsymbol{\frac{n(n-2)}{2}}$（通り）

三角形の個数 ⋙ 1頂点か1辺に着目して数える

復習 057 正十二角形の3つの頂点を結んでできる三角形を考える．

(1) 三角形は何通りあるか．

(2) 二等辺三角形は何通りあるか．

(3) 鈍角三角形は何通りあるか．

例題 058　立方体に色を塗る

立方体の各面に色を塗りたい．ただし，隣り合った面には異なる色を塗り，立方体を回転させて一致する塗り方は同じ塗り方とみなす．

(1)　6色　　　(2)　5色　　　(3)　4色

をすべて使って塗る方法はおのおの何通りあるか．

解 (1)　まず特定の色を下面に固定する．

このとき，上面の色の選び方は5通り．

そのおのおのに対して，残り4色を側面に塗る方法は，円順列で $(4-1)!$ $(=3!)$ 通り．

よって　$5 \times 3! = \mathbf{30}$ (通り)

② 塗り方5通り

① 1つの色を固定

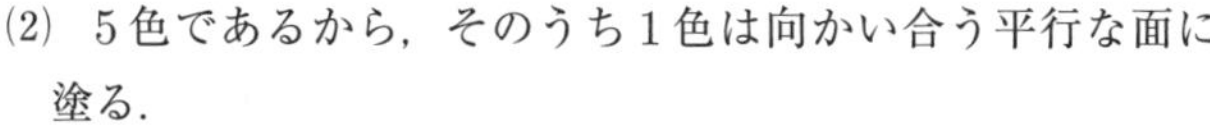

(2)　5色であるから，そのうち1色は向かい合う平行な面に塗る．

この色の選び方が5通り．

この2つの面を上面と下面に固定する．

このとき，残り4色を側面に塗る方法は，裏返しても同じ塗り方になるから首飾りの順列と同じで　$\dfrac{(4-1)!}{2} = 3$ (通り)

よって　$5 \times 3 = \mathbf{15}$ (通り)

同じ色を塗る

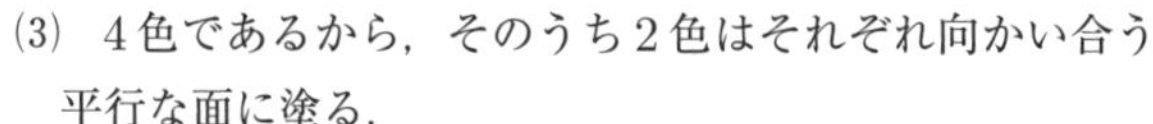

(3)　4色であるから，そのうち2色はそれぞれ向かい合う平行な面に塗る．

この色の選び方が　${}_4C_2 = 6$ (通り)

この2色で塗られた4つの面を側面とすると，残り2色を上面と下面に塗る方法は，上下をひっくり返しても同じ塗り方になるので1通り．

よって　$6 \times 1 = \mathbf{6}$ (通り)

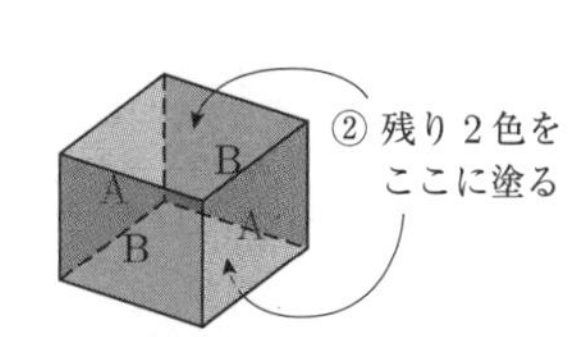

A
B
A
B
② 残り2色をここに塗る
① 4色のうち，2色AとBを向かい合う側面に塗る

シェーマ

立方体に色を塗る ⋙ **上面・下面の色を固定すると平面上の円順列・首飾りの順列に**

復習 058　図のような正六角柱(直角柱)の各面に色を塗りたい．ただし，隣り合った面の色は異なるように色を塗り，立体を回転させて一致する塗り方は同じ塗り方とみなす．

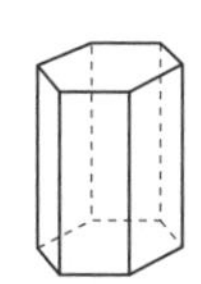

(1)　8色をすべて使って塗る方法は何通りあるか．

(2)　7色をすべて使って塗る方法は何通りあるか．

例題 059　3個のサイコロを同時に投げる

3個のサイコロを同時に1回投げるとき

(1) 出た目の数がすべて同じである確率を求めよ.

(2) 出た目が1のものが2個である確率を求めよ.

(3) 出た目の数が3つの連続した数である確率を求めよ.

解 3個のサイコロの目の出方は，全部で 6^3 通りで同様に確からしい.

(1) このうち，(1, 1, 1), (2, 2, 2), $\cdots$, (6, 6, 6) の6通り.

よって，求める確率は $\dfrac{6}{6^3}=\mathbf{\dfrac{1}{36}}$

(2) 3個のサイコロの目の組合せは，{1, 1, 2}, {1, 1, 3}, {1, 1, 4}, {1, 1, 5}, {1, 1, 6} の5種類.

例えば {1, 1, 2} のとき，目の出方は．(1, 1, 2), (1, 2, 1), (2, 1, 1) の3通り.

よって，題意をみたす目の出方は 5×3 通り.

したがって，求める確率は $\dfrac{5\times3}{6^3}=\mathbf{\dfrac{5}{72}}$

(3) 3個のサイコロの目の組合せは，{1, 2, 3}, {2, 3, 4}, {3, 4, 5}, {4, 5, 6} の4種類.

例えば，{1, 2, 3} のとき，目の出方は，1, 2, 3 の並べ方より 3! 通り.

よって，求める確率は $\dfrac{4\times3!}{6^3}=\mathbf{\dfrac{1}{9}}$

Assist

1° 3個のサイコロの目の組合せは，3つの目を小さいほうから並べて，$\{x,\ y,\ z\}$ ($x,\ y,\ z$ は自然数で，$1\leqq x\leqq y\leqq z\leqq 6$) で表せる．また，3個のサイコロの目の出方は，$(x,\ y,\ z)$ ($x,\ y,\ z$ は自然数で，$1\leqq x\leqq 6,\ 1\leqq y\leqq 6,\ 1\leqq z\leqq 6$) で表せる.

2° 上の解より，3つのサイコロの目の組合せが

{1, 1, 1} となる確率は $\dfrac{1}{6^3}$，{1, 1, 2} となる確率は $\dfrac{3}{6^3}$，{1, 2, 3} となる確率は $\dfrac{3!}{6^3}$

シェーマ

複数個のサイコロを投げる ⋙ 見た目が同じでも異なるもの なので区別する　(注) Assist 参照.

復習 059　1個のサイコロを3回投げるとき

(1) 出た目の和が5である確率を求めよ.

(2) 出た目の積が偶数である確率を求めよ.

例題 060　袋から球を同時にとり出す確率

青球4個，白球3個が入っている袋から球をとり出す．

(1)　同時に2個とり出すとき，2個とも青球である確率を求めよ．

(2)　同時に3個とり出すとき，青球が2個，白球が1個である確率を求めよ．

(3)　同時に3個とり出すとき，少なくとも1個が白球である確率を求めよ．

解 (1)　7個から同時に2個とり出す方法は ${}_7C_2$ 通り．

このうち，2個とも青球をとり出す方法は ${}_4C_2$ 通り．

よって，求める確率は　$\dfrac{{}_4C_2}{{}_7C_2}=\mathbf{\dfrac{2}{7}}$

← $\dfrac{{}_4C_2}{{}_7C_2}=\dfrac{\frac{4\cdot 3}{2\cdot 1}}{\frac{7\cdot 6}{2\cdot 1}}$ としてから約分して計算．

(注)　順番にとり出すと考えて

$\dfrac{{}_4P_2}{{}_7P_2}=\dfrac{4\cdot 3}{7\cdot 6}=\dfrac{2}{7}$ と計算してもよい．

(2)　7個から同時に3個とり出す方法は ${}_7C_3$ 通り．

このうち，青球2個，白球1個をとり出す方法は ${}_4C_2\times{}_3C_1$ 通り．

よって，求める確率は　$\dfrac{{}_4C_2\times{}_3C_1}{{}_7C_3}=\mathbf{\dfrac{18}{35}}$

(3)　余事象は青球を3個とり出す場合で，求める確率は　$1-\dfrac{{}_4C_3}{{}_7C_3}=1-\dfrac{4}{35}=\mathbf{\dfrac{31}{35}}$

《余事象の確率》
A の余事象を $\overline{A}$ とすると
$P(A)=1-P(\overline{A})$

Assist

1°　確率では，「もの」はすべて異なる(ものと考える)ので

青$_1$，青$_2$，青$_3$，青$_4$，白$_1$，白$_2$，白$_3$

というように名前をつけて考えるとよい．

2°　2個の青球のとり出し方は，青$_1$，青$_2$，青$_3$，青$_4$ から2個選ぶので ${}_4C_2$ 通り．

また，次のように考えてはいけない．

『7個から2個選ぶ方法は，(青，青)，(青，白)，(白，白)　……(＊)の3通り．このうち青球を2個とる方法は(青，青)の1通り．よって確率は $\dfrac{1}{3}$』

(＊)の3通りは同様に確からしいとはいえないからである．

シェーマ

「少なくとも…」「…でない」という事象 ⋙ 余事象を考える

n 個から r 個を同時にとり出す ⋙ 確率の分母(等確率な根元事象)は ${}_nC_r$

復習 060　赤球4個，青球3個，白球2個が入っている袋から球をとり出す．

(1)　同時に2個とり出すとき，赤球が1個，青球が1個である確率を求めよ．

(2)　同時に3個とり出すとき，赤球，青球，白球がともに1個ずつである確率を求めよ．

(3)　同時に3個とり出すとき，少なくとも1個が赤球である確率を求めよ．

例題 061 和事象・積事象の確率

2個のサイコロを同時に投げる試行を考える．1の目が少なくとも1つ出る事象をA，出た目の和が奇数となる事象をBとする．

(1) Aが起こる確率を求めよ．

(2) AとBがともに起こる確率を求めよ．

(3) AまたはBが起こる確率を求めよ．

解 2個のサイコロの目の出方は全部で6^2通りで同様に確からしい．

(1) Aの余事象は「1の目が1つも出ない」であり，これは6^2通りのうち5^2通りである．

よって　$P(A)=1-\left(\dfrac{5}{6}\right)^2=\mathbf{\dfrac{11}{36}}$

← $P(A)=1-P(\overline{A})$より$1-\left(\dfrac{5}{6}\right)^2$としてもよい．

(2) 「AとBがともに起こる」のはサイコロの目が1と偶数のときで

$$P(A\cap B)=\frac{3\times 2}{6^2}=\mathbf{\frac{1}{6}}$$

← 偶数の選び方は3通りで，目の組合せは{1，2}，{1，4}，{1，6}．例えば{1，2}のとき目の出方は(1，2)，(2，1)の2通り．

(3) Bは「出た目が偶数と奇数」のときで

$$P(B)=\frac{2\times 3\times 3}{6^2}=\frac{1}{2}$$

← (偶，奇) or (奇，偶)の2通り．そのおのおのの場合に偶数と奇数の目の選び方が3×3通り．

「AまたはBが起こる」は$A\cup B$と表せ

$$P(A\cup B)=P(A)+P(B)-P(A\cap B)$$
$$=\frac{11}{36}+\frac{1}{2}-\frac{1}{6}=\mathbf{\frac{23}{36}}$$

← 「和事象の確率」より．

《和事象の確率》　$P(A\cup B)=P(A)+P(B)-P(A\cap B)$

シェーマ

$A\cup B$の確率 ⋙ 共通部分$A\cap B$の確率を引くことを忘れない

復習 061　1，2，…，9を並びかえて得られる数の列で，第1番目の数をi，第2番目の数をjとする．各順列には等しい確率が与えられているものとし，2つの事象A，Bをそれぞれ

A：$i+j=9$となる場合　　　B：$|i-j|=1$となる場合

とするとき，次の確率を求めよ．

(1) $P(A)$　　(2) $P(A\cap B)$　　(3) $P(A\cup B)$

例題 062 反復試行の確率

赤球3個，白球2個が入っている袋がある．この袋から球を1個とり出して色を見てから元に戻す．この操作を4回くり返す．

(1) はじめの2回は赤球をとり出し，後の2回は白球をとり出す確率を求めよ．

(2) 赤球も白球も連続してとり出さない確率を求めよ．

(3) 4回のうち，ちょうど3回赤球をとり出す確率を求めよ．

解 (1) はじめの2回と後の2回の試行は独立であるから，それぞれの確率の積をとればよく，求める確率は

$$\left(\frac{3}{5}\right)^2 \times \left(\frac{2}{5}\right)^2 = \frac{3^2 \cdot 2^2}{5^4} = \mathbf{\frac{36}{625}}$$

(2) とり出す順番は，(赤，白，赤，白)か(白，赤，白，赤)の2通り．

よって，求める確率は

$$2 \times \left\{\left(\frac{3}{5}\right)^2 \times \left(\frac{2}{5}\right)^2\right\} = \mathbf{\frac{72}{625}}$$

(3) 反復試行の公式より，求める確率は

$${}_4\mathrm{C}_3\left(\frac{3}{5}\right)^3\left(\frac{2}{5}\right)^1 = 4 \cdot \frac{3^3 \cdot 2^1}{5^4} = \mathbf{\frac{216}{625}}$$

Assist

(3)の説明：4回のうち3回赤球をとり出す場合の数は ${}_4\mathrm{C}_3$ 通りで

(赤，赤，赤，白)，(赤，赤，白，赤)，(赤，白，赤，赤)，(白，赤，赤，赤)

そのおのおのの場合の確率はすべて等確率で $\left(\frac{3}{5}\right)^3 \times \left(\frac{2}{5}\right)^1$

よって，4回のうち3回赤球をとり出す確率は ${}_4\mathrm{C}_3\left(\frac{3}{5}\right)^3\left(\frac{2}{5}\right)^1$ となる．

《独立な試行の確率》 試行Sの事象を A，試行Tの事象を B とするとき，SとTが独立ならば $P(A \cap B) = P(A) \cdot P(B)$

《反復試行の公式》 1回の試行で事象 A が起こる確率を p とする．この試行を n 回くり返すとき，事象 A がちょうど r 回起こる確率は ${}_n\mathrm{C}_r p^r (1-p)^{n-r}$

k 回の試行で1つの事象が起こる回数が問題（順番はどうでもよいとき） ≫ **反復試行の公式を使う**

復習 | 062 赤球4個，白球5個が入っている袋がある．この袋から球を1個とり出して色を見てから元に戻す．この操作を4回くり返すとき，赤球を白球より多くとり出す確率を求めよ．

場合の数と確率

例題 063　先に4勝して優勝する確率

AとBがゲームをしてAが勝つ確率が $\frac{2}{3}$，Bが勝つ確率が $\frac{1}{3}$ とする．どちらかが先に4勝したところでゲームは終了し，4勝した方を優勝とする．

(1)　Aが4勝1敗で優勝する確率を求めよ．

(2)　6回でゲームが終了する確率を求めよ．

(3)　7回でAが優勝し，その間にBが2回だけ続けて勝つ確率を求めよ．

解 (1)　4回目までにAが3勝1敗で，5回目にAが勝つときである．よって，求める確率は

$$ {}_4\mathrm{C}_1\left(\frac{2}{3}\right)^3\left(\frac{1}{3}\right)^1\times\frac{2}{3}=\frac{4\cdot 2^4}{3^5}=\mathbf{\frac{64}{243}} $$

← はじめの4回と残りの1回は独立な試行であるから，おのおのの確率の積をとればよい．

(2)　5回目までにAが3勝2敗でそのあとAが勝つか，5回目までにBが3勝2敗であり，そのあとBが勝つときで，これらは互いに排反であるから，求める確率は

$$ {}_5\mathrm{C}_3\left(\frac{2}{3}\right)^3\left(\frac{1}{3}\right)^2\times\frac{2}{3}+{}_5\mathrm{C}_3\left(\frac{1}{3}\right)^3\left(\frac{2}{3}\right)^2\times\frac{1}{3} $$
$$ =\frac{10\cdot 2^4+10\cdot 2^2}{3^6}=\mathbf{\frac{200}{729}} $$

← はじめの5回は3勝2敗であることが必要．この部分で反復試行の公式が使える．

(3)　6回目までに3勝3敗で，7回目にAが勝つことが必要である．はじめの6回でBが2回だけ続けて勝つための勝ち負けの順番は ${}_4\mathrm{P}_2$ 通りで，そのおのおのの場合の確率は $\left(\frac{2}{3}\right)^3\left(\frac{1}{3}\right)^3$ であるから，求める確率は

$$ {}_4\mathrm{P}_2\left(\frac{2}{3}\right)^3\left(\frac{1}{3}\right)^3\times\frac{2}{3}=\frac{2^6}{3^6}=\mathbf{\frac{64}{729}} $$

← 勝者をA，Bの文字で表せば，はじめの6回の勝ち負けの順番は，3つのAの間と両端の計4ヶ所から2ヶ所を選び，BとBBを入れる方法と1対1に対応するので ${}_4\mathrm{P}_2$ 通り．

　A　A　A
∧　∧　∧　∧
↑
└BとBBを入れる

《加法定理》　事象 A と事象 B が互いに排反であるとき
$$ P(A\cup B)=P(A)+P(B) $$

シェーマ

k 回目で優勝する確率 ⟫ $k-1$ 回目までの勝ち負けの回数に着目

復習 063　AとBがゲームをしてAが勝つ確率が $\frac{1}{2}$，Bが勝つ確率が $\frac{1}{2}$ とする．このゲームを7回までですることができ，どちらかが4勝したところでゲームは終了し，4勝した方を優勝とする．

(1)　Aが優勝する確率を求めよ．　　(2)　7回でゲームが終了する確率を求めよ．

(3)　Aが優勝し，その間にBが連続して勝つ確率を求めよ．

例題 064　数直線上の動点の位置

点Pは数直線上を原点から出発して，1個のサイコロを投げ，その目が1，2，3，4ならば正の向きに5進み，5，6ならば負の向きに2進むとする．また，点Pの座標を x で表す．

(1)　サイコロを8回投げたとき，$x=26$ となる確率を求めよ．

(2)　サイコロを10回投げる．その間に点Pが $x=14$ となる確率を求めよ．

解 (1)　サイコロを8回投げたとき，1か2か3か4の目が k 回，5か6の目が $8-k$ 回出たとすると

$$x=k\times 5+(8-k)\times(-2)=7k-16$$

$x=26$ となるとき

$$7k-16=26 \qquad \therefore \quad k=6$$

よって，1か2か3か4の目が6回，5か6の目が2回出たときであるから，求める確率は

$$_8C_6\left(\frac{4}{6}\right)^6\left(\frac{2}{6}\right)^2={}_8C_2\cdot\frac{2^6}{3^8}=\frac{2^8\cdot 7}{3^8}=\mathbf{\frac{1792}{6561}}$$

「8回投げたとき $x=26$ となるのは，1か2か3か4の目が何回出たときか？」それがわかれば，反復試行の公式で確率が計算できる．

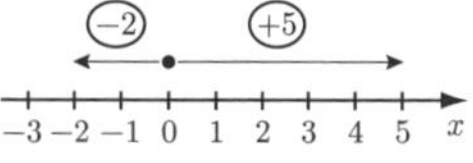

(2)　サイコロを n 回投げたとき，1か2か3か4の目が k 回，5か6の目が $n-k$ 回出たとすると

$$x=k\times 5+(n-k)\times(-2)=7k-2n$$

よって，$x=14$ となるとき

$$7k-2n=14 \qquad \therefore \quad 2n=7(k-2)$$

例題 080 参照．

2と7は互いに素なので，n は7の倍数．

$n\leqq 10$ より　$n=7$　　このとき　$k=4$

したがって，$x=14$ となるのは7回投げて1か2か3か4の目が4回出たときであるから，求める確率は

$$_7C_4\left(\frac{4}{6}\right)^4\left(\frac{2}{6}\right)^3=\mathbf{\frac{560}{2187}}$$

10回までのあとの3回はどのように進んでもよい．

事象 A の起こる回数で位置が決まる  **事象 A の起こる回数を k とおいて k の条件式を作る**

復習 064　点Pは数直線上を原点から出発して，投げたサイコロの目が偶数ならば正の向きに4進み，奇数ならば負の向きに3進むとする．点Pの座標を x で表す．

(1)　サイコロを6回投げたとき，$x=10$ となる確率を求めよ．

(2)　サイコロを12回投げる．その間に点Pが $x=14$ となる確率を求めよ．

例題 065　サイコロの出た目の最大値

1個のサイコロを5回振るとき
(1)　出た目の最大値が4である確率を求めよ.
(2)　出た目の最大値が5で，5の目が1回，4の目が少なくとも1回出る確率を求めよ.

解 (1)「出た目の最大値が4」であるとは，「サイコロの出た目がすべて4以下であり，かつ，少なくとも1回は出た目が4」ということである．つまり，「サイコロの出た目がすべて4以下」となる場合から，「サイコロの出た目がすべて3以下」となる場合を除けばよい.

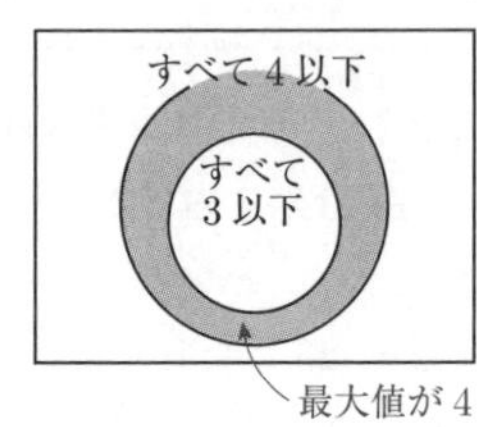

よって，求める確率は

$$\left(\frac{4}{6}\right)^5-\left(\frac{3}{6}\right)^5=\frac{4^5-3^5}{6^5}=\mathbf{\frac{781}{7776}}$$

(2)　6の目が出ず，5の目が1回，残りの4回の出た目の最大値が4ということであるから，求める確率は

$$ {}_5C_1\left(\frac{1}{6}\right)\times\left\{\left(\frac{4}{6}\right)^4-\left(\frac{3}{6}\right)^4\right\}$$
$$=\frac{5}{6}\times\frac{4^4-3^4}{6^4}=\mathbf{\frac{875}{7776}}$$

←5の目が出る1回を決めると，その1回と残りの4回は独立な試行であるから積をとる.

Assist

(1)において，「サイコロの出た目がすべて4以下」という事象を A，「少なくとも1回は出た目が4」という事象を B とすると，問題の事象は $A\cap B$ である.
このとき，$A\cap\overline{B}$ は「出た目がすべて3以下」なので

$$P(A\cap B)=P(A)-P(A\cap\overline{B})$$
$$=(「出た目がすべて4以下」の確率)-(「出た目がすべて3以下」の確率)$$

となる.

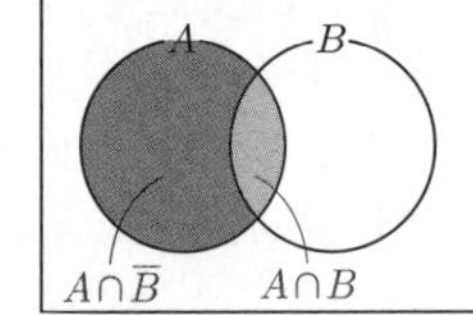

《A における B の余事象》　$P(A\cap B)=P(A)-P(A\cap\overline{B})$

シェーマ

「最大値が $k(\geqq 2)$」 ⋙ 「すべて k 以下」から「すべて $k-1$ 以下」を除く

復習 065　1個のサイコロを n 回振るとき
(1)　出た目の最小値が2である確率を求めよ.
(2)　1の目が2回，6の目が少なくとも1回出る確率を求めよ($n\geqq 3$ とする).

例題 066　格子状の道の移動

図のような格子状の道がある．Aから出発して各交差点で右へ$\dfrac{1}{3}$，上へ$\dfrac{2}{3}$の確率で進み，Bへ向かうものとする．ただし，右か上の一方にしか進めない点では確率1でその方へ進むものとする．

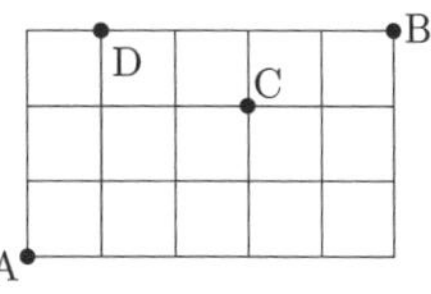

(1)　Cを通る確率を求めよ．

(2)　Dを通る確率を求めよ．

解 (1)　Cを通るとき，AからCに最短経路で進む．

これは右へ3区画，上へ2区画進むので${}_5C_3$通り．

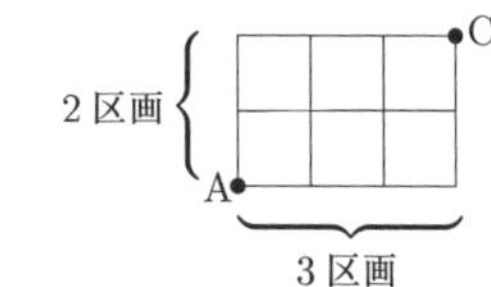

この進み方はどれも等確率で　$\left(\dfrac{1}{3}\right)^3\left(\dfrac{2}{3}\right)^2$

よって，求める確率は

$$ {}_5C_3\times\left(\frac{1}{3}\right)^3\left(\frac{2}{3}\right)^2=\boldsymbol{\frac{40}{243}} $$

(2)　図のようにP，Qをとると，Dを通るとき，A→P→DまたはA→Q→Dと進む．A→P→Dは1通りで，確率は　$\left(\dfrac{2}{3}\right)^3\times 1$

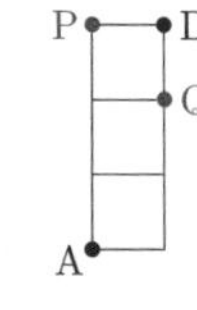

A→Q→Dは${}_3C_1$通りで，どれも等確率で

$$ \left\{\left(\frac{1}{3}\right)^1\times\left(\frac{2}{3}\right)^2\right\}\times\frac{2}{3} $$

よって，求める確率は

$$ 1\times\left\{\left(\frac{2}{3}\right)^3\times 1\right\}+{}_3C_1\times\left\{\left(\frac{1}{3}\right)^1\times\left(\frac{2}{3}\right)^2\times\frac{2}{3}\right\}=\boldsymbol{\frac{16}{27}} $$

問題文の条件より，CやDを通ったあとは必ず確率1でBに至るので，A→CあるいはA→Dと進む確率を計算すればよい．

シェーマ

点の移動の確率　》》》　等確率の経路ごとにまとめて計算

復習 066　図のAから出発して各交差点で右へp，上へ$1-p$の確率で進み，Bへ向かうものとする．ただし，右か上の一方向にしか進めない点では確率1でその方へ進むものとし，pは$0<p<1$をみたす定数とする．

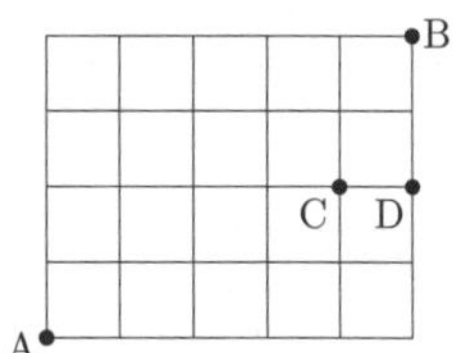

(1)　Cを通る確率を求めよ．

(2)　Dを通る確率を求めよ．

場合の数と確率

例題 067　1回のジャンケンによる勝敗の確率

4人で1回ジャンケンをする.

(1) 勝者が1人だけに決まる確率を求めよ.

(2) アイコとなる確率を求めよ.

解 4人の手の出し方は，1人の手の出し方がグー，チョキ，パーの3通りであるから，全部で 3^4 通り.

(1) 1人の勝者の選び方が ${}_4C_1$ 通り.

その勝者の手の選び方が3通り.

このとき敗者3人とその手が決まるので，求める確率は $\dfrac{{}_4C_1 \times 3}{3^4} = \mathbf{\dfrac{4}{27}}$

(2) アイコとなるのは4人の出した手が1種類か3種類のとき.

(i) 1種類となるのは4人とも同じ手のときで3通り.

(ii) 3種類となるのは，1つの手だけ2人が出すときである．これは，1つの手を出す2人の選び方が ${}_4C_2$ 通りであり，2人，1人，1人に3つの手を振り分ける方法が ${}_3P_3$ 通りであるから　${}_4C_2 \times {}_3P_3 = \dfrac{4 \cdot 3}{2 \cdot 1} \times 3 \cdot 2 \cdot 1 = 36$（通り）

よって，求める確率は $\dfrac{3+36}{3^4} = \mathbf{\dfrac{13}{27}}$

別解　余事象は勝者が決まることである.

(i) 2人の勝者が決まる確率は，(1)と同様にして $\dfrac{{}_4C_2 \times 3}{3^4} = \dfrac{2}{9}$

(ii) 3人の勝者が決まる確率は $\dfrac{{}_4C_3 \times 3}{3^4} = \dfrac{4}{27}$

これらと(1)より，余事象の確率は $\dfrac{4}{27} + \dfrac{2}{9} + \dfrac{4}{27} = \dfrac{14}{27}$

よって，求める確率は $1 - \dfrac{14}{27} = \mathbf{\dfrac{13}{27}}$

シェーマ

n 人で1回ジャンケンをして k 人が勝つ確率	≫	$\dfrac{{}_nC_k \times 3}{3^n}$
1回のジャンケンで勝ち負けが決まる	≫	**出された手が2種類（1種類か3種類のときアイコ）**

復習 067　5人で1回ジャンケンをする.

(1) 2人の勝者が決まる確率を求めよ.

(2) アイコとなる確率を求めよ.

例題 068　4回のジャンケンで1人の勝者が決まる確率

3人でジャンケンをして勝者を決めることにする．たとえば，1人がパーを出し，他の2人がグーを出せば，ただ1回で1人の勝者が決まることになる．3人でジャンケンをして，負けた人は次の回からは参加しないことにし，1人の勝者が決まるまでジャンケンをくり返すことにする．このとき，4回目にはじめて1人の勝者が決まる確率を求めよ．ただし，アイコも1回とする．

解 ジャンケンをする人数の変化に着目すると，4回目で1人の勝者が決まるのは

(i) $3 \xrightarrow{1回} 3 \xrightarrow{2回} 3 \xrightarrow{3回} 3 \xrightarrow{4回} 1$

(ii) $3 \longrightarrow 3 \longrightarrow 3 \longrightarrow 2 \longrightarrow 1$

(iii) $3 \longrightarrow 3 \longrightarrow 2 \longrightarrow 2 \longrightarrow 1$

(iv) $3 \longrightarrow 2 \longrightarrow 2 \longrightarrow 2 \longrightarrow 1$

の4通りである．3人が1回ジャンケンをして

(ア)「$3 \to 3$」である確率は　$\dfrac{3 + {}_3\mathrm{P}_3}{3^3} = \dfrac{1}{3}$（3人の出した手が1種類か3種類）

(イ)「$3 \to 2$」である確率は　$\dfrac{{}_3\mathrm{C}_2 \times 3}{3^3} = \dfrac{1}{3}$

(ウ)「$3 \to 1$」である確率は　$\dfrac{{}_3\mathrm{C}_1 \times 3}{3^3} = \dfrac{1}{3}$

2人が1回ジャンケンをして

(エ)「$2 \to 2$」である確率は　$\dfrac{3}{3^2} = \dfrac{1}{3}$

(オ)「$2 \to 1$」である確率は　$\dfrac{{}_2\mathrm{C}_1 \times 3}{3^2} = \dfrac{2}{3}$

ここで，(ア)〜(オ)のうち，(オ)だけ確率が異なる．よって，(i)〜(iv)のうち，(i)だけ確率が異なる((ii)〜(iv)は等確率)．(i)〜(iv)(互いに排反)の確率の和をとって，求める確率は

$$1 \times \left(\frac{1}{3}\right)^4 + 3 \times \left(\frac{1}{3}\right)^3 \cdot \left(\frac{2}{3}\right) = \mathbf{\frac{7}{81}}$$

← (i)の確率　$\left(\frac{1}{3}\right)^4$
(ii)〜(iv)の確率　$\left(\frac{1}{3}\right)^3 \cdot \left(\frac{2}{3}\right)$

シェーマ

ジャンケンを何度かして1人の勝者を決める  **1回ごとの人数の変化に着目**

復習 068　3人でジャンケンをして勝者を決めることにする．負けた人は次の回からは参加しないことにし，1人の勝者が決まるまでジャンケンをくり返すことにする．このとき，5回目が終わってまだ勝者が1人に決まらない確率を求めよ．

例題 069 確率を最大にする n を求める

白球5個，青球 n 個が入っている袋がある（n は2以上の整数とする）．この袋から3個の球を同時にとり出すとき，白球1個，青球2個をとり出す確率を p_n とする．

(1) $\dfrac{p_{n+1}}{p_n}$ を n で表せ．　　(2) p_n を最大にする n を求めよ．

解 (1)

$$p_n = \frac{{}_5\mathrm{C}_1 \times {}_n\mathrm{C}_2}{{}_{n+5}\mathrm{C}_3} = 5\cdot\frac{n(n-1)}{2}\cdot\frac{3!}{(n+5)(n+4)(n+3)} = \frac{15n(n-1)}{(n+5)(n+4)(n+3)}$$

よって

$$\frac{p_{n+1}}{p_n} = \frac{15(n+1)n}{(n+6)(n+5)(n+4)}\cdot\frac{(n+5)(n+4)(n+3)}{15n(n-1)} = \boldsymbol{\frac{(n+1)(n+3)}{(n+6)(n-1)}}$$

(2) (1)より

$$p_n < p_{n+1} \iff \frac{p_{n+1}}{p_n} > 1 \iff \frac{(n+1)(n+3)}{(n+6)(n-1)} > 1$$
$$\iff (n+1)(n+3) > (n+6)(n-1)$$
$$\iff 4n+3 > 5n-6 \iff n < 9$$

$\therefore\ p_n < p_{n+1} \iff n < 9$ ……①

← つまり $n=2,\ 3,\ \cdots,\ 8$ では，p_n より p_{n+1} の方が大きいということ．

同様にして

$p_n = p_{n+1} \iff n = 9$ ……②

$p_n > p_{n+1} \iff n > 9$ ……③

①，②，③より

$$p_2 < p_3 < p_4 < \cdots < p_8 < p_9,\ p_9 = p_{10},\ p_{10} > p_{11} > p_{12} > \cdots$$

よって，p_n を最大にするのは　$\boldsymbol{n = 9,\ 10}$

シェーマ

p_n の最大・最小 ⋙ **まず $p_n < p_{n+1}$ $\left(\iff \dfrac{p_{n+1}}{p_n} > 1\right)$ をみたす n を求め，そこから p_1，p_2，p_3，$\cdots$ の増減を調べる**

(注) $p_n = 0$ となり得るときは，$p_{n+1} - p_n > 0$ となる n の条件を求める．

復習 | 069　サイコロを50回振るとき，1の目が出る回数が n である確率を p_n とする（n は $0 \leqq n \leqq 50$ をみたす整数）．p_n が最大となる n を求めよ．

例題 070　くじ引きの確率《非復元抽出》

10 本のくじがあり，そのうち 3 本が当たりで 7 本がはずれとする．A，B，C の 3 人がこの順に 1 本ずつくじを引く．ただし引いたくじは元に戻さない．

(1) A と B がともに当たりを引く確率を求めよ．

(2) C が当たりを引く確率を求めよ．

解 (1) A が当たりを引く事象を A，B が当たりを引く事象を B で表すと，ともに当たりを引くことは $A\cap B$ と表せ，求める確率は

$$P(A\cap B)=P(A)\cdot P_A(B)=\frac{3}{10}\cdot\frac{2}{9}=\boldsymbol{\frac{1}{15}}$$

← $P_A(B)$ は，A が当たりを引いたとき（くじは 9 本で当たりは 2 本となる）の B が当たりを引く確率で $\frac{2}{9}$

(2) 当たりを引くことを「○」，はずれを引くことを「×」で表すと，C が当たりを引くのは，A，B，C が順に

（○，○，○），（○，×，○），（×，○，○），（×，×，○）

のときである．よって，求める確率は

$$\frac{3}{10}\cdot\frac{2}{9}\cdot\frac{1}{8}+\frac{3}{10}\cdot\frac{7}{9}\cdot\frac{2}{8}+\frac{7}{10}\cdot\frac{3}{9}\cdot\frac{2}{8}+\frac{7}{10}\cdot\frac{6}{9}\cdot\frac{3}{8}$$

$$=\frac{3(2+14+14+42)}{10\cdot9\cdot8}=\boldsymbol{\frac{3}{10}}$$

別解 10 本のくじを 3 人が順に 1 本ずつ引く場合の数は，${}_{10}\mathrm{P}_3$ 通り．

このうち，C が当たりを引く方法は

${}_3\mathrm{P}_1\times{}_9\mathrm{P}_2$ 通り

よって，C が当たりを引く確率は

$$\frac{{}_3\mathrm{P}_1\cdot{}_9\mathrm{P}_2}{{}_{10}\mathrm{P}_3}=\frac{3\cdot9\cdot8}{10\cdot9\cdot8}=\boldsymbol{\frac{3}{10}}$$

← C の引く当たりくじから選んでもよく，その選び方が ${}_3\mathrm{P}_1$ 通り．A と B の引くくじの選び方は C の引いたくじを除いた 9 本から選び，${}_9\mathrm{P}_2$ 通り．

Assist

A が当たりを引く確率も $\frac{3}{10}$ なので，A が当たりを引く確率と C が当たりを引く確率は同じである．**別解** のように計算すれば，何番目に引いても当たりを引く確率が $\frac{3}{10}$ であることがわかる．

《確率の乗法定理》　$P(A\cap B)=P(A)\cdot P_A(B)$

シェーマ

元に戻さない試行（n 個から順に r 個とる）  乗法定理を用いて計算 or 確率の分母を ${}_n\mathrm{P}_r$ として計算

復習 070 12 本のくじがあり，そのうち 3 本が当たりで 9 本がはずれとする．A，B，C，D の 4 人がこの順にくじを引く．ただし引いたくじは元に戻さない．C と D がともに当たりを引く確率を求めよ．

例題 071　条件付き確率

2つの袋S，Tがある．Sには赤球5個と白球3個，Tには赤球4個と白球6個が入っている．Sから球を1個とり出してTに入れ，次にTから球を1個とり出すとき，次の問いに答えよ．

(1)　Tからとり出した球が赤球である確率を求めよ．

(2)　Tからとり出した球が赤球のとき，Sからとり出した球が赤球である確率を求めよ．

解 (1)　S，Tからとり出した球が赤球である事象をおのおの A，Bとすると，求める確率は

$$P(B)=P(A\cap B)+P(\overline{A}\cap B)$$
$$=P(A)\cdot P_A(B)+P(\overline{A})\cdot P_{\overline{A}}(B)$$
$$=\frac{5}{8}\cdot\frac{5}{11}+\frac{3}{8}\cdot\frac{4}{11}=\mathbf{\frac{37}{88}}$$

←Sから赤球をとり出して，赤5個，白6個になったTから赤をとり出すか，Sから白をとり出して，赤4個，白7個となったTから赤をとり出すか，のいずれか．

(2)　求める確率は条件付き確率で $P_B(A)$ と表され

$$P_B(A)=\frac{P(B\cap A)}{P(B)}=\frac{P(A\cap B)}{P(B)}$$
$$=\frac{P(A)\cdot P_A(B)}{P(B)}=\frac{\frac{5}{8}\cdot\frac{5}{11}}{\frac{37}{88}}=\mathbf{\frac{25}{37}}$$

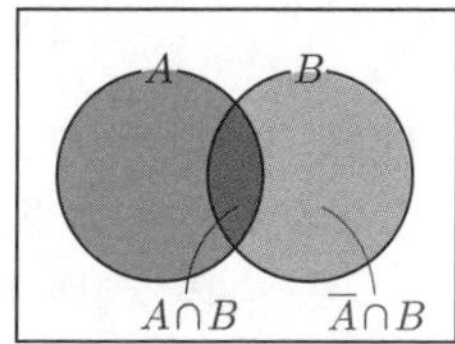

《条件付き確率》　事象 A が起こったときの事象 B が起こる確率を $P_A(B)$ とすると

$$P_A(B)=\frac{n(A\cap B)}{n(A)}=\frac{P(A\cap B)}{P(A)}$$

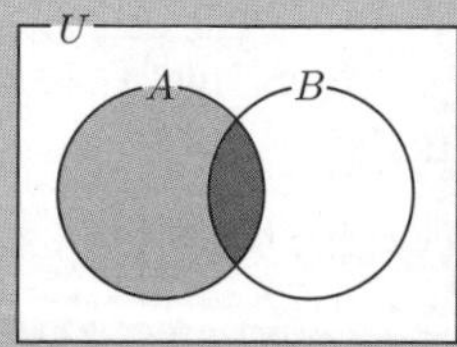

2つの事象が独立でない場合 ⋙ 乗法定理を用いる

復習 071　2つの袋S，Tがある．Sには赤球4個と白球3個，Tには赤球3個と白球5個が入っている．Sから球を1個とり出してTに入れ，次にTから球を同時に2個とり出すとき，次の問いに答えよ．

(1)　Tからとり出した球が2個とも赤球である確率を求めよ．

(2)　Tからとり出した球が2個とも赤球のとき，Sからとり出した球が赤球である確率を求めよ．

例題 072　回数の期待値

1個のサイコロをくり返し投げて，出た目の和が4以上となったら終わりとする．n 回投げて終わる確率を p_n とする．このとき次の問いに答えよ．

(1)　p_1，p_2 を求めよ．

(2)　終わるまでの回数の期待値を求めよ．

解 (1)　1回投げて終わるのは，1回目に4以上の目が出るときで　$\boldsymbol{p_1} = \frac{3}{6} = \boldsymbol{\frac{1}{2}}$

2回投げて終わるのは，2回の目が $(1,\ k)$ $(3 \leqq k \leqq 6)$，または $(2,\ l)$ $(2 \leqq l \leqq 6)$，または $(3,\ m)$ (m は任意)のときで　$\boldsymbol{p_2} = \frac{4+5+6}{6^2} = \boldsymbol{\frac{5}{12}}$

(2)　4回投げて終わるのは，はじめの3回ですべて1の目が出るときで

$$p_4 = \frac{1}{6^3}$$

←　4回投げれば必ず目の和は4以上．

終わるまでの回数は1～4回であるから

$$p_3 = 1 - (p_1 + p_2 + p_4) = 1 - \left(\frac{1}{2} + \frac{5}{12} + \frac{1}{6^3}\right) = \frac{17}{216}$$

よって　回数の期待値 $= 1 \times p_1 + 2 \times p_2 + 3 \times p_3 + 4 \times p_4$

$$= 1 \cdot \frac{1}{2} + 2 \cdot \frac{5}{12} + 3 \cdot \frac{17}{216} + 4 \cdot \frac{1}{6^3} = \boldsymbol{\frac{343}{216}}$$

場合の数と確率

《期待値》　ある試行において変量 X が x_1，x_2，…，x_n のいずれかの値をとり，x_i $(i=1,\ 2,\ \cdots,\ n)$ となる確率を p_i とするとき，

$$E(X) = x_1p_1 + x_2p_2 + \cdots + x_np_n$$

を X の期待値という．

シェーマ

期待値を求めるために
それぞれの値をとる確率を求める

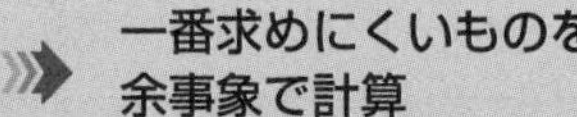

一番求めにくいものを
余事象で計算

復習 | 072　1～10までの数字が書かれた10枚のカードから1枚とり出す．この操作をくり返すとき，とり出したカードの数字の和が10以上となったら終わりとする．n 回とり出して終わる確率を p_n とする．ただし，とり出したカードは元に戻さない．

(1)　終わるまでの回数を k としたときの k の範囲を求めよ．

(2)　終わるまでの回数の期待値を求めよ．

例題 073 最大公約数と最小公倍数

(1) 42，63，189 の最大公約数と最小公倍数を求めよ．

(2) 和が 756，最大公約数が 126 であるような 2 つの自然数を求めよ．

(3) 積が 864，最小公倍数が 144 であるような 2 つの自然数を求めよ．

解 (1) 各数を素因数分解すると

$42=2\cdot3\cdot7,\quad 63=3^2\cdot7,\quad 189=3^3\cdot7$

よって　最大公約数は　$3\cdot7=$ **21**

最小公倍数は　$2\cdot3^3\cdot7=$ **378**

←おのおのの素因数について最大公約数は，個数の一番少ないものをとる．最小公倍数は，個数の一番多いものをとる．

(2) 2 つの自然数を a，b $(a \leqq b)$ とすると，条件より，$a=126a'$，$b=126b'$ (a' と b' は自然数で，最大公約数が 1，$a' \leqq b'$) と表され，$a+b=756$ であるから

$126a'+126b'=756 \qquad \therefore\ a'+b'=6$

a' と b' の最大公約数は 1 であるから　$(a',\ b')=(1,\ 5)$

$a=126,\ b=630$

よって　**126 と 630**

←$(a',\ b')=(1,\ 5)$, $(2,\ 4)$, $(3,\ 3)$ ↑ これらは最大公約数が 1 ではない．

(3) 2 つの自然数を a，b $(a \leqq b)$ とし，その最大公約数を g とすると，最小公倍数が 144 であるから

$ab=144g \qquad \therefore\ 864=144g \qquad \therefore\ g=6$

よって，$a=6a'$，$b=6b'$ (a' と b' は自然数で，最大公約数が 1，$a' \leqq b'$) と表せ，$ab=864$ であるから

$36a'b'=864 \qquad \therefore\ a'b'=24$

$\therefore\ (a',\ b')=(1,\ 24),\ (3,\ 8) \qquad \therefore\ (a,\ b)=(6,\ 144),\ (18,\ 48)$

したがって　**6 と 144**　または　**18 と 48**

Assist

用語の定義はしっかりおぼえておくことが大切である．

「2 つの整数 a，b に対して，$a=bk$ となる整数 k が存在するとき，a は b で割り切れるといい，$\boldsymbol{b}$ は $\boldsymbol{a}$ の約数，$\boldsymbol{a}$ は $\boldsymbol{b}$ の倍数という．2 つ以上の整数に共通の約数を，それらの公約数といい，そのうち最大の数を最大公約数という．2 つ以上の整数に共通の倍数を，それらの公倍数といい，そのうち最小の正の数を最小公倍数という．」

《最大公約数と最小公倍数》 a と b の最大公約数を g，最小公倍数を l とすると，
$\boldsymbol{a=a'g}$，$\boldsymbol{b=b'g}$ (a' と b' の最大公約数は 1) と表され　$l=a'b'g,\quad gl=ab$

シェーマ

公約数と公倍数 ≫ 素因数分解をして素因数の個数を比較

復習 073 (1) 75，360，420 の最大公約数と最小公倍数を求めよ．

(2) 最大公約数が 17 で，最小公倍数が 204 となる 2 桁の 2 つの自然数を求めよ．

例題 074　互いに素

(1)　a，bは自然数，x，yは整数で，aとbは互いに素であるとする．
$\dfrac{x}{b}=\dfrac{y}{a}$が成り立つとき，$x$は$b$で割り切れることを示せ．

(2)「自然数nと$n+1$は互いに素である」ことを証明せよ．

解 (1)　$\dfrac{x}{b}=\dfrac{y}{a}$より　$ax=by$

これより，左辺のaxはbで割り切れる．

aとbは互いに素であるから，xはbで割り切れる．　**終**

(2)　nと$n+1$の最大公約数をg（gは自然数）とすると

$$n=ga,\quad n+1=gb \quad (a,\ b\text{は自然数で}\ a<b)$$

と表せる．このとき

$$(n+1)-n=gb-ga \qquad \therefore\quad g(b-a)=1$$

ここで，g，$b-a$はともに自然数なので　$g=1$

よって，nと$n+1$は互いに素である．　**終**

別解　nと$n+1$が互いに素でないと仮定すると，nと$n+1$は　←背理法を用いる．
1より大きい公約数pをもち

$$n=pk,\quad n+1=pl \quad (k,\ l\text{は自然数})$$

と表される．このとき，辺々差をとると

$$1=pl-pk \qquad \therefore\quad 1=p(l-k) \quad \cdots\cdots ①$$

一方，pは1より大きい自然数，$l-k$は整数であるから

$$p(l-k)\neq 1 \quad \cdots\cdots ②$$

①と②は矛盾する．よって，nと$n+1$は互いに素である．　**終**

Assist

1°「aとbが互いに素である」とは，aとbの最大公約数が1であることをいう．これは，aとbが1以外の共通の約数をもたないことであり，素因数分解において共通の素因数をもたないことでもある．

2° (1)において，証明より，$x=bn$（nは整数）と表され，$ax=by$に代入して$y=an$である．
つまり　$ax=by \iff \begin{cases} x=bn \\ y=an \end{cases}$　（nは整数）

互いに素 ⟫ 1以外の公約数をもたない

復習 | 074　(1)　nは自然数とする．$2n+1$が7の倍数で，$n+1$が3の倍数であるとき，$2n+8$が42の倍数であることを証明せよ．

(2)　aを自然数とするとき，a^2と$2a+1$が互いに素であることを証明せよ．

例題 075 整数の割り算

(1) a, b, c は5で割ると，余りがそれぞれ1，2，3となる自然数とする．$a+2b+3c$，ab^2c^3 を5で割った余りをそれぞれ求めよ．

(2) n^3 を5で割った余りが2となる整数 n の条件を求めよ．

解 (1) a, b, c は5で割ると，余りがそれぞれ1，2，3となるので

$$a=5k+1,\ b=5l+2,\ c=5m+3 \quad (k,\ l,\ m\text{ は0以上の整数})$$

と表せる．このとき

$$a+2b+3c=(5k+1)+2(5l+2)+3(5m+3)=5(k+2l+3m+2)+4$$

よって，$a+2b+3c$ を5で割った余りは **4**

$$\begin{aligned} ab^2c^3 &= (5k+1)(5l+2)^2(5m+3)^3 \\ &= (5k+1)(25l^2+20l+4)(125m^3+225m^2+135m+27) \\ &= \{(5\text{の倍数})+1\}\{(5\text{の倍数})+4\}\{(5\text{の倍数})+27\} \\ &= (5\text{の倍数})+1\cdot4\cdot27=(5\text{の倍数})+3 \end{aligned}$$

したがって，ab^2c^3 を5で割った余りは **3**

(2) n は整数なので，$5k$，$5k+1$，$5k+2$，$5k+3$，$5k+4$ (k は整数)で表される．

(i) $n=5k$ のとき，$n^3=125k^3$ と表せ，n^3 は5で割り切れる．

以下，$n=5k+r$ ($r=1$，2，3，4) のときは

$$\begin{aligned} n^3 &= (5k+r)^3=(5k)^3+3(5k)^2\cdot r+3(5k)r^2+r^3 \\ &= 5(25k^3+15k^2r+3kr^2)+r^3=(5\text{の倍数})+r^3 \end{aligned}$$

であることに注意して計算する．n^3 を5で割った余りは

(ii) $n=5k+1$ のとき，$n^3=(5\text{の倍数})+1^3$ と表せ，余り1.

(iii) $n=5k+2$ のとき，$n^3=(5\text{の倍数})+2^3=(5\text{の倍数})+3$ より，余り3.

(iv) $n=5k+3$ のとき，$n^3=(5\text{の倍数})+3^3=(5\text{の倍数})+2$ より，余り2.

(v) $n=5k+4$ のとき，$n^3=(5\text{の倍数})+4^3=(5\text{の倍数})+4$ より，余り4.

以上より，余りが2となるのは(iv)のときで，条件は，**n を5で割った余りが3.**

《整数の割り算》 整数 a，正の整数 b に対して，$a=bq+r$ $(0\leqq r<b)$ をみたす整数 q と整数 r がただ1通りに定まる(q を，a を b で割ったときの商，r を余りという．$r=0$ のとき，a は b で割り切れる(a は b の倍数)という)．

シェーマ

整数 n を p で割った余り ⋙ **$n=pk$, $pk+1$, $pk+2$, $\cdots$, $pk+(p-1)$ と表す（または $n=pk$, $pk\pm1$, $pk\pm2$, $\cdots$）**

復習 075 (1) a, b は7で割ると，余りがそれぞれ2，3となる自然数とする．$2a+b+3ab$ を7で割った余りを求めよ．

(2) n^3+2n を4で割った余りが1となる整数 n の条件を求めよ．

例題 076　整数と整式

⑴　整数 n に対して，n^3+6n^2+5n が 6 の倍数であることを証明せよ．

⑵　$4(n^2+2)=(2n+1)(2n-1)+9$ が成り立つことを用いて，n^2+2 が $2n+1$ の倍数となる自然数 n を求めよ．

解 ⑴

$$\begin{aligned} n^3+6n^2+5n &= n(n^2+6n+5) \\ &= n(n+1)(n+5) = n(n+1)\{(n+2)+3\} \\ &= n(n+1)(n+2)+3n(n+1) \end{aligned}$$

n，$n+1$，$n+2$ は連続する 3 整数であるから，2 の倍数と 3 の倍数を少なくとも 1 つずつ含むので，$n(n+1)(n+2)$ は 6 の倍数．

同様に，$n(n+1)$ は連続する 2 整数の積であるから 2 の倍数．

よって，$3n(n+1)$ は 6 の倍数．

以上より，n^3+6n^2+5n は 6 の倍数．　終

⑵　$2n+1$ は奇数であるから，n^2+2 が $2n+1$ で割り切れることと，$4(n^2+2)$ が $2n+1$ で割り切れることは同値である．よって，$4(n^2+2)$ が $2n+1$ で割り切れる条件を求めればよい．

いま，$(2n+1)(2n-1)$ が $2n+1$ で割り切れるので，

$4(n^2+2)=(2n+1)(2n-1)+9$ より，$4(n^2+2)$ が $2n+1$ で割り切れるのは，9 が $2n+1$ で割り切れるときである．

よって　$2n+1=1,\ 3,\ 9$

このうち n が自然数となるのは

$n=1,\ 4$

Assist

⑴は，$n=6k$，$6k\pm1$，$6k\pm2$，$6k+3$ と場合分けして**例題 075** のように示すこともできるが，少し面倒である．

⑵において，n は自然数を表すので n^2+2 も自然数を表すが，とりあえずこれを n の整式とみなして整式の計算を利用して問題を解く．

連続する整数の積 ⟹ $\begin{cases} n(n+1)\ \text{は 2 の倍数} \\ n(n+1)(n+2)\ \text{は 6 の倍数} \end{cases}$

整数の約数を調べる ⟹ **整式の展開・因数分解を利用**

復習 076　⑴　次の(i)，(ii)がともに 6 の倍数であることを証明せよ．

(i)　$n(n+1)(4n-1)$　　　(ii)　m^3n-mn^3　（ただし，m，n は整数）

⑵　$9(n^2+1)=(3n+1)(3n-1)+10$ を用いて，n^2+1 が $3n+1$ の倍数となる自然数 n を求めよ．

例題 077 平方の余り

(1) 整数nに対して，n^2を3で割った余りを求めよ．

(2) 整数a，b，cに対して，$a^2+b^2=c^2$をみたしているとする．このとき，aとbのいずれか一方は3の倍数であることを示せ．

解 (1) 一般に整数nに対して，nはkを整数として$3k-1$，$3k$，$3k+1$のいずれかで表せる．

(i) $n=3k$のとき，$n^2=9k^2=3(3k^2)$より

n^2を3で割った余りは0

(ii) $n=3k\pm1$のとき，$n^2=9k^2\pm6k+1=3(3k^2\pm2k)+1$（複号同順）より

n^2を3で割った余りは1

(i)，(ii)より，n^2を3で割った余りは **0か1**

(2) aとbがいずれも3の倍数でないと仮定すると，(1)より

a^2とb^2はいずれも3で割った余りは1

よって

a^2+b^2を3で割った余りは2

したがって

$a^2+b^2=c^2$よりc^2を3で割った余りは2

ところが，これは(1)の結果に反する．

よって，aとbのいずれか一方は3の倍数である． 終

← 背理法を用いる．「aとbのいずれか一方は3の倍数」の否定は，「aとbはいずれも3の倍数ではない」

Assist

3より大きい自然数で割る場合も同様である．
例えば，4で割るとき，nを4で割った余りが1か3のとき，$n=4k\pm1$と表せ，
$n^2=(4k\pm1)^2=4(4k^2\pm2k)+1$より，$n^2$を4で割った余りは，いずれの場合も1となる．
同様に計算して，$n=4k$，$4k+2$のときは，n^2を4で割った余りは，いずれも0となる．
以上より，n^2を4で割った余りは，つねに0か1である（余り2や余り3となることはない）．
一般に，3以上の自然数rで割ったとき（余りは0から$r-1$までのr個の整数のいずれかであるが），n^2をrで割った余りとなりうる数はr個より少ない．

シェーマ

n^2（nは整数）をpで割った余り ⋙ $n=pk$，$pk\pm1$，$pk\pm2$，$\cdots$と表して2乗

復習 077 整数a，b，cに対して，$a^2+b^2=c^2$をみたしているとする．このとき，a，b，cのいずれかは5の倍数であることを示せ．

例題 078　自然数の積と素因数の個数

1から25までの自然数の積を素因数分解したとき，素因数2は何個あるか．

解 求める素因数2の個数は，1から25までの自然数の素因数分解における素因数2の個数の総和である．ここで $2^4 < 25 < 2^5$ より，25までの自然数は素因数2を最大4個もつ．たとえば，1から25までの自然数のうち24をとると，$24\ (= 2^3 \times 3)$ は素因数2を3個もつが，これは，2の倍数として1個，2^2 の倍数として1個，2^3 の倍数として1個，合わせて3個と数えればよい．したがって，2の倍数，2^2 の倍数，2^3 の倍数，2^4 の倍数の個数を数えて，それらの総和を求めればよい．

2の倍数は $25 = 2 \times 12 + 1$ より　12個
2^2 の倍数は $25 = 4 \times 6 + 1$ より　6個
2^3 の倍数は $25 = 8 \times 3 + 1$ より　3個
2^4 の倍数は $25 = 16 \times 1 + 9$ より　1個

よって，求める個数は　$12 + 6 + 3 + 1 = \mathbf{22}$ (個)

Assist

下の表で○の個数が素因数2の個数となる．

1	2	3	4	5	6	7	8	9	10	11	12	13	14	15	16	17	18	19	20	21	22	23	24	25	
	○		○		○		○		○		○		○		○		○		○		○		○		12個
			○				○				○				○				○				○		6個
							○								○								○		3個
															○										1個
	1個		2個		1個		3個		1個		2個		1個		4個		1個		2個		1個		3個		計22個

実数 x を超えない最大の整数を $[x]$ で表すと(これをガウスの記号という)，上の計算は

$$\left[\frac{25}{2}\right]+\left[\frac{25}{2^2}\right]+\left[\frac{25}{2^3}\right]+\left[\frac{25}{2^4}\right]+\left[\frac{25}{2^5}\right]+\left[\frac{25}{2^6}\right]+\cdots = 12+6+3+1+0+0+\cdots = 22$$

と書ける．

《階乗に含まれる素数の個数》

$n!\ (= n \cdot (n-1) \cdots 2 \cdot 1)$ の素因数分解に含まれる素数 p の個数は

$$\left[\frac{n}{p}\right]+\left[\frac{n}{p^2}\right]+\left[\frac{n}{p^3}\right]+\left[\frac{n}{p^4}\right]+\cdots$$

シェーマ

$n!$ に含まれる素因数 p の総数　⋙　p の倍数の個数 $+\ p^2$ の倍数の個数 $+ \cdots$

復習 078　1から250までの整数の積は一の位から(左に)0が連続して何個並ぶか．

例題 079 ユークリッドの互除法

(1) 2つの自然数 m, n の最大公約数を $(m,\ n)$ と表すことにする．a, b を自然数，q, r を0以上の整数とし，$a=bq+r$ ……① をみたすとき，a と b の最大公約数 $(a,\ b)$ は b と r の最大公約数 $(b,\ r)$ と等しいことを証明せよ．

(2) 4165 と 6035 の最大公約数を求めよ．

解 (1) a と b の最大公約数を m，b と r の最大公約数を n とする．

①より，$r=a-bq$ であるから，r は a と b の最大公約数 m で割り切れる．つまり，m は r の約数でもあり，(m は b の約数でもあるから) m は b と r の公約数である．

よって　$m \leqq n$　……(ア)

> このとき $a=ma'$，$b=mb'$ と表され
> $r=a-bq=ma'-mb'q$
> $=m(a'-b'q)$

> m は b と r の最大公約数とは限らないことに注意．

また，①より，a は b と r の最大公約数 n で割り切れる．つまり，n は a の約数でもあり，(n は b の約数でもあるから) n は a と b の公約数である．

したがって　$n \leqq m$　……(イ)

(ア)，(イ)より　$m=n$

したがって，a と b の最大公約数 $(a,\ b)$ は b と r の最大公約数 $(b,\ r)$ と等しい． 終

(2) 6035 を 4165 で割ると，商が 1，余りが 1870 であるから

$$6035=4165\times 1+1870$$

同様に 4165 を 1870 で割ると　$4165=1870\times 2+425$

さらに 1870 を 425 で割ると　$1870=425\times 4+170$

さらに 425 を 170 で割ると　$425=170\times 2+85$

さらに 170 を 85 で割ると　$170=85\times 2$

よって，(1)より

$$(6035,\ 4165)=(4165,\ 1870)=(1870,\ 425)=(425,\ 170)=(170,\ 85)$$
$$=\mathbf{85}$$

Assist

(2)のようにして最大公約数を求める方法を，ユークリッドの互除法という．

シェーマ

$a=bq+r$ ⋙ **a と b の最大公約数は b と r の最大公約数に等しい**

復習 079　2431 と 7429 の最大公約数を求めよ．

例題 080 不定方程式の整数解（1次）

次の方程式の整数解をすべて求めよ．

(1)　$3x+7y=1$　　(2)　$31x+24y=1$

解 (1)　$3x+7y=1$　……①

←まず，①をみたす $(x,\ y)$ の組を1つ見つける．

$(x,\ y)=(-2,\ 1)$ は①をみたす．つまり

$3\cdot(-2)+7\cdot1=1$　……②

①－②より　$3(x+2)+7(y-1)=0$　$\therefore$　$3(x+2)=-7(y-1)$　……③

3と7が互いに素であるから，$x+2$ は7の倍数で　$x+2=7n$　（n は整数）

と表される．このとき，③に代入して　$y-1=-3n$

よって　$\boldsymbol{x=7n-2,\ y=-3n+1}$　（**n は整数**）

(2)　$31x+24y=1$　……①

まずユークリッドの互除法を利用して，与式をみたす整数 x，y の組を1つ求める．

31を24で割ると　$31=24\cdot1+7$　……②　←商が1，余りが7

さらに24を7で割って　$24=7\cdot3+3$　……③　←商が3，余りが3

さらに7を3で割って　$7=3\cdot2+1$　……④　←商が2，余りが1

ここで，④，③，②を順に用いて変形すると

$$\begin{aligned}1&=\underline{\underline{7}}-\underline{3}\cdot2 \quad \text{←④より.}\\ &=\underline{\underline{7}}-(24-\underline{\underline{7}}\cdot3)\cdot2\\ &=7\cdot\underline{\underline{7}}-2\cdot24\\ &=7(31-24\cdot1)-2\cdot24\\ &=7\cdot31-9\cdot24\end{aligned}$$

←$\underline{3}=24-\underline{\underline{7}}\cdot3$（⟺③）を代入．

←$\underline{\underline{7}}=31-24\cdot1$（⟺②）を代入．

$\therefore$　$31\cdot7+24\cdot(-9)=1$　……⑤

①－⑤より

$31(x-7)+24(y+9)=0$　$\therefore$　$31(x-7)=-24(y+9)$

$\therefore$　$x-7=24n,\ y+9=-31n$

$\therefore$　$\boldsymbol{x=24n+7,\ y=-31n-9}$　（**n は整数**）

Assist

(1)の①をみたす $(x,\ y)$ として $(5,\ -2)$ などを用いると，答の表記は異なるが，同じ解の集合を表すので問題はない．

(2)と同様に，a と b が互いに素のとき，$ax+by=1$ をみたす整数解を求めることができる．

シェーマ

方程式 $ax+by=c$ の整数解 ⋙ **1つの解 $(\alpha,\ \beta)$ を見つけて，$a(x-\alpha)=-b(y-\beta)$ の形に変形**

復習 080　(1)　ある自然数があり，それを9で割ると5余り，7で割ると4余る．このとき63で割った余りを求めよ．

(2)　$17x+30y=1$ の整数解をすべて求めよ．

数学と人間の活動

例題 081　不定方程式の整数解（2次）

次の方程式の整数解をすべて求めよ．

(1)　$xy+2x+3y=0$　　　　(2)　$x^2+y^2+xy+2x+4y-5=0$

解 (1)　$xy+2x+3y=0$

$\iff (x+3)(y+2)=6$

$\iff (x+3,\ y+2)=(\pm1,\ \pm6),\ (\pm2,\ \pm3),\ (\pm3,\ \pm2),$
$(\pm6,\ \pm1)$　（複号同順）

$\iff$ $\boldsymbol{(x,\ y)=(-2,\ 4),\ (-4,\ -8),\ (-1,\ 1),\ (-5,\ -5),}$
$\boldsymbol{(0,\ 0),\ (-6,\ -4),\ (3,\ -1),\ (-9,\ -3)}$

(2)　$x^2+y^2+xy+2x+4y-5=0$

$\iff x^2+(y+2)x+y^2+4y-5=0$

$\iff x=\dfrac{-(y+2)\pm\sqrt{D}}{2}$　……①　　← x の２次方程式として解の公式を用いる．

ここで

$D=(y+2)^2-4(y^2+4y-5)$
$=-3y^2-12y+24\quad(=-3(y+2)^2+36)$

まず x が実数であることが必要であるから，$D\geqq0$ より

$-3y^2-12y+24\geqq0\qquad\therefore\quad y^2+4y-8\leqq0$

$\therefore\quad -2-2\sqrt{3}\leqq y\leqq -2+2\sqrt{3}$

よって　$y=-5,\ -4,\ -3,\ -2,\ -1,\ 0,\ 1$

さらに，x が有理数であることが必要で，
$D=$(整数)^2 と表せなければならず

y	-5	-4	-3	-2	-1	0	1
D	9	24	33	36	33	24	9

$y=-5,\ -2,\ 1$

このとき，①に代入すると x はすべて整数となり

$(x,\ y)=(3,\ -5),\ (0,\ -5),\ (\pm3,\ -2),\ (0,\ 1),\ (-3,\ 1)$

$\therefore$　$\boldsymbol{(x,\ y)=(-3,\ -2),\ (-3,\ 1),\ (0,\ -5),\ (0,\ 1),}$
$\boldsymbol{(3,\ -5),\ (3,\ -2)}$

シェーマ

方程式 $axy+bx+cy+d=0$ の整数解 ⋙ **$(Ax+B)(Cy+D)=$ 整数 の形に変形**

復習 | 081　次の方程式の整数解をすべて求めよ．

(1)　$xy+3x-y-7=0$

(2)　$2xy+x+3y+1=0$

(3)　$x^2+4y^2=25$

(4)　$x^2-2xy+3y^2-2x-8y+13=0$

例題 082 合同式

(1) 整数a, bを自然数mで割った余りが等しいとき，すなわち，$a-b$がmで割り切れるとき，$a \equiv b \pmod{m}$と表すことにする．このとき，
$a \equiv b \pmod{m}$, $c \equiv d \pmod{m}$ならば

(i) $a+c \equiv b+d \pmod{m}$　　(ii) $a-c \equiv b-d \pmod{m}$

(iii) $ac \equiv bd \pmod{m}$

が成り立つことを示せ．

(2) 123^{100}を5で割った余りを求めよ．

解 (1) $a \equiv b \pmod{m}$, $c \equiv d \pmod{m}$より

$a-b=km$, $c-d=lm$ （k, lは整数）……① と表せる．

(i) 辺々足すと，$(a+c)-(b+d)=(k+l)m$となり，$a+c$と$b+d$をmで割った余りは同じである．よって $a+c \equiv b+d \pmod{m}$

(ii) 辺々引くと $(a-c)-(b-d)=(k-l)m$

よって $a-c \equiv b-d \pmod{m}$

(iii) ①より $a=b+km$, $c=d+lm$

辺々かけると

$$ac=bd+dkm+blm+klm^2 \qquad \therefore \quad ac-bd=(dk+bl+klm)m$$

よって $ac \equiv bd \pmod{m}$ 終

(2) $123=5\cdot 24+3$より，$123 \equiv 3 \pmod{5}$であるから

$$123^{100} \equiv 3^{100} \equiv (3^2)^{50} \pmod{5} \quad \cdots\cdots ②$$

←Assist 参照.

ここで，$3^2 \equiv 9 \equiv -1 \pmod{5}$ であるから

$$(3^2)^{50} \equiv (-1)^{50} \equiv 1 \pmod{5} \quad \cdots\cdots ③$$

②と③より $123^{100} \equiv 1 \pmod{5}$

よって，123^{100}を5で割った余りは **1**

(注) 両辺が等しいときはもちろん両辺は合同である．それゆえ，計算の途中で実際は等式が成り立つ場合でも合同式で書いてよい．

Assist

$a \equiv b \pmod{n}$のとき，「aとbはnを法として合同である」という．
(1)の定理によって，合同式の場合も普通の連立方程式と同じように代入法や加減法(式を辺々足したり引いたりすること)で式を変形できる．また，(iii)をくり返し用いると，「$a \equiv b \pmod{m}$ならば，$a^n \equiv b^n \pmod{m}$」が示せる(これを(2)で用いている)．

シェーマ

合同式の計算(余りを求める計算) ⟫ 余りが同じ数で置きかえていく

復習 082 (1) 1987^{1987}の一の位を求めよ． (2) 111^{10}を12で割った余りを求めよ．
(3) nを整数とするとき，n^5-nがつねに5の倍数であることを合同式を用いて説明せよ．

例題 083 n 進法

(1) 2 進法の 10110 を 10 進法で表せ.

(2) 10 進法の 397 を 5 進法で表せ.

(3) 5 進法の 0.4203 を 10 進法の小数で表せ.

(4) 7 進法の 245 と 624 の和, 26 と 35 の積をそれぞれ 7 進法で表せ.

解 (1) 2 進法の 10110 を 10 進法で表すと

$$1\times 2^4+0\times 2^3+1\times 2^2+1\times 2^1+0\times 1=\mathbf{22}$$

← $\begin{cases} 2^4 & 2^3 & 2^2 & 2^1 & 1 \\ 1 & 0 & 1 & 1 & 0 \end{cases}$

(2) 397 を 5 でくり返し割っていくと

$$\begin{aligned}397&=5\times 79+2=5(5\times 15+4)+2\\&=5\{5\times(5\times 3+0)+4\}+2\\&=3\times 5^3+0\times 5^2+4\times 5^1+2\end{aligned}$$

となり, 5 進法で表すと　$\mathbf{3042_{(5)}}$

← 次のように計算してもよい.

```
5 ) 397     余り
5 )  79  … 2
5 )  15  … 4
      3  … 0
```

(3) 5 進法の 0.4203 を 10 進法で表すと

$$4\cdot\frac{1}{5^1}+2\cdot\frac{1}{5^2}+0\cdot\frac{1}{5^3}+3\cdot\frac{1}{5^4}$$
$$=\frac{8}{10}+\frac{8}{100}+\frac{48}{10000}=\mathbf{0.8848}$$

(4)

```
    245
+   624
-------
   1202
```

(5 + 4 = 9 = 1 × 7 + 2 より)

① $5_{(7)}+4_{(7)}=\underline{1}2_{(7)}$ くり上がる

② $\underline{1}_{(7)}+4_{(7)}+2_{(7)}=\underline{\underline{1}}0_{(7)}$ くり上がる

③ $\underline{\underline{1}}_{(7)}+2_{(7)}+6_{(7)}=12_{(7)}$

よって　$\mathbf{1202_{(7)}}$

```
     26
×    35
-------
    202
   114
-------
   1342
```

(6 × 5 = 30 = 4 × 7 + 2 より)

$6_{(7)}\times 5_{(7)}=\underline{4}\,2_{(7)}$ くり上がる → 202

$\underline{4}_{(7)}+2_{(7)}\times 5_{(7)}=\underline{\underline{\underline{20}}}_{(7)}$

$6_{(7)}\times 3_{(7)}=\underline{\underline{2}}\,4_{(7)}$ くり上がる → 114

$\underline{\underline{2}}_{(7)}+2_{(7)}\times 3_{(7)}=\underline{\underline{\underline{11}}}_{(7)}$

よって　$\mathbf{1342_{(7)}}$

シェーマ

自然数 n を p 進法で表す　≫　$n=a_mp^m+a_{m-1}p^{m-1}+\cdots+a_1p+a_0$ と書く
(a_0, a_1, ・・・, a_m は 0 から $p-1$ までの整数, $a_m \neq 0$)

復習 | 083　(1) 2 進法の 101110 を 10 進法で表せ.

(2) 10 進法の 111 を 3 進法で表せ.

(3) 3 進法の 21.201 を 10 進法で表せ.

(4) 5 進法の 4302 と 2433 の和, 314 と 243 の積をそれぞれ 5 進法で表せ.

例題 084　三角形の重心

△ABCで辺BCの中点をD，線分ADを3等分する点をAに近い方からE，Fとし，直線BFとCE，ACの交点をそれぞれG，Hとおく．FG：GH，CG：GEを求めよ．また，△ABCと△EFGの面積比を求めよ．

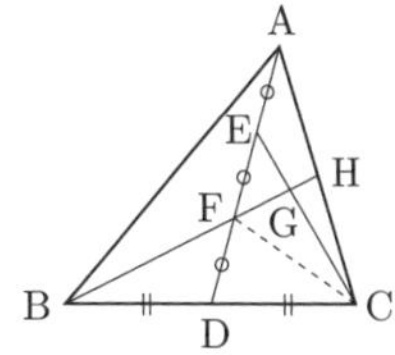

解　点FはADを2：1に内分する点であるから，△ABCの重心である．

したがって，Hは辺ACの中点である．

そして△ACFにおいて，点Gは2つの中線FH，CEの交点であるから，重心である．

よって　**FG：GH = 2：1，CG：GE = 2：1**

次に　$\triangle EFG = \dfrac{GE}{CE}\triangle CEF = \dfrac{1}{3}\triangle CEF$　……①

$\triangle CEF = \dfrac{EF}{AD}\triangle ACD = \dfrac{1}{3}\triangle ACD$　……②

$\triangle ACD = \dfrac{DC}{BC}\triangle ABC = \dfrac{1}{2}\triangle ABC$　……③

①，②，③より

$$\triangle EFG = \frac{1}{3}\cdot\frac{1}{3}\cdot\frac{1}{2}\triangle ABC = \frac{1}{18}\triangle ABC$$

∴　**△ABC：△EFG = 18：1**

《重心》　三角形の3つの中線は1点で交わる．この点を三角形の重心という．重心は中線を頂点の方から2：1に内分する．

△ABCと△ACDは，BC方向に底辺をとると高さAHが等しいから

$$\triangle ACD = \frac{CD}{BC}\triangle ABC$$

が成り立つ．

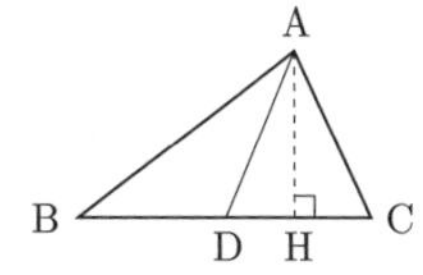

シェーマ

三角形の中線を2：1に内分する点　≫　重心

頂点と重心を通る直線　≫　対辺を二等分

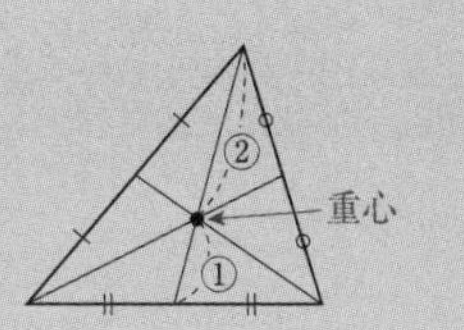

復習 084　長方形ABCDにおいてAB = 3，BC = 4とする．辺BCの中点をE，辺CDの中点をFとし，対角線BDと線分AE，AFとの交点をそれぞれP，Qとおく．線分PQの長さを求めよ．

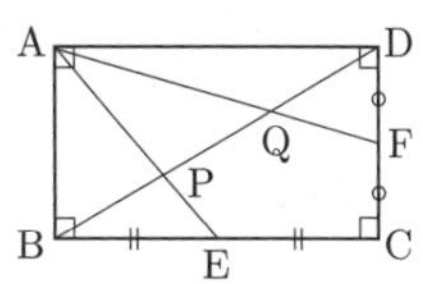

図形の性質

例題 085 三角形の外心，内心

△ABC の外心を O，内心を I とする．次の各図で角 θ の大きさを求めよ．

(1)

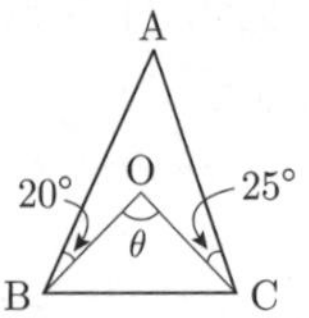

(2)

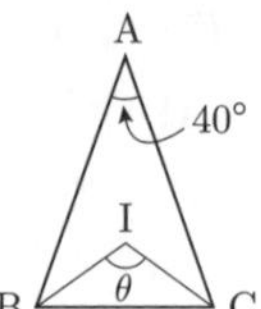

解 (1) 点 O は外心であるから

$$OA = OB = OC$$

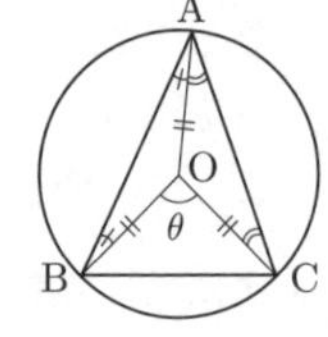

よって，△OAB，△OCA は二等辺三角形となり

$$\angle OAB = \angle OBA = 20°,\ \angle OAC = \angle OCA = 25°$$

このとき

$$\angle BAC = \angle OAB + \angle OAC = 20° + 25° = 45°$$

円周角と中心角の関係より ←中心角は円周角の２倍．

$$\boldsymbol{\theta} = 2\angle BAC = 2 \cdot 45° = \mathbf{90°}$$

(2) 点 I は内心であるから，IB，IC は ∠B，∠C を二等分する．よって，$\frac{1}{2}\angle B = \beta$，$\frac{1}{2}\angle C = \gamma$ とおくと，△ABC の内角の和より

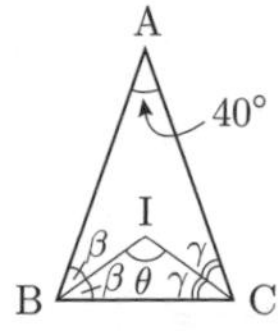

$$2\beta + 2\gamma + 40° = 180° \qquad \therefore\ \beta + \gamma = 70°$$

△IBC の内角の和より $\theta + \beta + \gamma = 180°$ であるから

$$\boldsymbol{\theta} = 180° - (\beta + \gamma) = 180° - 70° = \mathbf{110°}$$

Assist

(2)と同様に，一般に △ABC の内心 I に対し，$\angle BIC = 90° + \frac{1}{2}\angle BAC$ が成り立つ．

《外心》 三角形の外接円の中心 O を外心という．外心は各辺の垂直二等分線の交点である．

《内心》 三角形の内接円の中心 I を内心という．内心は各内角の二等分線の交点である．

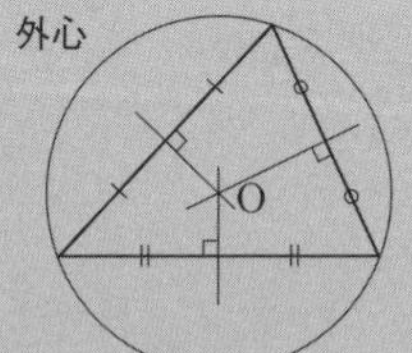

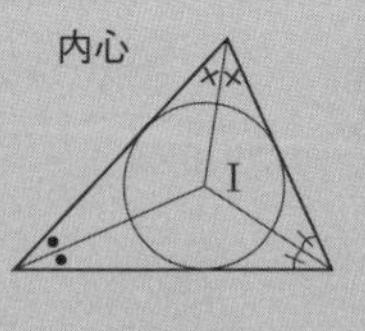

シェーマ

外心 ⋙ 外接円を考え，円の性質を使う

内心 ⋙ 頂点と結んだ線分は，角を二等分する

復習 085 AB = 6，BC = 5，CA = 4 である △ABC の内心を I，直線 AI と辺 BC の交点を D とする．AI : ID を求めよ．

例題 086　チェバの定理，メネラウスの定理

△ABCの辺ACの中点をM，辺ABを1：2に内分する点をNとする．
2直線BM，CNの交点をP，直線APと辺BCの交点をQとするとき，
AP：PQを求めよ．

解 △ABCにチェバの定理を用いると

$$\frac{\mathrm{BQ}}{\mathrm{QC}}\cdot\frac{\mathrm{CM}}{\mathrm{MA}}\cdot\frac{\mathrm{AN}}{\mathrm{NB}}=1$$

$$\therefore\ \frac{\mathrm{BQ}}{\mathrm{QC}}\cdot\frac{1}{1}\cdot\frac{1}{2}=1$$

よって，$\frac{\mathrm{BQ}}{\mathrm{QC}}=2$ となり

$$\mathrm{BQ}:\mathrm{QC}=2:1$$

←まずチェバの定理より BQ：QCが求まる．

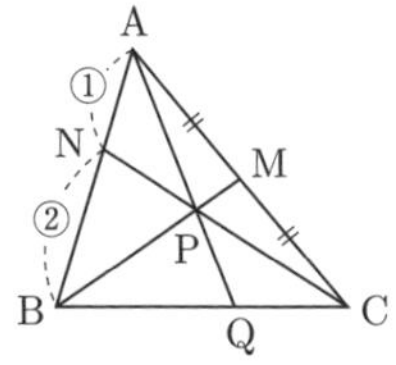

次に，△ABQと直線NCにメネラウスの定理を用いると

$$\frac{\mathrm{BC}}{\mathrm{CQ}}\cdot\frac{\mathrm{QP}}{\mathrm{PA}}\cdot\frac{\mathrm{AN}}{\mathrm{NB}}=1$$

$$\therefore\ \frac{3}{1}\cdot\frac{\mathrm{QP}}{\mathrm{PA}}\cdot\frac{1}{2}=1$$

よって，$\frac{\mathrm{QP}}{\mathrm{PA}}=\frac{2}{3}$ となり

$$\mathbf{AP:PQ=3:2}$$

←メネラウスの定理より AP：PQが求まる．

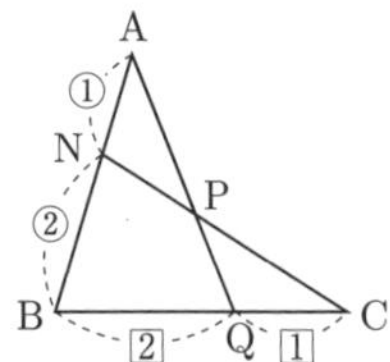

《チェバの定理》

$$\frac{\mathrm{BP}}{\mathrm{PC}}\cdot\frac{\mathrm{CQ}}{\mathrm{QA}}\cdot\frac{\mathrm{AR}}{\mathrm{RB}}=1$$

《メネラウスの定理》

$$\frac{\mathrm{BP}}{\mathrm{PC}}\cdot\frac{\mathrm{CQ}}{\mathrm{QA}}\cdot\frac{\mathrm{AR}}{\mathrm{RB}}=1$$

シェーマ

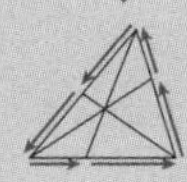

»» チェバの定理

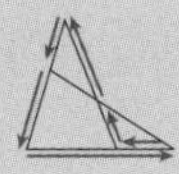

»» メネラウスの定理

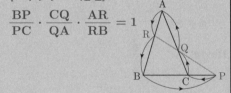

復習 086　AB＝9，AC＝6である△ABCの辺ACを2：1に内分する点をDとする．頂点Aにおける外角の二等分線と直線BCの交点をE，直線DEと辺ABの交点をFとするとき，線分AFの長さを求めよ．

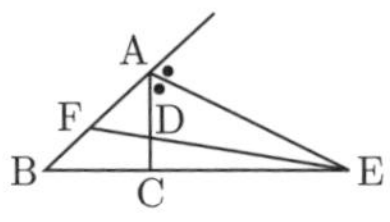

例題 087 重心と外心が一致する三角形

△ABCが正三角形となるための必要十分条件は，重心と外心が一致することである．これを証明せよ．

解 △ABCの重心をG，外心をOとおき，3辺BC，CA，ABの中点をそれぞれP，Q，Rとおく．

(i)「△ABCが正三角形 ⟹ GとOが一致」の証明

△ABCが正三角形のとき，△ABP ≡ △ACPであるから

$$\angle APB = \angle APC = 90^\circ$$

よって，中線APは辺BCの垂直二等分線でもある．

同様に，中線BQ，CRは辺CA，ABの垂直二等分線でもある．

よって，GとOは一致する．

← Gは3つの中線の交点，Oは3つの辺の垂直二等分線の交点．

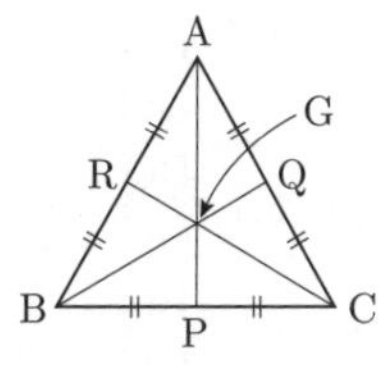

(ii)「GとOが一致 ⟹ △ABCは正三角形」の証明

Gは重心であるから，AP，BQ，CRの交点である．Gは外心Oでもあるから

$$GP \perp BC \qquad \therefore \quad AP \perp BC$$

このとき

$$\triangle ABP \equiv \triangle ACP \quad \cdots\cdots(*)$$

であるから　AB = AC

同様に，BQ ⊥ CAよりBC = BAとなり，3辺の長さが等しいので△ABCは正三角形である．　**終**

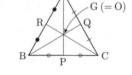

Assist

1° (∗)の証明は以下のとおりである．

△ABP，△ACPにおいて

$$\begin{cases} BP = CP & (\text{Pが辺BCの中点}) \\ AP = AP & (\text{共通}) \\ \angle APB = \angle APC & (\text{ともに}90^\circ) \end{cases}$$

2辺と狭角が等しいから　△ABP ≡ △ACP

2° 正三角形において，重心，外心，内心は一致する．これは上と同様にして証明できる．

シェーマ

正三角形 ⋙ 重心，外心，内心は一致する

復習 087　外心と内心が一致する三角形は正三角形であることを示せ．

例題 088　三角形の最大角

3 辺の長さが，$BC=x^2-x+1$，$CA=x^2-2x$，$AB=2x-1$ で表されている $\triangle ABC$ がある．

(1)　x の範囲を求めよ．

(2)　$\triangle ABC$ の最大角の大きさを求めよ．

解 (1)　三角形の成立条件より　　←例題 040 参照．

$$\begin{cases}(x^2-x+1)+(x^2-2x)>2x-1\\(x^2-2x)+(2x-1)>x^2-x+1\\(2x-1)+(x^2-x+1)>x^2-2x\end{cases}\quad\therefore\quad\begin{cases}(2x-1)(x-2)>0\\x>2\\x>0\end{cases}$$

$$\therefore\quad \left(x<\frac{1}{2}\ \text{または}\ 2<x\right)\ \text{かつ}\ x>2\ \text{かつ}\ x>0\qquad\therefore\quad \boldsymbol{x>2}$$

(2)

$$BC-CA=(x^2-x+1)-(x^2-2x)=x+1>0$$

$$\begin{aligned}BC-AB&=(x^2-x+1)-(2x-1)\\&=x^2-3x+2=(x-1)(x-2)>0\end{aligned}$$

であるから $BC>CA$ かつ $BC>AB$ が成り立ち，3 辺のうち BC が最大辺である．よって，この辺に向かい合う角 A が最大角となる．余弦定理により

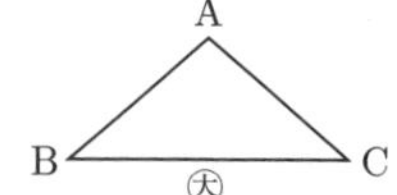

$$\cos A=\frac{(x^2-2x)^2+(2x-1)^2-(x^2-x+1)^2}{2(x^2-2x)(2x-1)}$$

ここで　(分子) $=-2x^3+5x^2-2x=-x(2x^2-5x+2)=-x(2x-1)(x-2)$

$$\therefore\quad\cos A=\frac{-x(2x-1)(x-2)}{2x(x-2)(2x-1)}=-\frac{1}{2}$$

$0°<A<180°$ であるから，最大角 A は　**120°**

Assist

$BC=a$，$CA=b$，$AB=c$ とする．三角形の成立条件は $|a-b|<c<a+b$ とも表せ，これをみたせば $c>0$ (同様に $a>0$，$b>0$) が成り立つ．

《三角形の辺と角の大小関係》

$\triangle ABC$ において　$b<c \iff \angle B<\angle C$

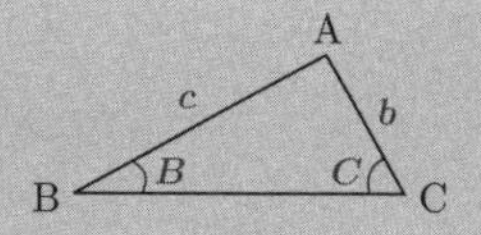

シェーマ

三角形の最大角 ⟫ 最大辺の対角が最大角

復習 088　$\triangle ABC$ において，$BC:CA:AB=3:5:7$ であるとき，最大角の大きさを求めよ．

図形の性質

例題 089 円周角，接線と弦の作る角

次の各図において，角 θ の大きさを求めよ．ただし，O は円の中心とする．

(1)

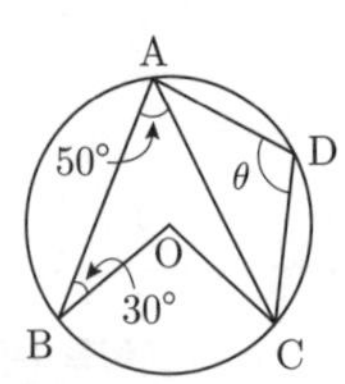

(2)

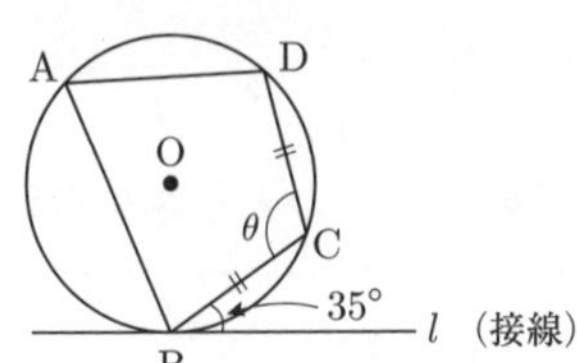

解 (1) △OAB は OA = OB の二等辺三角形だから

$\angle OAB = \angle OBA = 30°$

$\therefore \angle OAC = 50° - 30° = 20°$

△OCA は OC = OA の二等辺三角形だから

$\angle OCA = \angle OAC = 20°$

△OCA の内角の和より　$\angle AOC = 180° - 20° - 20° = 140°$

円周角と中心角の関係より　$\angle ABC = \dfrac{1}{2}\angle AOC = 70°$

四角形 ABCD が円に内接するから

$\boldsymbol{\theta} = 180° - \angle ABC = \mathbf{110°}$

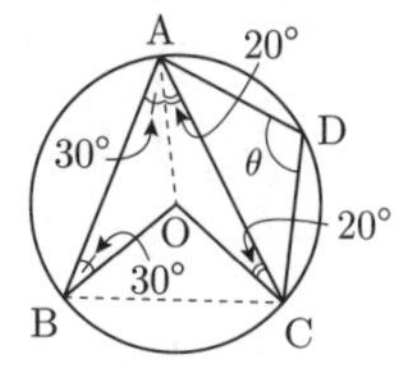

←円に内接する四角形の向かい合う2角の和は 180°.

(2) 接線と弦の作る角の定理より　$\angle CDB = 35°$

△BCD は BC = CD の二等辺三角形だから

$\angle CBD = \angle CDB = 35°$

△BCD の内角の和より　$\boldsymbol{\theta} = 180° - 35° - 35° = \mathbf{110°}$

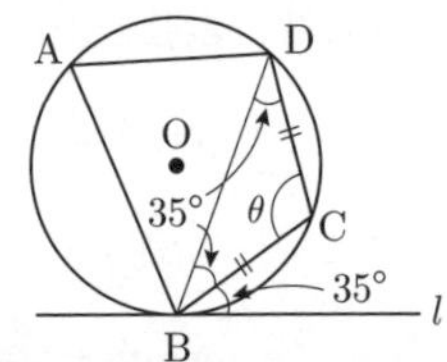

《円周角の性質》

$\angle APB = \dfrac{1}{2}\angle AOB$

$\angle APB = \angle AP'B$

《接線と弦の作る角》

$\angle BAC = \angle CBD$

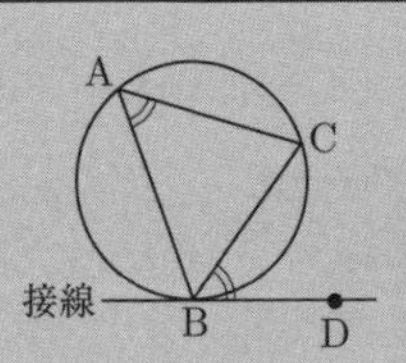

シェーマ

円周角 ⋙ { ○ 中心角を考える
　　　　　 ○ 他の円周角へ移して考える

復習 089　次の各図において角 θ の大きさを求めよ．ただし，O は円の中心とする．

(1)

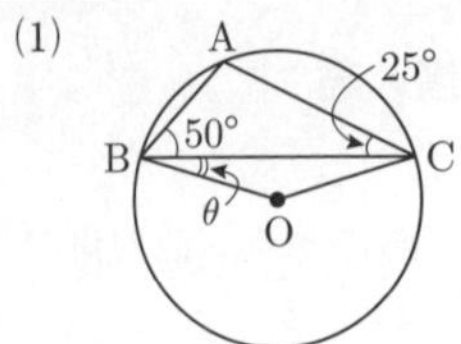

(2)

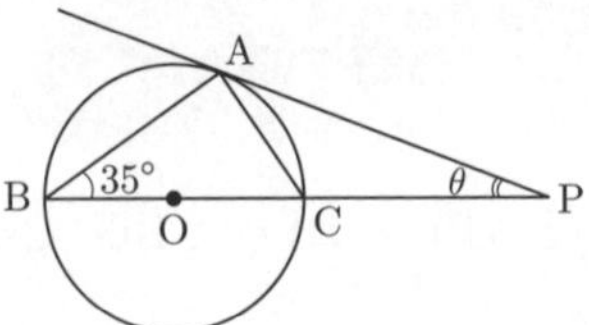

例題 090 方べきの定理

次の図において，x の値を求めよ．

(1)

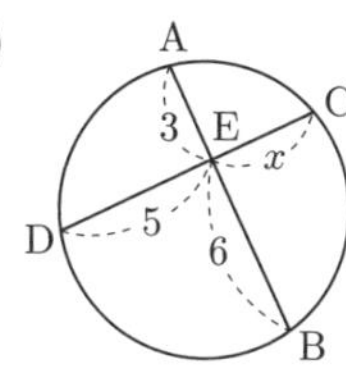

(2)

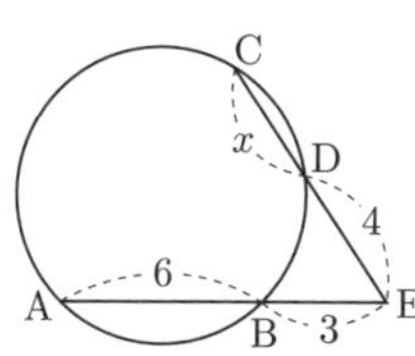

(3)

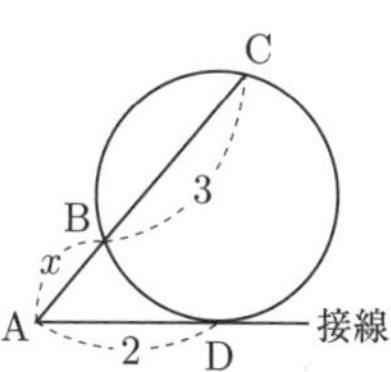

解 (1) 方べきの定理より，$AE \cdot BE = CE \cdot DE$ であるから

$$3 \cdot 6 = x \cdot 5 \qquad \therefore \quad \boldsymbol{x = \frac{18}{5}}$$

(2) 方べきの定理より，$AE \cdot BE = CE \cdot DE$ であるから

$$(6+3) \cdot 3 = (x+4) \cdot 4 \qquad \therefore \quad \boldsymbol{x = \frac{11}{4}}$$

(3) 方べきの定理より，$AB \cdot AC = AD^2$ であるから

$$x(x+3) = 2^2 \qquad \therefore \quad x^2 + 3x - 4 = 0 \qquad \therefore \quad (x-1)(x+4) = 0$$

$x > 0$ より　$\boldsymbol{x = 1}$

《方べきの定理》

(i)

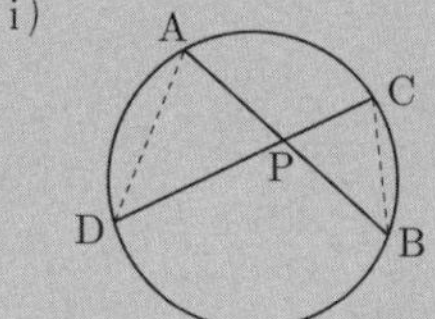

(ii)

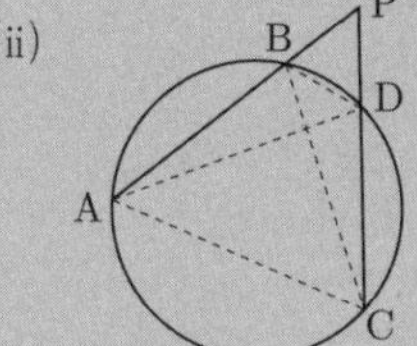

(iii)

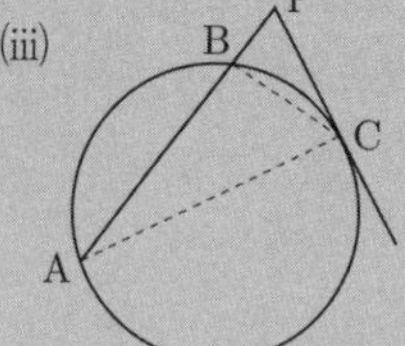

$\mathbf{AP \cdot BP = CP \cdot DP}$　　$\mathbf{AP \cdot BP = CP \cdot DP}$　　$\mathbf{AP \cdot BP = CP^2}$

(注) 方べきの定理(i)は次のように導ける．

$\triangle ADP$，$\triangle CBP$ において　$\angle ADP = \angle CBP$（円周角），$\angle DAP = \angle BCP$（円周角）

よって，$\triangle ADP \backsim \triangle CBP$ となり $AP : DP = CP : BP$ となるから　$AP \cdot BP = CP \cdot DP$

同様に，方べきの定理(ii)は $\triangle ADP \backsim \triangle CBP$（または $\triangle ACP \backsim \triangle DBP$）を，方べきの定理(iii)は $\triangle ACP \backsim \triangle CBP$ を用いて，それぞれ導ける．

交わる2直線と円の問題 ⋙ 方べきの定理

復習 090　右図において，線分 BC の長さを求めよ．
ただし，D は円と線分 BC の接点である．

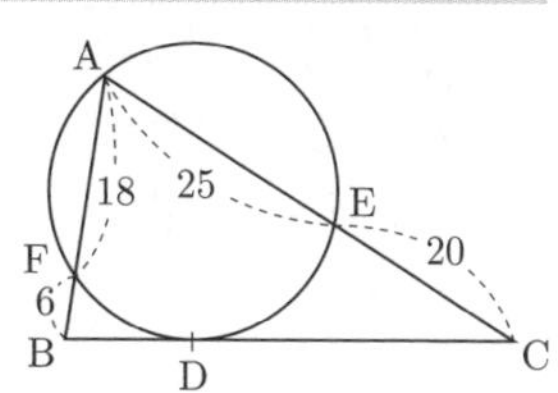

図形の性質

例題 091　2円の位置関係

2つの円 O_1, O_2 と直線 l を考える．O_1, O_2 は外接し，O_1 は点 P で，O_2 は点 Q でともに l に接している．O_1 の半径を 5，$PQ = 2\sqrt{10}$ とするとき，O_2 の半径を求めよ．ただし，O_2 の半径は O_1 の半径より小さいものとする．

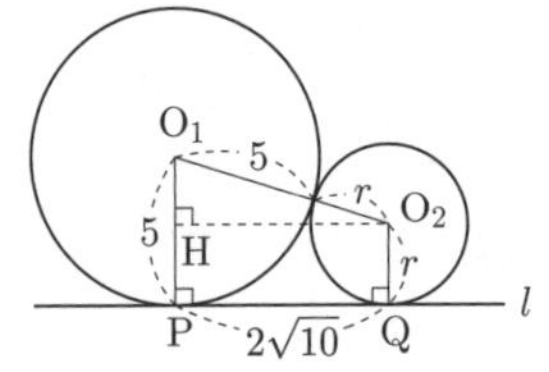

解 円 O_2 の半径を r とおき，中心 O_2 から線分 O_1P へおろした垂線を O_2H とおくと

$$O_1H = 5 - r,\ O_2H = 2\sqrt{10}$$

2つの円 O_1, O_2 が外接するから

$$O_1O_2 = 5 + r$$

直角三角形 O_1HO_2 に三平方の定理を用いて

$$O_1O_2{}^2 = O_1H^2 + O_2H^2$$

$$\therefore\quad (5 + r)^2 = (5 - r)^2 + (2\sqrt{10})^2$$

$$\therefore\quad 25 + 10r + r^2 = 25 - 10r + r^2 + 40$$

$$\therefore\quad r = \mathbf{2}$$

《2円の位置関係》

2円の半径を r_1, r_2, 中心間の距離を d とおくと，$r_1 \fallingdotseq r_2$ のとき2円の位置関係は次の5通りである．

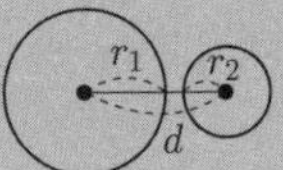

外部
$d > r_1 + r_2$

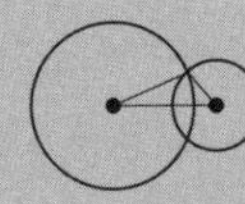

外接
$d = r_1 + r_2$

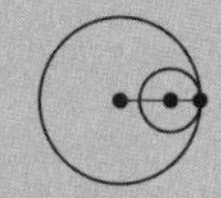

交わる
$|r_1 - r_2| < d < r_1 + r_2$

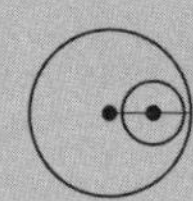

内接
$d = |r_1 - r_2|$

内部
$d < |r_1 - r_2|$

シェーマ

円と接線 ⋙ **中心と接点を結ぶ線分は接線と垂直**

2円が接する ⋙ **接点は中心を結んだ直線上にある**

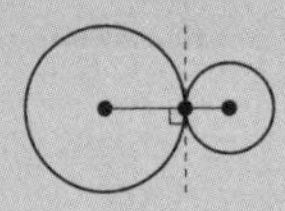

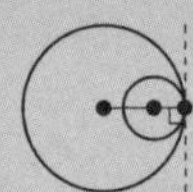

復習 091　2つの円 O_1, O_2 が点 P で外接している．2つの円の共通外接線と O_1, O_2 の接点をそれぞれ Q, R とするとき，$\angle QPR = 90°$ となることを示せ．

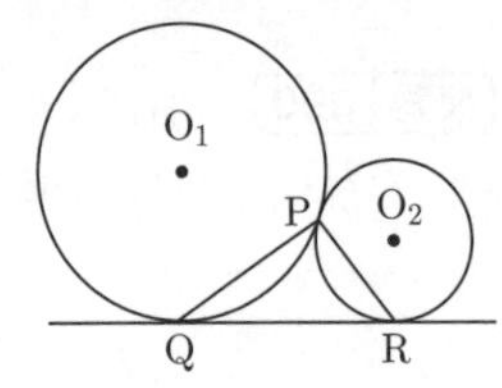

例題 092 直交する平面と直線

平面 α に対し，P を α 上にない点，l を α 上の直線，A を l 上の点，O を α 上にあり l 上にはない点とする．

(1) $\mathrm{PO} \perp \alpha$，$\mathrm{OA} \perp l$ ならば，$\mathrm{PA} \perp l$ を示せ．

(2) $\mathrm{PO} \perp \alpha$，$\mathrm{PA} \perp l$ ならば，$\mathrm{OA} \perp l$ を示せ．

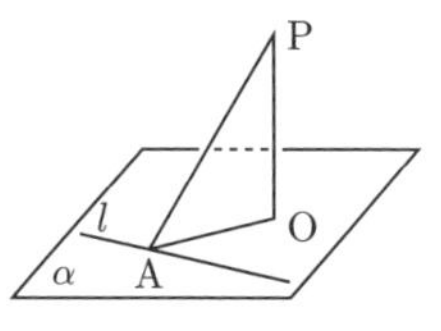

解 3点P，O，Aを通る平面を β とおく．

(1) $\mathrm{PO} \perp \alpha$ より，$\mathrm{PO} \perp l$ である．これと $\mathrm{OA} \perp l$ より，$\beta \perp l$ である．

PA は β 上の直線であるから，$\mathrm{PA} \perp l$ となる． 終

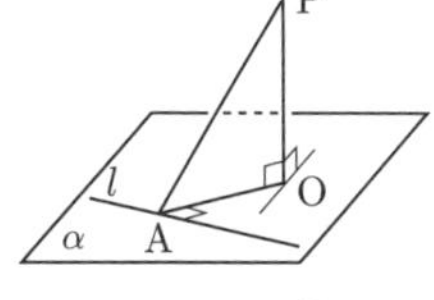

(2) $\mathrm{PO} \perp \alpha$ より，$\mathrm{PO} \perp l$ である．これと $\mathrm{PA} \perp l$ より，$\beta \perp l$ である．

OA は β 上の直線であるから，$\mathrm{OA} \perp l$ となる． 終

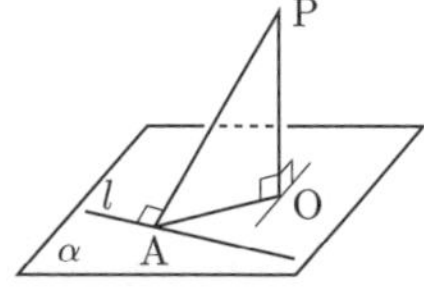

《直線と平面の垂直》

直線 l が平面 α 上の任意の直線に対し垂直であるとき，l と α は垂直であると定義する．

(注) α 上の平行でない2直線と l が垂直ならば，l と α は垂直になる．

例題 092 と **復習 092** をまとめて，三垂線の定理という．

シェーマ

2直線 l，m が垂直であることを示す 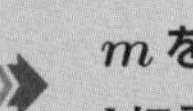 **m を含み，l に垂直な平面を探す**

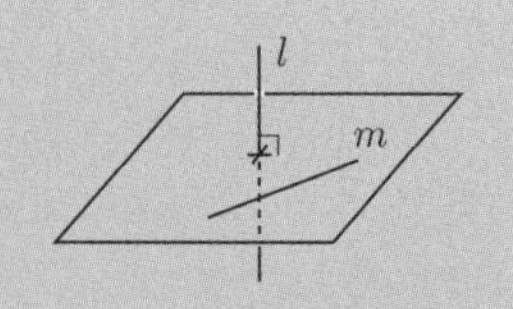

直線 l と平面 α が垂直であることを示す ⇒ **l と垂直な，α 上の平行でない2直線を探す**

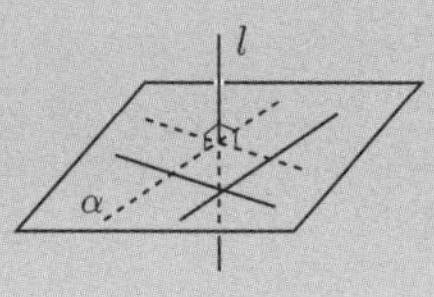

復習 092 平面 α に対し，P を α 上にない点，l を α 上の直線，A を l 上の点，O を α 上にあり l 上にはない点とする．$\mathrm{PA} \perp l$，$l \perp \mathrm{AO}$，$\mathrm{AO} \perp \mathrm{PO}$ であるとき，$\mathrm{PO} \perp \alpha$ となることを示せ．

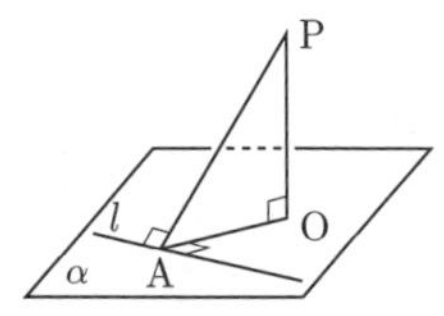

図形の性質

例題 093　正四面体の体積

1辺の長さ a の正四面体OABCがある．頂点Oから平面ABCへおろした垂線をOHとする．

(1)　Hは△ABCの重心であることを示せ．

(2)　正四面体OABCの体積 V を求めよ．

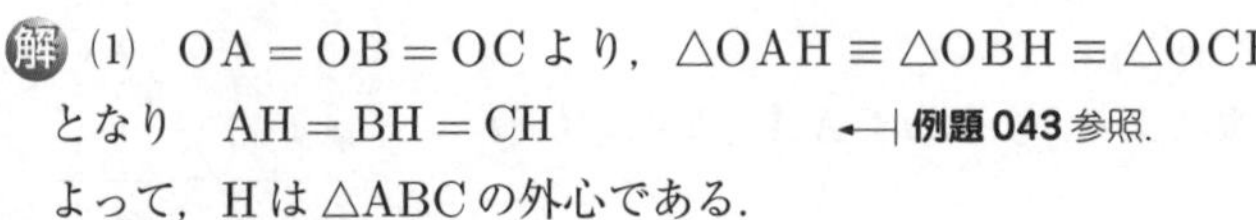

解 (1)　OA＝OB＝OCより，△OAH≡△OBH≡△OCH

となり　AH＝BH＝CH　←例題043参照．

よって，Hは△ABCの外心である．

△ABCは正三角形であるから，

外心と重心は一致し，　←正三角形の重心と外心が一致することの証明は例題087参照．

Hは△ABCの重心である．　終

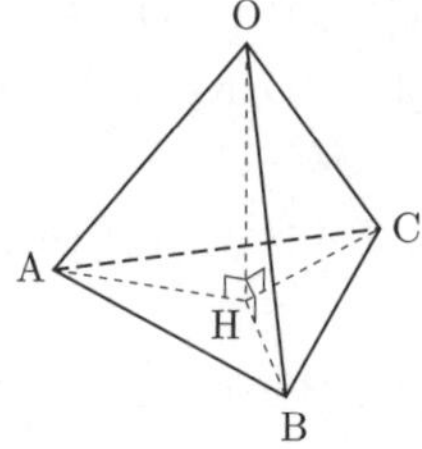

(2)　辺BCの中点をMとおく．OM，AMは1辺の長さ a の正三角形の高さだから

$$\mathrm{OM}=\mathrm{AM}=\frac{\sqrt{3}}{2}a$$

Hは△ABCの重心であるから

$$\mathrm{AH}=\frac{2}{3}\mathrm{AM}=\frac{\sqrt{3}}{3}a$$

直角三角形OAHに三平方の定理を用いて

$$\mathrm{OH}=\sqrt{\mathrm{OA}^2-\mathrm{AH}^2}=\sqrt{a^2-\frac{a^2}{3}}=\frac{\sqrt{6}}{3}a$$

よって

$$V=\frac{1}{3}\cdot\mathrm{OH}\cdot\triangle\mathrm{ABC}=\frac{1}{3}\cdot\frac{\sqrt{6}}{3}a\cdot\frac{1}{2}a^2\sin 60^\circ=\boldsymbol{\frac{\sqrt{2}}{12}a^3}$$

シェーマ

正四面体 ⋙ 頂点から底面へおろした垂線の足は，外心かつ重心

復習 093　1辺の長さ1の正四面体OABCがある．

(1)　辺BCの中点をM，$\theta=\angle\mathrm{OAM}$ とするとき，$\cos\theta$ の値を求めよ．

(2)　正四面体の高さを求めよ．

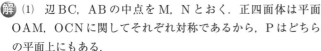

例題 094　正四面体の外接球

1辺の長さ a の正四面体OABCがある．頂点Oから平面ABCにおろした垂線をOHとする．

(1)　正四面体の外接球の中心Pが直線OH上にあることを示せ．

(2)　OP：PHを求め，外接球の半径を求めよ．

解 (1)　辺BC，ABの中点をM，Nとおく．正四面体は平面OAM，OCNに関してそれぞれ対称であるから，Pはどちらの平面上にもある．

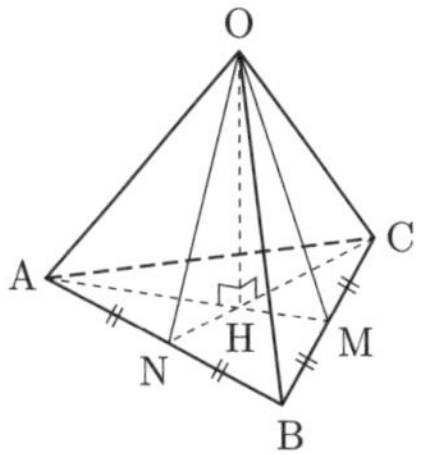

よって，Pは2つの平面の交線OH上にある．　**終**

← HがAM，CNの交点（つまり，△ABCの重心）と一致することは **例題 093** (1)参照．

別解　Hは△ABCの外心である．　← **例題 093** (1)参照．

また，Pから平面ABCにおろした垂線をPIとすると，Pは外接球の中心なのでPA＝PB＝PCである．よってAI＝BI＝CIとなり，Iは△ABCの外心であり，Hと一致する．したがって，PIはOHと重なり，PはOH上にある．　**終**

(2)　Aから平面OBCへおろした垂線をAIとおくと，(1)と同様にPは直線AI上にある．

よって，Pは2直線OH，AIの交点であり，外接球の半径はOPである．

ここでOM＝AM，AH：MH＝2：1であるから

OM：MH＝3：1　……①

一方，△OMHにおいてPMは∠Mを二等分するから，角の二等分線の性質より

OP：PH＝OM：MH　……②

①，②より　**OP：PH＝3：1**

直角三角形OAHに三平方の定理を用いると $\mathrm{OH}=\dfrac{\sqrt{6}}{3}a$ であるから，

← 詳しくは **例題 093** (2)参照．

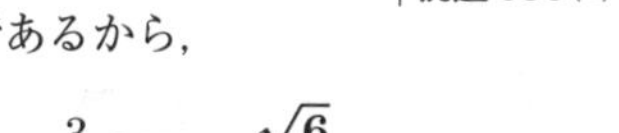

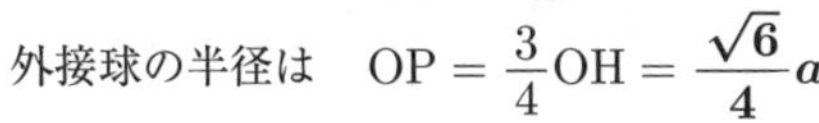
外接球の半径は　$\mathrm{OP}=\dfrac{3}{4}\mathrm{OH}=\boldsymbol{\dfrac{\sqrt{6}}{4}a}$

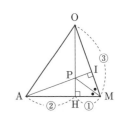

(注)　正四面体の内接球の中心も同様に考えてPであり，半径は　$\mathrm{PH}=\dfrac{1}{4}\mathrm{OH}=\dfrac{\sqrt{6}}{12}a$

正四面体の外接球，内接球  **対称性より，中心はどちらも頂点から対面へおろした垂線上にある**

復習 | 094　1辺の長さ1の正四面体の内接球の体積を求めよ．

例題 095　2平面のなす角

正四面体ABCDにおいて隣り合う2面のなす角をθとするとき，$\cos\theta$の値を求めよ．

解 2平面ABC，DBCのなす角がθである．BとCの中点をMとすると，AB＝ACかつDB＝DCであるから

$$AM \perp BC,\ DM \perp BC$$

よって，$\theta = \angle AMD$である．

ここで正四面体の1辺の長さを$2a$とおくと

$$AD = 2a$$

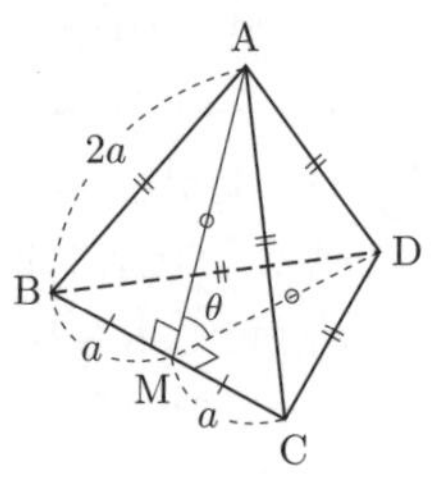

$BM = a$より

$$AM = DM = \sqrt{3}a$$

よって，△ADMにおいて余弦定理を用いると

$$\cos\theta = \frac{AM^2 + DM^2 - AD^2}{2 \cdot AM \cdot DM} = \frac{(\sqrt{3}a)^2 + (\sqrt{3}a)^2 - (2a)^2}{2(\sqrt{3}a)^2} = \frac{1}{3}$$

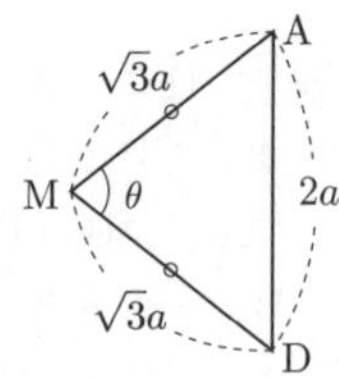

Assist

2平面α，βのなす角とは，2平面α，βの交線l上の点から，それぞれの平面上に，交線に垂直に引いた2直線l_α，l_βのなす角θである．

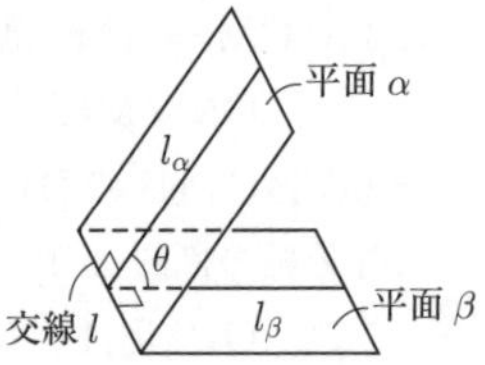

シェーマ　2平面のなす角 ⟫ 交線を見つけ，それに垂直な直線で調べる

復習 095　四面体ABCDがあり，$AB = \sqrt{3}$，$AC = AD = BC = BD = CD = 2$である．このとき，次の問いに答えよ．

(1) 2平面ACDとBCDのなす角θを求めよ．

(2) 2平面ABCとABDのなす角をϕとするとき，$\cos\phi$の値を求めよ．

例題 096 オイラーの多面体定理

図のような正五角形または正六角形を面にもつ多面体がある．ただし，どの頂点にも正五角形1つと，正六角形2つが集まっているとする．正五角形の面の個数を x，正六角形の面の個数を y とする．

(1) x と y の比を求めよ．

(2) オイラーの多面体定理を用いて，x，y を求めよ．

解 (1) 正五角形，正六角形の面の個数がそれぞれ x，y であり，どの頂点にも正五角形1つと正六角形2つが集まっているので，多面体の頂点の個数を v とすると

$$v = 5x \quad かつ \quad 2v = 6y$$

よって $5x = 3y$ $\therefore$ $\boldsymbol{x : y = 3 : 5}$

(2) 多面体の辺，面の数をそれぞれ e，f とおくと

$$f = x + y \quad \cdots\cdots①$$

多面体に含まれる正五角形と正六角形の頂点の総数は $5x + 6y$ であるが，これには多面体の1つの頂点が3回ずつ数えられているので

$$5x + 6y = 3v \quad \therefore \quad \frac{5x + 6y}{3} = v \quad \cdots\cdots②$$

同様に，正五角形と正六角形の辺の総数は $5x + 6y$ であるが，これには多面体の1つの辺が2回ずつ数えられているので

$$5x + 6y = 2e \quad \therefore \quad \frac{5x + 6y}{2} = e \quad \cdots\cdots③$$

オイラーの多面体定理より，$v - e + f = 2$ であるから，①，②，③を代入して

$$\frac{5x + 6y}{3} - \frac{5x + 6y}{2} + (x + y) = 2 \quad \therefore \quad \boldsymbol{x = 12}$$

(1)より，$y = \dfrac{5}{3}x$ であるから

$$\boldsymbol{y = 20}$$

(注) ②の代わりに，(1)で得た $v = 5x$（または $v = 3y$）を代入して，$y = \dfrac{5}{3}x$ と連立してもよい．

> 《オイラーの多面体定理》
> 凸多面体の頂点，辺，面の数をそれぞれ v，e，f とすると
> $$v - e + f = 2$$

シェーマ

多面体の頂点，辺，面 ⋙ オイラーの多面体定理

復習 096 1つの頂点に正三角形が5つ集まってできている正多面体の面の数を求めよ．

例題 097 データの代表値

次のデータは，20 人の生徒に 10 点満点のテストを行ったときの得点である．

1，2，2，3，4，4，5，5，5，5，6，7，7，7，7，7，8，9，9，10

(1) このデータをヒストグラムで表せ．

(2) このデータの平均値，中央値，最頻値を求めよ．

解 (1) このデータのヒストグラムは右図の通り．

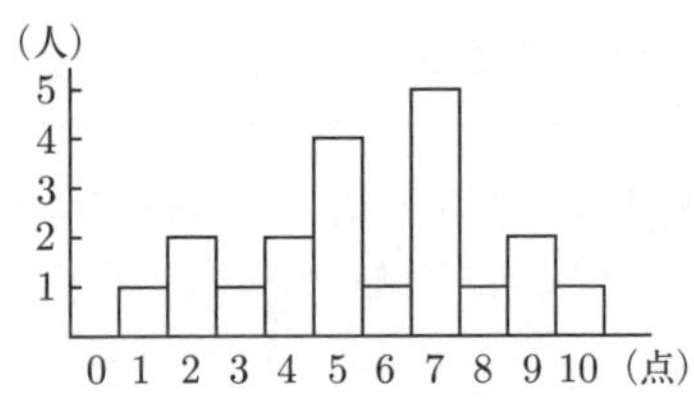

(2) 平均値は

$$\frac{1}{20}\times(1+2\times2+3+4\times2+5\times4+6+7\times5+8+9\times2+10)$$

$$=\frac{113}{20}=\mathbf{5.65}\text{ (点)}$$

データは

1，2，2，3，4 | 4，5，5，5，5 | 6，7，7，7，7 | 7，8，9，9，10

より，中央は 5 と 6 であるから，**中央値は　5.5** (点)

7 点が 5 人で一番多いので，**最頻値は　7** (点)

Assist

1° ある集団を構成する人や物の特性を数量的に表すものを**変量**，調査や実験などで得られた変量の観測値や測定値の集まりを**データ**という．データ全体の特徴を表す数値を**代表値**という (普通使われる代表値には，**2°** の 3 つがある)．データの最大値と最小値の差を**範囲**という．

2° (平均値・中央値・最頻値)

変量 x についてのデータの値が，n 個の値 x_1，x_2，$\cdots$，x_n であるとき，それらの総和を n で割ったものを，データの**平均値**といい，$\overline{x}$ で表す．つまり，$\overline{x}=\dfrac{1}{n}(x_1+x_2+\cdots+x_n)$ である．データを値の大きさの順に並べたとき，中央の位置にくる値を**中央値**または**メジアン**という (データの個数が偶数のとき，中央に 2 つの値が並ぶが，その場合は 2 つの値の平均値を中央値とする)．最も個数の多いデータの値を**最頻値**または**モード**という．

シェーマ

代表値 ≫ データ全体の特徴を適当な 1 つの数値で表すもの

復習 | 097 あるクラスの 10 人について行なわれた漢字の「読み」のテストの得点は，

67，42，59，68，49，53，77，48，A，B

であった．ただし，平均値は 58.0，最大値と最小値の差が 37 点であり，A の値は B の値より大きいものとする．

(1) A と B の値の和は何点か．

(2) A の値，B の値は何点か．

例題 098 四分位数と箱ひげ図

次のデータは，ある店で1日にメニューAを注文する人の数(月ごとの平均)を1月から12月まで並べたものである．

10，8，15，20，27，33，55，82，40，22，14，20

(1) このデータの第1四分位数，第2四分位数，四分位範囲，四分位偏差を求めよ．

(2) このデータの箱ひげ図をかけ．

 (1) このデータを小さいほうから並べると

8，10，14 | 15，20，20 ‖ 22，27，33 | 40，55，82

第1四分位数 Q_1 は(「‖」より左側の)下位のデータの中央値で **14.5**

第2四分位数は中央値で20と22の平均で **21**

また，第3四分位数 Q_3 は(「‖」より右側の)上位のデータの中央値で 36.5

よって，**四分位範囲**は $Q_3 - Q_1 = 36.5 - 14.5 = \mathbf{22.0}$

四分位偏差は $\dfrac{Q_3 - Q_1}{2} = \mathbf{11.0}$

(2) (1)より箱ひげ図は次の通り．

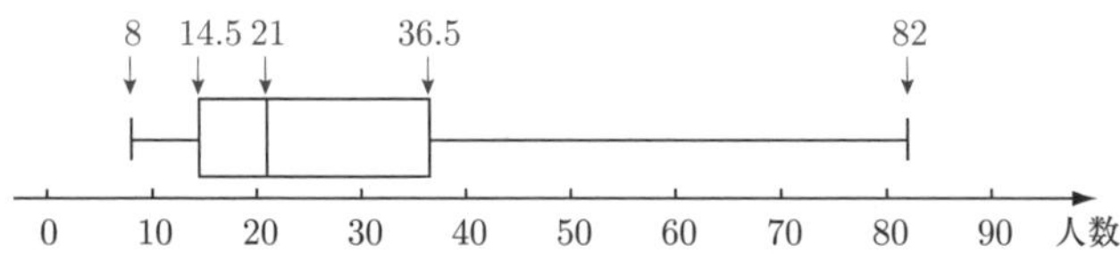

《四分位数》 データを値の大きさの順に並べて，4等分する位置にくる値を**四分位数**という．四分位数は，小さい方から**第1四分位数**，**第2四分位数**，**第3四分位数**といい，おのおの Q_1，Q_2，Q_3 で表す．また，$Q_3 - Q_1$ を**四分位範囲**といい，四分位範囲を2で割った値を**四分位偏差**という．第2四分位数は中央値である．

《箱ひげ図》 箱ひげ図は，データの最小値，第1四分位数，中央値，第3四分位数，最大値を箱と線(ひげ)で表現する図である．箱の長さは四分位範囲を表す．箱ひげ図に平均値を記入することもある．

シェーマ

第1四分位数 ⋙ 下位『半分』のデータの中央値

第3四分位数 ⋙ 上位『半分』のデータの中央値

復習 098 次のデータは，ある店の9日間にわたる1日ごとの売上高(単位は万円)である．

91，84，68，45，52，58，77，85，82

(1) このデータの第1四分位数，第2四分位数，四分位範囲，四分位偏差を求めよ．

(2) このデータの箱ひげ図をかけ．

データの分析

例題 099　分散と標準偏差

A組4人の選手とB組4人の選手の100 m走のタイムを測定した．A組4人のタイムは，それぞれ12.5，12.0，14.0，13.5(単位は秒)であった．また，B組4人のタイムは，それぞれ12.0，12.0，13.0，14.0であった．

(1)　A組の平均値と分散，標準偏差を求めよ．

(2)　B組の平均値と分散を求めよ．

ただし，小数第二位を四捨五入して答えよ．

解 (1)　A組の平均値，分散，標準偏差をおのおの $\overline{x}_A$，${s_A}^2$，s_A とすると

$$\overline{\boldsymbol{x}}_{\boldsymbol{A}} = \frac{1}{4}(12.5 + 12.0 + 14.0 + 13.5) = \frac{52}{4} = \mathbf{13.0}\ (\text{秒})$$

$$\therefore\ \ {\boldsymbol{s_A}}^{\mathbf{2}} = \frac{1}{4}\{(12.5-13)^2 + (12.0-13)^2 + (14.0-13)^2 + (13.5-13)^2\}$$

$$= \frac{2.5}{4} = 0.625 \fallingdotseq \mathbf{0.6}$$

$$\therefore\ \ \boldsymbol{s_A} = \sqrt{\frac{2.5}{4}} = \frac{\sqrt{10}}{4} \fallingdotseq \mathbf{0.8}$$

← $3.1 < \sqrt{10} < 3.2$ より $0.775 < \dfrac{\sqrt{10}}{4} < 0.8$

(2)　B組の平均値，分散をおのおの $\overline{x}_B$，${s_B}^2$ とすると

$$\overline{\boldsymbol{x}}_{\boldsymbol{B}} = \frac{1}{4}(12.0 + 12.0 + 13.0 + 14.0) = \frac{51}{4} = 12.75 \fallingdotseq \mathbf{12.8}\ (\text{秒})$$

$$\therefore\ \ {\boldsymbol{s_B}}^{\mathbf{2}} = \frac{1}{4}(12.0^2 + 12.0^2 + 13.0^2 + 14.0^2) - {\overline{x}_B}^2$$

← 下記の公式より．

$$= \frac{1}{4}(144 + 144 + 169 + 196) - 12.75^2 = 0.6875 \fallingdotseq \mathbf{0.7}$$

(注)　(1)のように定義に従って計算してもよい．

Assist

《偏差・分散・標準偏差》　変量 x についてのデータの値が，n 個の値 x_1，x_2，$\cdots$，x_n であるとき，$x_i - \overline{x}$ を x_i の平均値からの偏差という．偏差の2乗の平均値をデータの分散といい，s^2 で表す．つまり，$s^2 = \dfrac{1}{n}\{(x_1-\overline{x})^2 + (x_2-\overline{x})^2 + \cdots + (x_n-\overline{x})^2\}$ である．$\sqrt{s^2}$ をデータの標準偏差といい s で表す．これらは散らばりの度合いを表す量である．

《分散の公式》　(x の分散) = (x^2 の平均値) − (x の平均値)^2

分散・標準偏差 ⋙ データの散らばり具合を表す

復習 | 099　5人の高校生の身長を測定したデータは，174.4，168.8，172.4，173.2，177.7であった．計算を簡単にするため，仮の平均値として172.0 cmを設定し，上のデータの変量を x，$y = x - 172.0$ とする．

(1)　y の平均値，分散を求めよ．　　(2)　x の平均値，分散を求めよ．

ただし，小数第二位を四捨五入して答えよ．

例題 100　相関関係

ある年の月ごとの最低気温，最高気温をおのおのx，yとする．ただし，最低気温と最高気温は，1日の最低気温と最高気温について月ごとに平均をとったものである．変量x，yは次の通りであった．

xは -12，-9，-3，3，10，17，20，19，15，7，1，-8

yは 5，4，8，12，21，24，27，27，22，18，9，6（単位は℃）

$z=y-x$として，変量xと変量zの散布図をかけ．また，xとzの間には正，負どちらの相関関係があると考えられるか．

解 xとzを並べて書くと

x	-12,	-9,	-3,	3,	10,	17,	20,	19,	15,	7,	1,	-8
z	17,	13,	11,	9,	11,	7,	7,	8,	7,	11,	8,	14

よって，散布図は右の通り．この図より，xとzの間には**負の相関関係**がある．

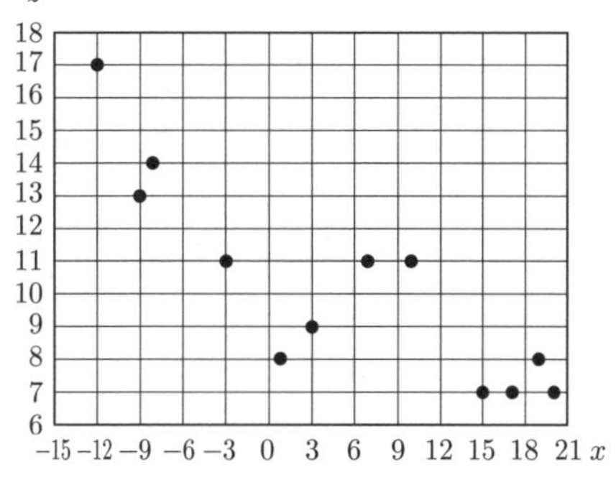

Assist

1° 2つの変量の間の関係を見やすくするために，右の図のように，値の組を座標とする点を平面上にとった図を**散布図**という．

2° 2つの変量のデータにおいて，一方が増えると他方も増える傾向が認められるとき，2つの変量の間に，**正の相関関係**があるという．逆に，一方が増えると他方が減る傾向が認められるとき，2つの変量の間に，**負の相関関係**があるという．

3° 本問の相関係数r_{xz}（**例題 101** 参照）を計算すると，およそ-0.85となる．

シェーマ

一方が増えると他方も増える ⋙ 正の相関関係

一方が増えると他方が減る ⋙ 負の相関関係

データの分析

復習 100　次のデータは，ある地域における1月から12月までの月ごとの平均気温と，ある商品の1日平均の売り上げ(個数)を表したものである(平均気温は四捨五入してある)．平均気温を変量x，売り上げを変量yとする．

気温	3	5	8	10	20	24	27	29	24	19	11	7
売り上げ	10	8	13	14	16	15	19	17	14	16	10	8

変量xとyの散布図をかけ．また，xとyの間には正，負どちらの相関関係があると考えられるか．

例題 101　共分散と相関係数

右の資料は国語と数学の小テストに関する5人の生徒の得点である．2科目の得点をそれぞれ変量 x，y とする．

生徒	A	B	C	D	E
x	3	4	5	4	4
y	7	9	10	8	6

(1)　変量 x，y の分散 ${s_x}^2$，${s_y}^2$ を求めよ．

(2)　変量 x と変量 y の共分散 s_{xy}，相関係数 r_{xy} を求めよ．

解 (1)　x の平均値 $\overline{x}$ は　$\overline{x}=\dfrac{1}{5}(3+4+5+4+4)=4$

$$\therefore\quad \boldsymbol{{s_x}^2}=\frac{1}{5}\{(3-4)^2+(4-4)^2+(5-4)^2+(4-4)^2+(4-4)^2\}=\boldsymbol{\frac{2}{5}}$$

同様に，y の平均値 $\overline{y}$ は　$\overline{y}=\dfrac{1}{5}(7+9+10+8+6)=8$

$$\therefore\quad \boldsymbol{{s_y}^2}=\frac{1}{5}\{(7-8)^2+(9-8)^2+(10-8)^2+(8-8)^2+(6-8)^2\}=\boldsymbol{2}$$

(2)

$$\boldsymbol{s_{xy}}=\frac{1}{5}\{(3-4)(7-8)+(4-4)(9-8)+(5-4)(10-8)+(4-4)(8-8)+(4-4)(6-8)\}=\boldsymbol{\frac{3}{5}}$$

← $\overline{x}=4$，$\overline{y}=8$ より．

よって，相関係数 r_{xy} は　$\boldsymbol{r_{xy}}=\dfrac{s_{xy}}{s_x s_y}=\dfrac{3}{5}\times\sqrt{\dfrac{5}{2}}\times\dfrac{1}{\sqrt{2}}=\boldsymbol{\dfrac{3\sqrt{5}}{10}}$

Assist

《共分散》 2つの変量 x，y のデータが，n 個の x，y の値の組として，$(x_1,\ y_1)$，$(x_2,\ y_2)$，$\cdots$，$(x_n,\ y_n)$ で表されているとする．また，x，y の平均値を $\overline{x}$，$\overline{y}$ とおく．このとき，$(x_i-\overline{x})(y_i-\overline{y})$ の平均値を x，y の共分散といい，s_{xy} で表す．つまり，

$s_{xy}=\dfrac{1}{n}\{(x_1-\overline{x})(y_1-\overline{y})+(x_2-\overline{x})(y_2-\overline{y})+\cdots+(x_n-\overline{x})(y_n-\overline{y})\}$ である．

《相関係数》 x，y の共分散を s_{xy}，x，y の標準偏差をおのおの s_x，s_y とする．x，y の相関係数 r_{xy} を，$r_{xy}=\dfrac{s_{xy}}{s_x s_y}$ で定義する．

シェーマ

相関係数 ⋙ 共分散を標準偏差の積で割ったもの

復習 101　2科目の小テストの得点をそれぞれ変量 x，y とする．A～Eの5人の生徒にこのテストを行った結果は，右の表の通りであった．このとき，変量 x と変量 y の共分散 s_{xy}，相関係数 r_{xy} を求めよ．

生徒	A	B	C	D	E
x	4	3	7	5	6
y	8	6	5	9	7

例題 102　仮説検定

AがBと必ず勝敗の決まるゲームを25回した．このうちAが17回勝ったが，この場合，AはBよりこのゲームに強いと判断してよいか．ただし，表と裏が出ることが同様に確からしいコインを25回投げて表が出る回数を記録することを500回行ったら次の表のようになったとして，これを用いよ．また，起こる割合が5％未満であれば，ほとんど起こりえないと判断するものとする．

回数	0〜4	5	6	7	8	9	10	11	12	13	14	15	16	17	18	19	20〜25
度数	0	2	7	7	25	27	66	85	74	64	59	42	27	12	2	1	0

解　仮説Eを「AはBよりこのゲームに強い」とし，それを否定する仮説F「AとBのゲームの強さは同等である」を考える．仮説Fを前提とすると，17回以上表が出る確率は，上の表を用いると $\dfrac{12+2+1}{500}=\dfrac{3}{100}=0.03$ より，3％である．

これは5％より小さく，ほとんど起こりえないと判断できるので，仮説Fは否定される．よって，最初の仮説E「**AはBよりこのゲームに強い**」は正しいと判断できる．

《仮説検定》　あるデータが与えられたとき，仮説を立て，それが妥当であるかを判定する統計的手法を仮説検定という．最初に立てた仮説Aを否定する仮説B(帰無仮説という)を考える．仮説Bを前提とするとき，与えられたデータが得られる確率がきわめて小さければ，仮説Bは否定され，最初の仮説A(対立仮説という)は妥当といえる．そうでなければ，結論を保留する．

仮説検定では，一般に，起こる確率が5％未満である事象を，ほとんど起こりえない事象であると考える(このようにあらかじめ基準となる確率を決めておき，起こる確率がそれより小さければ，仮説はほとんど起こりえないと判断する)．

シェーマ

仮説検定 ≫ **はじめの仮説を否定する仮説を前提として，そのデータが得られる確率を考える**

復習 102　サイコロを50回投げたところ，1の目が13回出た．このサイコロは1の目が出やすいと判断してよいか．ただし，どの目も出ることが同様に確からしいサイコロを50回投げて1の目が出る回数を記録することを800回行ったら次の表のようになったとして，これを用いよ．また，基準となる確率を5％として考察せよ．

回数	1	2	3	4	5	6	7	8	9	10	11	12	13	14	15	16	17	18〜50
度数	2	8	17	45	76	96	110	120	104	67	66	40	25	14	6	3	1	0

復習の答(結果のみ)

001

(1) $(xy-1)(x+2y)$
(2) $(4x+3)(6x-5)$
(3) $(2x-3y-1)(3x+2y+1)$
(4) $(x-1)(x-2)(x+5)(x+6)$
(5) $(x+y)(y+z)(z+x)$
(6) $(x^2+5xy-y^2)(x^2-5xy-y^2)$

002

(1) (i) 0.3125　(ii) 0.35
(iii) $0.7\dot{3}$　(iv) $0.2\dot{5}\dot{4}$
(v) $2.\dot{1}8\dot{9}$

(2) (i) $\dfrac{49}{150}$　(ii) $\dfrac{32}{33}$　(iii) $\dfrac{601}{3330}$

003

(1) 181　(2) 59　(3) 488

004

(1) (i) $2+\sqrt{14}$　(ii) $\sqrt{3}+1$
(2) $ab+b^2=11-6\sqrt{3}$
$b+\dfrac{1}{b}=4$
$b^2+\dfrac{1}{b^2}=14$

005

(1) (i) $-4<x\leqq 1$　(ii) $x=-3$
(2) $a=6$

006

(1) $\sqrt{3}-1<x<\sqrt{3}+1$
(2) $x\leqq -\dfrac{4}{3}$, $2\leqq x$
(3) $x<-1$, $2<x$

007

(1) $A\cup B=\{2,\ 3,\ 4,\ 5,\ 6,\ 7,\ 9\}$
$B=\{3,\ 4,\ 6,\ 9\}$
$A=\{2,\ 3,\ 5,\ 7\}$
(2) $A\cap B\cap C=\{x\,|\,0<x<3\}$
$A\cap(B\cup C)=\{x\,|\,-5\leqq x<3\}$

008

(1) (イ)　(2) (ウ)　(3) (エ)　(4) (ア)

009

(1) (i) 「$x<0$　かつ　$y\leqq 0$」
(ii) 「$x>0$ または
($x<0$ かつ $y\geqq 0$)」

(2) (i) 偽. 否定「ある実数 x について $(x+2)^2\leqq 0$ である」
(ii) 偽. 否定「すべての自然数 x について $2x^3-2x+1\neq 0$」

010

逆:「m と n がともに偶数ならば, $m+n$ は偶数である」 真.
裏:「$m+n$ が奇数ならば, m と n の少なくとも一方は奇数である」 真.
対偶:「m と n の少なくとも一方が奇数であれば, $m+n$ は奇数である」 偽.

011

(1) 略　(2) 略

012

$\left(-\dfrac{1}{4},\ -\dfrac{11}{4}\right)$

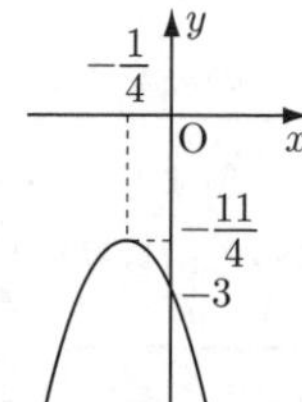

013

$y=2x^2-4x$, $(0,\ 0)$

014

(1) $y=\dfrac{11}{6}x^2-\dfrac{25}{6}x+1$
(2) $y=-3(x-1)^2+1$,
$y=-3\left(x-\dfrac{5}{3}\right)^2+\dfrac{7}{3}$
(3) $y=-\dfrac{1}{8}x^2-\dfrac{1}{2}x-\dfrac{3}{8}$

015

($-2\leqq x\leqq 2$ の場合)
最大値 $\dfrac{37}{12}$, 最小値 -21
($1\leqq x\leqq 2$ の場合)
最大値 3, 最小値 -1

016

(最大値)
$a\leqq 2$ のとき, $-a+4$
$a\geqq 2$ のとき, 2
(最小値)
$a\leqq 0$ のとき, 2

$0 \leqq a \leqq 4$ のとき，$-\dfrac{1}{8}a^2+2$

$a \geqq 4$ のとき，$-a+4$

017

（最大値）

$0 < a \leqq 2$ のとき，2

$a \geqq 2$ のとき，a^2-2a+2

（最小値）

$0 < a \leqq 1$ のとき，a^2-2a+2

$a \geqq 1$ のとき，1

018

最大値 6，最小値 -3

019

2 交点の距離が 3 のとき，$a=-\dfrac{5}{8}$

2 交点と頂点が正三角形をなすとき，$a=-1$

020

(1) $-\dfrac{4}{3} < x < 1$

(2) $x \leqq \dfrac{1-\sqrt{17}}{4}$，$\dfrac{1+\sqrt{17}}{4} \leqq x$

021

(1) 解なし

(2) すべての実数

(3) $x=\dfrac{3}{2}\sqrt{2}$

022

$a=0$ のとき，すべての実数

$0 < a \leqq 1$ のとき，$2a-1 \leqq x \leqq a$

$a > 1$ のとき，$a \leqq x \leqq 2a-1$

$a < 0$ のとき，$x \leqq 2a-1$，$a \leqq x$

023

(1) $a > \dfrac{5}{6}$

(2) $\dfrac{1+\sqrt{5}}{4} \leqq a < 1$

(3) $\dfrac{1+\sqrt{5}}{4} \leqq a \leqq \dfrac{5}{6}$

024

$a < \dfrac{1}{3}$

025

$a \leqq -\dfrac{1}{4}$

026

$a < 0$

027

$0 < a < \dfrac{1}{5}$，$2 < a$

028

$a=-3$，-17

029

最大値 6，最小値 4

030

(1) -54　(2) -6

031

最大値 1，最小値 $-\dfrac{5}{3}$

032

$$\begin{cases} a<-4 \text{ のとき} & 0\text{ 個} \\ a=-4 \text{ のとき} & 1\text{ 個} \\ -4<a<4,\ 5<a \text{ のとき} & 2\text{ 個} \\ a=4,\ 5 \text{ のとき} & 3\text{ 個} \\ 4<a<5 \text{ のとき} & 4\text{ 個} \end{cases}$$

033

(1) $\sin\theta=\dfrac{3}{5}$，$\tan\theta=-\dfrac{3}{4}$

(2) $\cos\theta=\dfrac{1}{\sqrt{5}}$，$\sin\theta=\dfrac{2}{\sqrt{5}}$

034

(1) $\dfrac{4}{9}$　(2) $\dfrac{13}{27}$　(3) $\dfrac{101}{243}$

035

(1) $\theta=120°$

(2) $0° \leqq \theta \leqq 45°$，$135° \leqq \theta \leqq 180°$

(3) $0° \leqq \theta \leqq 150°$

(4) $0° \leqq \theta < 45°$，$120° \leqq \theta \leqq 180°$

036

(1) (i) 1　(ii) 2

(2) (i) $0° \leqq \theta \leqq 50°$

(ii) $0° \leqq \theta < 40°$，$90° < \theta \leqq 180°$

037

(1) $\theta=0°$，$60°$

(2) $-6 \leqq a \leqq \dfrac{1}{8}$

038

(1) $b=\sqrt{6}$　(2) $b=2\sqrt{5}$

(3) $\angle A=120°$

039

$AB=66$，$AC=104$，$R=65$，$r=12$

040

(1) $\angle B=90°$ または $\angle C=90°$ の直角三角形

(2) $a=b$ の二等辺三角形
または $\angle C=90^\circ$ の直角三角形

041

(1) 3 (2) $\dfrac{2\sqrt{15}}{5}$ (3) 6

(4) 12 (5) $2(\sqrt{6}+\sqrt{3})$

042

$\dfrac{a\sin\beta\tan\theta}{\sin(\alpha+\beta)}$

043

$V=\dfrac{16\sqrt{5}}{3}$

044

(1) 500(個) (2) 167(個)

045

(1) 72(個) (2) 48360

(3) 48(個)

046

(1) 4536(個) (2) 952(個)

(3) 1736(個)

047

(1) 40320(通り) (2) 2880(通り)

(3) 2880(通り)

048

(1) 720(通り) (2) 360(通り)

(3) 10080(通り)

049

(1) 35(通り) (2) 2925(通り)

(3) 477(通り) (4) 1546(通り)

050

(1) 280(通り) (2) 105(通り)

(3) 280(通り)

051

(1) 60(個) (2) 10(個)

052

(1) 254(通り) (2) 5796(通り)

053

(1) 1001(通り) (2) 126(通り)

054

(1) 126(通り)

(2) $\dfrac{(n+2)(n+1)}{2}$(種類)

055

(1) 840(通り) (2) 35(通り)

(3) 210(通り)

056

(1) 210(通り) (2) 120(通り)

(3) 55(通り)

057

(1) 220(通り) (2) 52(通り)

(3) 120(通り)

058

(1) 3360(通り) (2) 4200(通り)

059

(1) $\dfrac{1}{36}$ (2) $\dfrac{7}{8}$

060

(1) $\dfrac{1}{3}$ (2) $\dfrac{2}{7}$ (3) $\dfrac{37}{42}$

061

(1) $P(A)=\dfrac{1}{9}$ (2) $P(A\cap B)=\dfrac{1}{36}$

(3) $P(A\cup B)=\dfrac{11}{36}$

062

$\dfrac{512}{2187}$

063

(1) $\dfrac{1}{2}$ (2) $\dfrac{5}{16}$ (3) $\dfrac{3}{16}$

064

(1) $\dfrac{15}{64}$ (2) $\dfrac{21}{128}$

065

(1) $\dfrac{5^n-4^n}{6^n}$

(2) $\dfrac{n(n-1)(5^{n-2}-4^{n-2})}{2\cdot 6^n}$

066

(1) $15p^4(1-p)^2$

(2) $p^5(15p^2-35p+21)$

067

(1) $\dfrac{10}{81}$ (2) $\dfrac{17}{27}$

068

$\dfrac{2}{81}$

069

$n=8$

070

$\dfrac{1}{22}$

071

(1) $\dfrac{11}{84}$　(2) $\dfrac{8}{11}$

072

(1) $1 \leqq k \leqq 4$　(2) $\dfrac{833}{360}$

073

(1) 最大公約数 15，最小公倍数 12600

(2) 51 と 68

074

(1) 略　(2) 略

075

(1) 4

(2) n を 4 で割った余りが 3

076

(1) (i) 略　(ii) 略

(2) $n = 3$

077

略

078

62(個)

079

17

080

(1) 32

(2) $x = 30n - 7,\ y = -17n + 4$

(n は整数)

081

(1) $(x,\ y) = (2,\ 1),\ (0,\ -7),\ (3,\ -1),\ (-1,\ -5),\ (5,\ -2),\ (-3,\ -4)$

(2) $(x,\ y) = (-1,\ 0),\ (-2,\ -1)$

(3) $(x,\ y) = (\pm 5,\ 0),\ (\pm 3,\ \pm 2)$

(複号任意)

(4) $(x,\ y) = (3,\ 2),\ (4,\ 3)$

082

(1) 3　(2) 9　(3) 略

083

(1) 46　(2) $11010_{(3)}$　(3) $\dfrac{208}{27}$

(4) $4302_{(5)} + 2433_{(5)} = 12240_{(5)}$

$314_{(5)} \times 243_{(5)} = 144012_{(5)}$

084

$\mathrm{PQ} = \dfrac{5}{3}$

085

AI : ID = 2 : 1

086

$\mathrm{AF} = \dfrac{36}{7}$

087

略

088

$120°$

089

(1) $\theta = 15°$　(2) $\theta = 20°$

090

$\mathrm{BC} = 42$

091

略

092

略

093

(1) $\cos\theta = \dfrac{1}{\sqrt{3}}$　(2) $\dfrac{\sqrt{6}}{3}$

094

$\dfrac{\sqrt{6}}{216}\pi$

095

(1) $\theta = 60°$　(2) $\cos\phi = \dfrac{5}{13}$

096

20

097

(1) 117(点)

(2) A = 77(点)，B = 40(点)

098

(1) 第 1 四分位数 55，第 2 四分位数 77，四分位範囲 29.5，四分位偏差 14.75

(2)

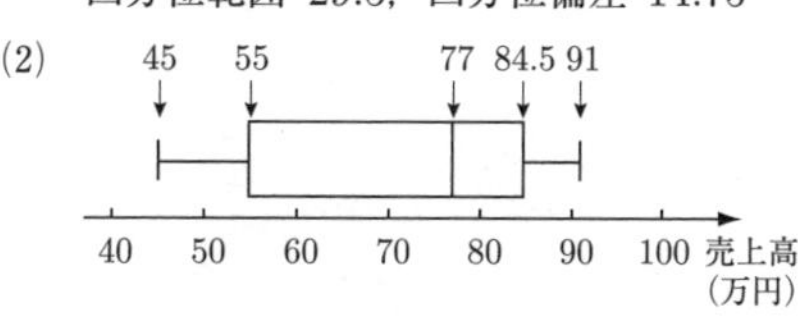

099

(1) y の平均値 1.3，y の分散 8.3

(2) x の平均値 173.3，x の分散 8.3

100

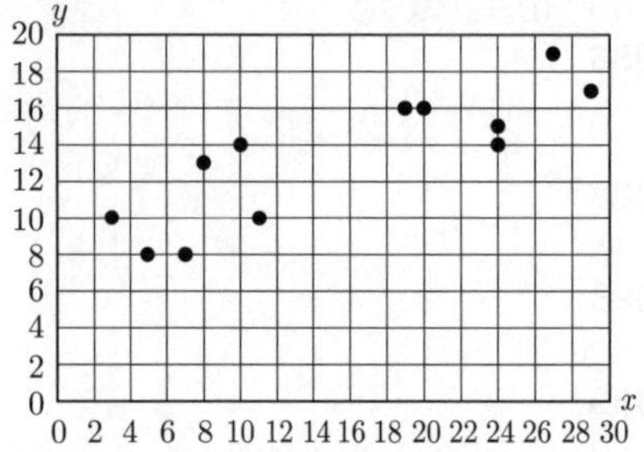

x と y の間には正の相関関係がある.

101

$s_{xy} = -\dfrac{3}{5}$, $r_{xy} = -\dfrac{3}{10}$

102

「このサイコロは1の目が出やすい」とは判断できない.

自己チェック表

問題	1回目	2回目	3回目	問題	1回目	2回目	3回目
001				027			
002				028			
003				029			
004				030			
005				031			
006				032			
007				033			
008				034			
009				035			
010				036			
011				037			
012				038			
013				039			
014				040			
015				041			
016				042			
017				043			
018				044			
019				045			
020				046			
021				047			
022				048			
023				049			
024				050			
025				051			
026				052			

問題	1回目	2回目	3回目	問題	1回目	2回目	3回目
053				078			
054				079			
055				080			
056				081			
057				082			
058				083			
059				084			
060				085			
061				086			
062				087			
063				088			
064				089			
065				090			
066				091			
067				092			
068				093			
069				094			
070				095			
071				096			
072				097			
073				098			
074				099			
075				100			
076				101			
077				102			

数学Ⅰ・A　BASIC 102〈改訂版〉

著　　者	桐山宣雄
	小寺智也
	手島史夫
発行者	山﨑良子
印刷・製本	日経印刷株式会社
発行所	駿台文庫株式会社

〒101-0062　東京都千代田区神田駿河台1-7-4
小畑ビル内
TEL. 編集　03(5259)3302
販売　03(5259)3301
《改①－152pp.》

ISBN978－4－7961－1355－7　Printed in Japan

駿台文庫 Web サイト
https://www.sundaibunko.jp

駿台受験シリーズ

数学I・A BASIC 102

改訂版

復習の答

§1 数と式

001

(1) $(与式)=(x^2y-x)+(2xy^2-2y)$
$$=x(xy-1)+2y(xy-1)$$
$$=\boldsymbol{(xy-1)(x+2y)}$$

(2) $(与式)=\boldsymbol{(4x+3)(6x-5)}$

(3) $(与式)=6x^2-(5y+1)x-(6y^2+5y+1)$
$$=6x^2-(5y+1)x-(2y+1)(3y+1)$$
$$=\{2x-(3y+1)\}\{3x+(2y+1)\}$$
$$=\boldsymbol{(2x-3y-1)(3x+2y+1)}$$

(4) $(与式)=(x^2+4x-21)(x^2+4x+4)+144$
$$=(x^2+4x)^2-17(x^2+4x)+60$$
$$=(x^2+4x-5)(x^2+4x-12)$$
$$=\boldsymbol{(x-1)(x-2)(x+5)(x+6)}$$

(5) $(与式)=x(y-z)^2+y(z^2-2zx+x^2)$
$$\quad +z(x^2-2xy+y^2)+8xyz$$
$$=(y+z)x^2+\{(y-z)^2-2yz$$
$$\quad -2yz+8yz\}x+(yz^2+y^2z)$$
$$=(y+z)x^2+(y+z)^2x+yz(y+z)$$
$$=(y+z)\{x^2+(y+z)x+yz\}$$
$$=(y+z)(x+y)(x+z)$$
$$=\boldsymbol{(x+y)(y+z)(z+x)}$$

(6) $(与式)=(x^4-2x^2y^2+y^4)-25x^2y^2$
$$=(x^2-y^2)^2-(5xy)^2$$
$$=(x^2-y^2+5xy)(x^2-y^2-5xy)$$
$$=\boldsymbol{(x^2+5xy-y^2)(x^2-5xy-y^2)}$$

002

(1) (i) $\dfrac{5}{16}=\mathbf{0.3125}$ (ii) $\dfrac{7}{20}=\mathbf{0.35}$

(iii) $\dfrac{22}{30}=\mathbf{0.7\dot{3}}$ (iv) $\dfrac{14}{55}=\mathbf{0.2\dot{5}\dot{4}}$

(v) $\dfrac{81}{37}=\mathbf{2.\dot{1}8\dot{9}}$

(2) (i) $r=0.32\dot{6}$ とおくと $10r=3.2\dot{6}$ であるから
$$\begin{cases}10r=3.26666\cdots\\ \quad r=0.32666\cdots\end{cases}$$
よって
$$10r-r=2.94$$
$$\therefore\quad 9r=2.94 \qquad \therefore\quad r=\frac{294}{900}=\mathbf{\frac{49}{150}}$$

(ii) $r=0.\dot{9}\dot{6}$ とおくと $100r=96.\dot{9}\dot{6}$ であるから
$$100r-r=96.\dot{9}\dot{6}-0.\dot{9}\dot{6}=96$$
$$\therefore\quad 99r=96 \qquad \therefore\quad r=\frac{96}{99}=\mathbf{\frac{32}{33}}$$

(iii) $r=0.1\dot{8}0\dot{4}$ とおくと $1000r=180.4\dot{8}0\dot{4}$ であるから
$$1000r-r=180.4\dot{8}0\dot{4}-0.1\dot{8}0\dot{4}$$
$$=180.3$$
$$\therefore\quad 999r=180.3$$
$$\therefore\quad r=\frac{1803}{9990}=\mathbf{\frac{601}{3330}}$$

003

$$x+y=\frac{\sqrt{5}-\sqrt{3}}{\sqrt{5}+\sqrt{3}}+\frac{\sqrt{5}+\sqrt{3}}{\sqrt{5}-\sqrt{3}}$$
$$=\frac{(\sqrt{5}-\sqrt{3})^2+(\sqrt{5}+\sqrt{3})^2}{(\sqrt{5}+\sqrt{3})(\sqrt{5}-\sqrt{3})}$$
$$=8$$
$$xy=\frac{\sqrt{5}-\sqrt{3}}{\sqrt{5}+\sqrt{3}}\cdot\frac{\sqrt{5}+\sqrt{3}}{\sqrt{5}-\sqrt{3}}=1$$

(1) $(与式)=3\{(x+y)^2-2xy\}-5xy$
$$=3(x+y)^2-11xy$$
$$=3\cdot 8^2-11\cdot 1=192-11$$
$$=\mathbf{181}$$

(2) $(与式)=x^2-4+xy+y^2$
$$=(x+y)^2-xy-4$$
$$=8^2-1-4=\mathbf{59}$$

(3) $(与式)=\dfrac{x^3+y^3}{xy}$

ここで
$$x^3+y^3=(x+y)^3-3xy(x+y)$$
$$=8^3-3\cdot 1\cdot 8=8(64-3)$$
$$=488$$
よって $(与式)=\dfrac{488}{1}=\mathbf{488}$

004

(1) (i) $\dfrac{\sqrt{2}+\sqrt{5}+\sqrt{7}}{\sqrt{2}+\sqrt{5}-\sqrt{7}}$
$$=\frac{(\sqrt{2}+\sqrt{5}+\sqrt{7})(\sqrt{2}+\sqrt{5}+\sqrt{7})}{(\sqrt{2}+\sqrt{5}-\sqrt{7})(\sqrt{2}+\sqrt{5}+\sqrt{7})}$$
$$=\frac{(\sqrt{2}+\sqrt{5}+\sqrt{7})^2}{(\sqrt{2}+\sqrt{5})^2-(\sqrt{7})^2}$$
$$=\frac{(\sqrt{2}+\sqrt{5}+\sqrt{7})^2}{2\sqrt{10}}$$
$$\frac{\sqrt{2}-\sqrt{5}+\sqrt{7}}{\sqrt{2}-\sqrt{5}-\sqrt{7}}$$

$$= \frac{(\sqrt{2}-\sqrt{5}+\sqrt{7})(\sqrt{2}-\sqrt{5}+\sqrt{7})}{(\sqrt{2}-\sqrt{5}-\sqrt{7})(\sqrt{2}-\sqrt{5}+\sqrt{7})}$$

$$= \frac{(\sqrt{2}-\sqrt{5}+\sqrt{7})^2}{(\sqrt{2}-\sqrt{5})^2-(\sqrt{7})^2}$$

$$= \frac{(\sqrt{2}-\sqrt{5}+\sqrt{7})^2}{-2\sqrt{10}}$$

(このあと $A^2-B^2=(A+B)(A-B)$ が使えるため，(分子)は「これ以上」計算しないほうがよい)

よって

$$(\text{与式}) = \frac{(\sqrt{2}+\sqrt{5}+\sqrt{7})^2-(\sqrt{2}-\sqrt{5}+\sqrt{7})^2}{2\sqrt{10}}$$

このとき

$$(\text{分子}) = \{(\sqrt{2}+\sqrt{5}+\sqrt{7})+(\sqrt{2}-\sqrt{5}+\sqrt{7})\}\{(\sqrt{2}+\sqrt{5}+\sqrt{7})-(\sqrt{2}-\sqrt{5}+\sqrt{7})\}$$

$$= 2(\sqrt{2}+\sqrt{7})\cdot 2\sqrt{5}$$

よって

$$(\text{与式}) = \frac{2(\sqrt{2}+\sqrt{7})\cdot 2\sqrt{5}}{2\sqrt{10}}$$

$$= \mathbf{2+\sqrt{14}}$$

(ii) $\sqrt{13-\sqrt{48}} = \sqrt{13-2\sqrt{12}}$

$$= \sqrt{(12+1)-2\sqrt{12\cdot 1}}$$

$$= \sqrt{(\sqrt{12}-1)^2}$$

$$= \sqrt{12}-1 = 2\sqrt{3}-1$$

であるから

$$(\text{与式}) = \sqrt{5+2\sqrt{3}-1} = \sqrt{4+2\sqrt{3}}$$

$$= \sqrt{(3+1)+2\sqrt{3\cdot 1}}$$

$$= \sqrt{(\sqrt{3}+1)^2} = \mathbf{\sqrt{3}+1}$$

(2) $\sqrt{19-8\sqrt{3}} = \sqrt{19-2\sqrt{4\cdot 4\cdot 3}}$

$$= \sqrt{(16+3)-2\sqrt{16\cdot 3}}$$

$$= \sqrt{(4-\sqrt{3})^2} = 4-\sqrt{3}$$

$1<\sqrt{3}<2$ であるから

$$-2<-\sqrt{3}<-1$$

$\therefore\ 2<4-\sqrt{3}<3$

よって

$$a=2,\ b=4-\sqrt{3}-2=2-\sqrt{3}$$

$\therefore\ \boldsymbol{ab+b^2} = b(a+b)$

$$= (2-\sqrt{3})(4-\sqrt{3})$$

$$= \mathbf{11-6\sqrt{3}}$$

また

$$\frac{1}{b} = \frac{1}{2-\sqrt{3}} = \frac{2+\sqrt{3}}{(2-\sqrt{3})(2+\sqrt{3})}$$

$$= 2+\sqrt{3}$$

であるから

$$\boldsymbol{b+\frac{1}{b}} = (2-\sqrt{3})+(2+\sqrt{3}) = \mathbf{4}$$

このとき

$$\boldsymbol{b^2+\frac{1}{b^2}} = \left(b+\frac{1}{b}\right)^2-2b\cdot\frac{1}{b}$$

$$= 4^2-2 = \mathbf{14}$$

005

(1) (i) 与式より

$$\begin{cases} 2x-1 \leqq \dfrac{2x+3}{5} & \cdots\cdots ① \\ \dfrac{2x+3}{5} < \dfrac{x+2}{2} & \cdots\cdots ② \end{cases}$$

①より　$5(2x-1) \leqq 2x+3$

$\therefore\ x \leqq 1$　……①′

②より　$2(2x+3) < 5(x+2)$

$\therefore\ x > -4$　……②′

①′と②′の共通範囲を求めて

$\boldsymbol{-4 < x \leqq 1}$

(ii) $5x-8 \geqq 7x-2$ より

$x \leqq -3$　……①

$2x+6 \leqq 3x+9$ より

$x \geqq -3$　……②

①と②の共通範囲は　$\boldsymbol{x=-3}$

(2) $a(x+9) < 3a^2$　……①

$x \geqq a$　……②

①は $a=0$ のとき成り立たないので $a>0$ または $a<0$ である.

(ア) $a<0$ のとき

① $\iff x+9>3a$

$\iff x>3a-9$　……①′

このとき①′と②をともにみたす整数は無数にあるので不適である.

(イ) $a>0$ のとき

① $\iff x+9<3a$

$\iff x<3a-9$　……①″

①″かつ②は

$a \leqq x < 3a-9$

よって，①″と②をともにみたす整数がちょうど3個あるとき，（a は整数なので）それは $x=a,\ a+1,\ a+2$ であるから，求める a の条件は

$a+2 < 3a-9 \leqq a+3$

$\therefore\ \dfrac{11}{2} < a \leqq 6$

$\therefore\ \boldsymbol{a=6}$

006

(1) 与式より $\sqrt{(x-\sqrt{3})^2} < 1$ で

$|x-\sqrt{3}| < 1$

$\therefore\ -1 < x-\sqrt{3} < 1$

$\therefore\ \boldsymbol{\sqrt{3}-1 < x < \sqrt{3}+1}$

(2) $|2x+1| \geqq x+3$ ……①

(i) $x \geqq -\dfrac{1}{2}$ のとき

①は $2x+1 \geqq x+3$ $\therefore\ x \geqq 2$

これと $x \geqq -\dfrac{1}{2}$ との共通範囲は

$x \geqq 2$ ……②

(ii) $x < -\dfrac{1}{2}$ のとき

①は $-(2x+1) \geqq x+3$

$\therefore\ -2x-1 \geqq x+3$

$\therefore\ x \leqq -\dfrac{4}{3}$

これと $x < -\dfrac{1}{2}$ との共通範囲は

$x \leqq -\dfrac{4}{3}$ ……③

②と③の範囲を合わせて

$\boldsymbol{x \leqq -\dfrac{4}{3},\ 2 \leqq x}$

(3) $|x+2|-|2x-1| < x-1$ ……①

(i) $x \leqq -2$ のとき

①は $-(x+2)-\{-(2x-1)\} < x-1$

$\therefore\ x-3 < x-1$ $\therefore\ -3 < -1$

となり，$x \leqq -2$ ……② をみたすすべての x で成り立つ．

(ii) $-2 < x < \dfrac{1}{2}$ のとき

①は $(x+2)-\{-(2x-1)\} < x-1$

$\therefore\ 3x+1 < x-1$

$\therefore\ x < -1$

これと $-2 < x < \dfrac{1}{2}$ との共通範囲は

$-2 < x < -1$ ……③

(iii) $x \geqq \dfrac{1}{2}$ のとき

①は $(x+2)-(2x-1) < x-1$

$\therefore\ -x+3 < x-1$

$\therefore\ x > 2$

これと $x \geqq \dfrac{1}{2}$ との共通範囲は

$x > 2$ ……④

②，③と④の範囲を合わせて

$\boldsymbol{x < -1,\ 2 < x}$

§2 集合と命題

007

(1) 与えられた条件より図に要素を書き込むと下の通り．

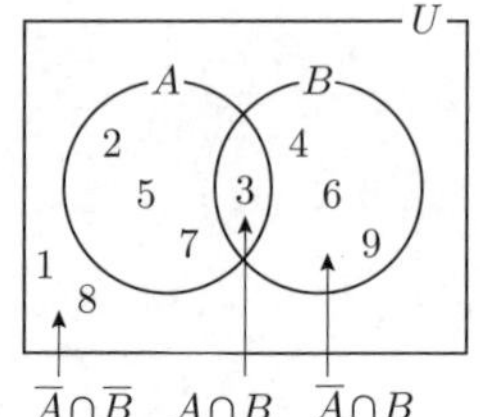

よって

$\boldsymbol{A \cup B = \{2,\ 3,\ 4,\ 5,\ 6,\ 7,\ 9\}}$ ……①

$\boldsymbol{B = \{3,\ 4,\ 6,\ 9\}}$ ……②

①と②と $A \cap B = \{3\}$ より

$\boldsymbol{A = \{2,\ 3,\ 5,\ 7\}}$

(注) 集合を計算で求めると次のようになる．

ド・モルガンの法則より

$\overline{(\overline{A}\cap\overline{B})} = \overline{\overline{A}} \cup \overline{\overline{B}} = A \cup B$ が成り立ち

$A \cup B = \overline{(\overline{A}\cap\overline{B})} = \overline{\{1,\ 8\}}$

$= \{2,\ 3,\ 4,\ 5,\ 6,\ 7,\ 9\}$ ……①

また $A \cap B$ と $\overline{A} \cap B$ の共通部分は空集合で

$B = (A \cap B) \cup (\overline{A} \cap B)$

$= \{3\} \cup \{4,\ 6,\ 9\}$

$= \{3,\ 4,\ 6,\ 9\}$ ……②

①と②と $A \cap B = \{3\}$ より

$A = \{2,\ 3,\ 5,\ 7\}$

(2)

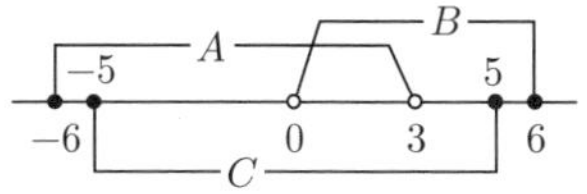

$$-6 \quad -5 \quad 0 \quad 3 \quad 5 \quad 6$$

$$\boldsymbol{A \cap B \cap C = \{x \mid 0 < x < 3\}}$$

また，$B \cup C = \{x \mid -5 \leqq x \leqq 6\}$ より

$$\boldsymbol{A \cap (B \cup C) = \{x \mid -5 \leqq x < 3\}}$$

008

(1) $x \geqq 1 \iff x > 1$ または $x = 1$ であるから

$$x > 1 \Longrightarrow x \geqq 1,\ x \geqq 1 \not\Longrightarrow x > 1$$

よって，$x \geqq 1$ は $x > 1$ であるための**必要条件であるが十分条件ではない．** (イ)

(2) $xy > 0 \iff (x > 0$ かつ $y > 0)$ または $(x < 0$ かつ $y < 0)$ であるから

$$x > 0 \text{ かつ } y > 0 \Longrightarrow xy > 0,$$
$$xy > 0 \not\Longrightarrow x > 0 \text{ かつ } y > 0$$

よって，$x > 0$ かつ $y > 0$ は $xy > 0$ であるための**十分条件であるが必要条件ではない．** (ウ)

(3) 「x と y が負」で $x < y$ をみたすときは，$x^2 < y^2$ をみたさない．
「x が正，y が負」で $x^2 < y^2$ をみたすときは，$x < y$ をみたさない．
よって

$$x < y \not\Longrightarrow x^2 < y^2,$$
$$x^2 < y^2 \not\Longrightarrow x < y$$

であるから，$x < y$ は $x^2 < y^2$ であるための**必要条件でも十分条件でもない．** (エ)

(4)
$$|x| + |y| = |x + y|$$
$$\iff (|x| + |y|)^2 = |x + y|^2$$
$$\iff |x|^2 + 2|x||y| + |y|^2 = (x + y)^2$$
$$\iff x^2 + 2|xy| + y^2 = x^2 + 2xy + y^2$$
$$\iff |xy| = xy$$
$$\iff xy \geqq 0$$

よって

$$|x| + |y| = |x + y| \iff xy \geqq 0$$

であるから，$|x| + |y| = |x + y|$ は $xy \geqq 0$ であるための**必要十分条件である．** (ア)

009

(1) (i) 「$\boldsymbol{x < 0}$ **かつ** $\boldsymbol{y \leqq 0}$」

(ii) 「$(x \geqq 0$ または $y \geqq 0)$ かつ $x \neq 0$」
よって
「$\boldsymbol{x > 0}$ **または**
$(\boldsymbol{x < 0}$ **かつ** $\boldsymbol{y \geqq 0})$」

(2) (i) $x = -2$ のとき成り立たないので，偽．
否定は「**ある実数** $\boldsymbol{x}$ **について**
$\boldsymbol{(x + 2)^2 \leqq 0}$ **である**」．

(ii) どんな自然数 x に対しても $2x^3$，$2x$ は偶数なので $2x^3 - 2x + 1$ は奇数である．
よって　$2x^3 - 2x + 1 \neq 0$
したがって，偽．否定は「**すべての自然数** $\boldsymbol{x}$ **について** $\boldsymbol{2x^3 - 2x + 1 \neq 0}$」．

010

逆は，「$\boldsymbol{m}$ **と** $\boldsymbol{n}$ **がともに偶数ならば，**$\boldsymbol{m + n}$ **は偶数である**」これは真である．
裏は，「$\boldsymbol{m + n}$ **が奇数ならば，**$\boldsymbol{m}$ **と** $\boldsymbol{n}$ **の少なくとも一方は奇数である**」これは真である．
対偶は，「$\boldsymbol{m}$ **と** $\boldsymbol{n}$ **の少なくとも一方が奇数であれば，**$\boldsymbol{m + n}$ **は奇数である**」これは偽である．反例は，m と n がともに奇数のとき(このとき $m + n$ は偶数である)．

011

(1) $\sqrt{6}$ が有理数であるとすると，$\sqrt{6} = \dfrac{q}{p}$
(p と q は自然数で最大公約数が 1)と表される．このとき両辺を 2 乗して分母を払うと

$$6p^2 = q^2 \quad \cdots\cdots①$$

よって，q^2 が 2 で割り切れる．このとき，2 は素数なので q が 2 で割り切れる．そこで $q = 2q'$ (q' は自然数)と表せて，①に代入すると

$$6p^2 = 4q'^2 \qquad \therefore \quad 3p^2 = 2q'^2$$

よって，p^2 が 2 で割り切れる．このとき上と同様に，p が 2 で割り切れる．しかし，このとき p と q の最大公約数が 1 という仮定に反する．よって，$\sqrt{6}$ は無理数である．終

(2) $\sqrt{3} - \sqrt{2}$ が有理数であるとすると，
$\sqrt{3} - \sqrt{2} = r$ (r は有理数)と表される．両辺を 2 乗して

$$3 - 2\sqrt{6} + 2 = r^2 \qquad \therefore \quad \sqrt{6} = \frac{5 - r^2}{2}$$

であるから，$\sqrt{6}$ が有理数となり，(1)での結論に反する．よって，$\sqrt{3} - \sqrt{2}$ は無理数である．終

§3 2次関数

012

$$\begin{aligned} y &= -4x^2-2x-3 \\ &= -4\left(x^2+\frac{1}{2}x\right)-3 \\ &= -4\left(x+\frac{1}{4}\right)^2+\frac{1}{4}-3 \\ &= -4\left(x+\frac{1}{4}\right)^2-\frac{11}{4} \end{aligned}$$

頂点の座標は $\left(-\mathbf{\frac{1}{4}},\ -\mathbf{\frac{11}{4}}\right)$ であり，グラフは $y=-4x^2$ のグラフを

x 軸方向に $-\frac{1}{4}$，y 軸方向に $-\frac{11}{4}$

だけ平行移動したものである．

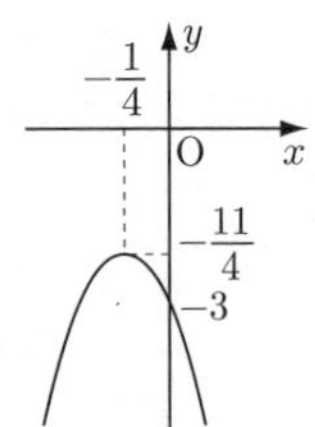

013

放物線 $y=-2x^2$ を x 軸方向に -1，y 軸方向に2だけ平行移動し，原点に関して対称に移動すると，頂点と x^2 の係数は

頂点：$(0,\ 0)\ \rightarrow\ (-1,\ 2)\ \rightarrow\ (1,\ -2)$

x^2 の係数：　$-2\ \rightarrow\ -2\ \rightarrow\ 2$

と変化するので，求める放物線の頂点は $(1,\ -2)$，x^2 の係数は2である．

よって　$y=2(x-1)^2-2$

$\therefore\ \ \boldsymbol{y=2x^2-4x}$

また，$x=0$ (y 軸) とおくと，$y=0$ であるから，y 軸との交点は　**(0, 0)**

014

(1)　2次関数を $y=ax^2+bx+c$ と表すと，3点 $(0,\ 1)$，$(2,\ 0)$，$(3,\ 5)$ を通るので

$$\begin{cases} 1=c \\ 0=4a+2b+c \\ 5=9a+3b+c \end{cases} \quad \therefore \quad \begin{cases} 2a+b=-\frac{1}{2} \\ 3a+b=\frac{4}{3} \\ c=1 \end{cases}$$

$\therefore\ \ a=\frac{11}{6},\ b=-\frac{25}{6},\ c=1$

よって　$\boldsymbol{y=\frac{11}{6}x^2-\frac{25}{6}x+1}$

(2)　頂点が $y=2x-1$ 上にあるので，頂点を $(t,\ 2t-1)$ と表すことができる．また，放物線 $y=-3x^2+2x$ を平行移動したものであるから，x^2 の係数は -3 である．よって，求める放物線の式は

$y=-3(x-t)^2+2t-1$　……①

と表される．さらに，点 $(1,\ 1)$ を通るので

$1=-3(1-t)^2+2t-1$

$\therefore\ \ 3t^2-8t+5=0$

$\therefore\ \ (t-1)(3t-5)=0$

$\therefore\ \ t=1,\ \frac{5}{3}$

①に代入して

$\boldsymbol{y=-3(x-1)^2+1}$，

$\boldsymbol{y=-3\left(x-\frac{5}{3}\right)^2+\frac{7}{3}}$

(3)　x 軸上の2点 $(-1,\ 0)$，$(-3,\ 0)$ を通るので，2次関数を $y=a(x+1)(x+3)$ と表せる．さらに，点 $(1,\ -1)$ を通るので

$-1=8a\qquad \therefore\ \ a=-\frac{1}{8}$

よって　$y=-\frac{1}{8}(x+1)(x+3)$

$\therefore\ \ \boldsymbol{y=-\frac{1}{8}x^2-\frac{1}{2}x-\frac{3}{8}}$

015

$y=-3x^2+5x+1$

$\therefore\ \ y=-3\left(x-\frac{5}{6}\right)^2+\frac{37}{12}$

よって，このグラフは頂点が $\left(\frac{5}{6},\ \frac{37}{12}\right)$ であり，$y=-3x^2$ を平行移動したものである．

$(-2\leqq x\leqq 2$ の場合)

$x=\frac{5}{6}$ のとき

yの最大値　$\boldsymbol{\frac{37}{12}}$

$x=-2$ のとき

yの最小値　$\boldsymbol{-21}$

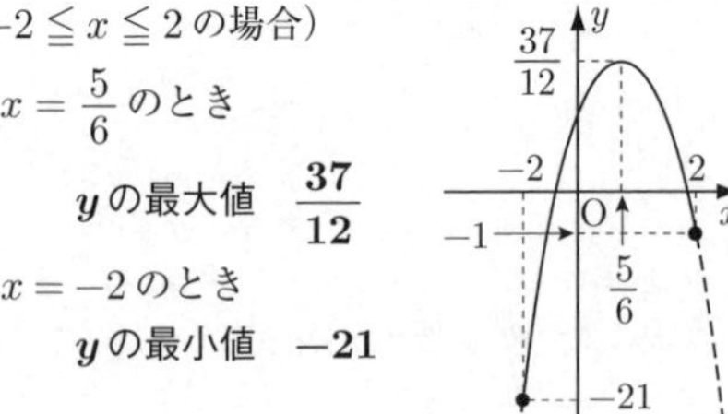

（$1 \leqq x \leqq 2$ の場合）

$x=1$ のとき

y の最大値　3

$x=2$ のとき

y の最小値　-1

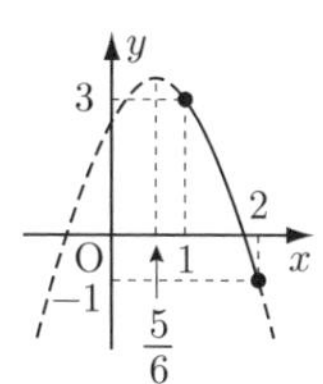

016

$$y = 2x^2 - ax + 2$$
$$= 2\left(x - \frac{a}{4}\right)^2 - \frac{1}{8}a^2 + 2$$

より，軸は　$x = \frac{a}{4}$

（最大値）

(i)　$a \leqq 2 \left(\therefore\ \frac{a}{4} \leqq \frac{1}{2}\right)$ のとき，$x=1$ で

y の最大値　$-a+4$

(ii)　$a \geqq 2 \left(\therefore\ \frac{a}{4} \geqq \frac{1}{2}\right)$ のとき，$x=0$ で

y の最大値　2

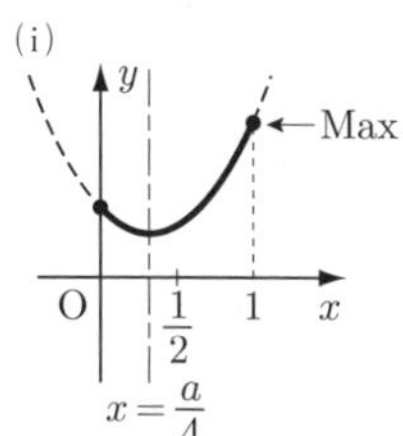

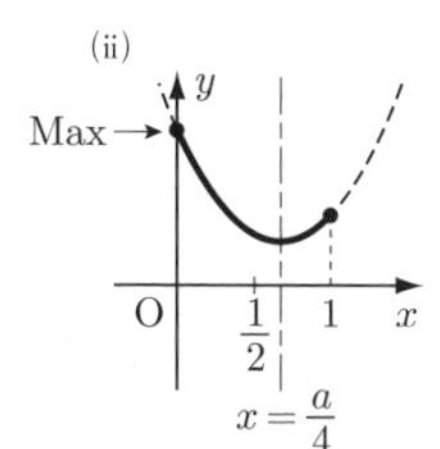

（最小値）

(i)　$a \leqq 0 \left(\therefore\ \frac{a}{4} \leqq 0\right)$ のとき，$x=0$ で

y の最小値　2

(ii)　$0 \leqq a \leqq 4 \left(\therefore\ 0 \leqq \frac{a}{4} \leqq 1\right)$ のとき，

$x = \frac{a}{4}$ で

y の最小値　$-\frac{1}{8}a^2 + 2$

(iii)　$a \geqq 4 \left(\therefore\ \frac{a}{4} \geqq 1\right)$ のとき，$x=1$ で

y の最小値　$-a+4$

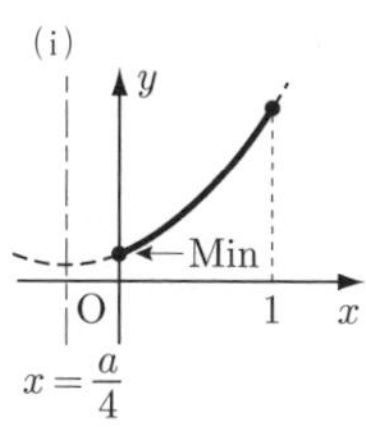

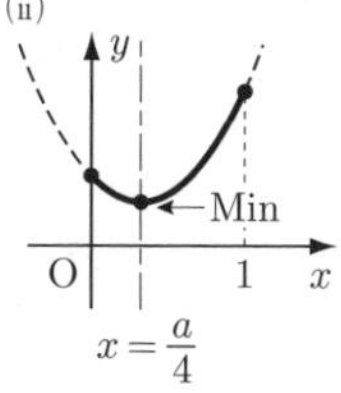

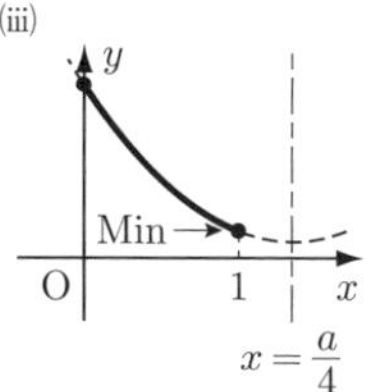

017

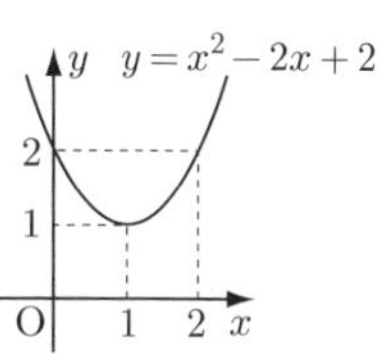

$$y = x^2 - 2x + 2$$
$$= (x-1)^2 + 1$$

より，軸は　$x=1$

$x=0$ のとき　$y=2$

また　$y=2 \iff x^2 - 2x + 2 = 2$
$\iff x(x-2) = 0$
$\iff x = 0,\ 2$

（最大値）

(i)　$0 < a \leqq 2$ のとき，$x=0$ で

y の最大値　2

(ii)　$a \geqq 2$ のとき，$x=a$ で

y の最大値　$a^2 - 2a + 2$

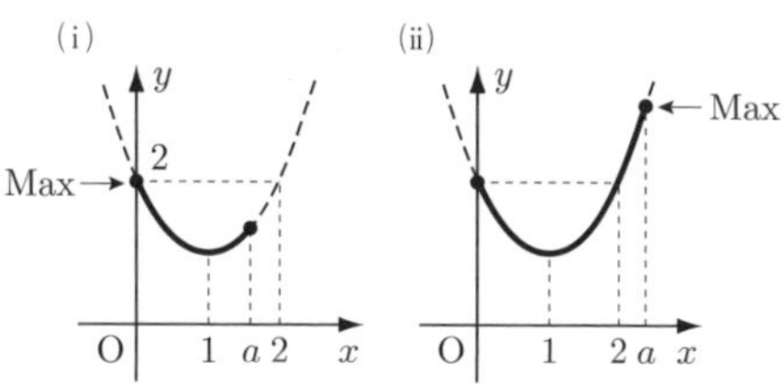

（最小値）

(i)　$0 < a \leqq 1$ のとき，$x=a$ で

y の最小値　$a^2 - 2a + 2$

(ii)　$a \geqq 1$ のとき，$x=1$ で

y の最小値　1

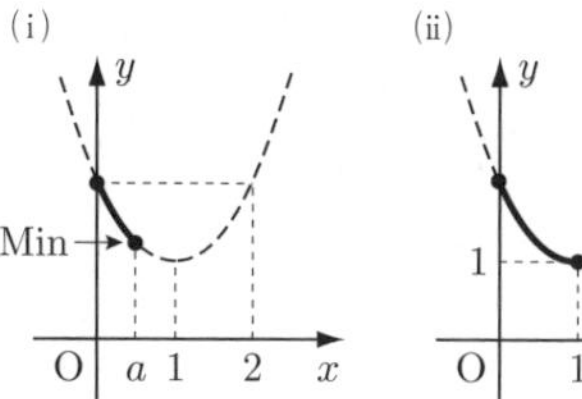

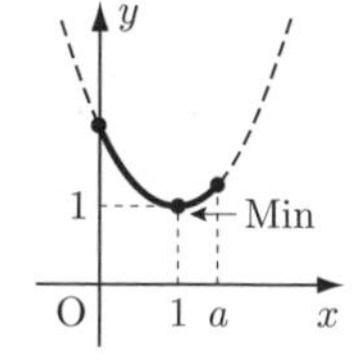

018

$$y = (x^2 + 4x)^2 - 4(x^2 + 4x) + 1$$

$x^2 + 4x = t$　……①　とおくと

$$y = t^2 - 4t + 1$$
$$= (t-2)^2 - 3 \quad \cdots\cdots②$$

一方，①より

$$t = (x+2)^2 - 4$$

よって，x が $0 \leqq x \leqq 1$ をみたすとき，t の値の範囲は

$$0 \leqq t \leqq 5$$

この範囲で②の最大，最小を求めればよい．

$t = 5$ のとき

y の最大値　6

$t = 2$ のとき

y の最小値　−3

019

$y = x^2 - 2x + 2a$ と $y = 0$ を連立して，y を消去すると

$$x^2 - 2x + 2a = 0 \quad \cdots\cdots①$$

2交点をもつ条件は

$$\frac{D}{4} = 1 - 2a > 0 \qquad \therefore \ a < \frac{1}{2}$$

このとき，①は異なる2解をもち，これを α，$\beta\,(\alpha < \beta)$ とすると

$$\alpha = 1 - \sqrt{\frac{D}{4}},\ \ \beta = 1 + \sqrt{\frac{D}{4}}$$

このとき x 軸との2つの共有点は $\mathrm{A}(\alpha,\ 0)$，$\mathrm{B}(\beta,\ 0)$ と表され，条件より

$$\mathrm{AB} = 3 \qquad \therefore \ \beta - \alpha = 3$$

よって

$$\beta - \alpha = \left(1 + \sqrt{\frac{D}{4}}\right) - \left(1 - \sqrt{\frac{D}{4}}\right)$$
$$= 2\sqrt{\frac{D}{4}} = 3$$

$$\therefore \ \frac{D}{4} = \frac{9}{4} \qquad \therefore \ 1 - 2a = \frac{9}{4}$$

$$\therefore \ \boldsymbol{a = -\frac{5}{8}}$$

次に　$y = x^2 - 2x + 2a$

$$\Longleftrightarrow y = (x-1)^2 + 2a - 1$$

より，放物線の頂点は

$$\mathrm{C}(1,\ 2a-1)$$

AB の中点を M とすると，△ABC が正三角形となる条件は

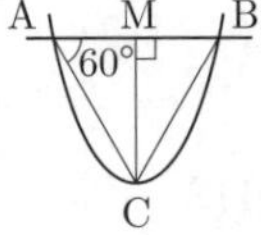

$$(\mathrm{AC} = \mathrm{BC} \text{ より})$$
$$\mathrm{AM} : \mathrm{MC} = 1 : \sqrt{3}$$

$$\therefore \quad \sqrt{3}\mathrm{AM} = \mathrm{MC}$$

ここで $\mathrm{AM} = \dfrac{\beta - \alpha}{2} = \sqrt{\dfrac{D}{4}} = \sqrt{1-2a}$，

$\mathrm{MC} = 1 - 2a$ であるから

$$\sqrt{3}\sqrt{1-2a} = 1 - 2a$$

$$\therefore \ \sqrt{3} = \sqrt{1-2a} \qquad \therefore \ 3 = 1 - 2a$$

$$\therefore \ \boldsymbol{a = -1}$$

020

(1)　与式は $(3x+4)(x-1) < 0$ と変形され

$$\boldsymbol{-\frac{4}{3} < x < 1}$$

(2)　$2x^2 - x - 2 = 0$ とおくと，解の公式より

$$x = \frac{1 \pm \sqrt{17}}{4}$$

これは，$y = 2x^2 - x - 2$ と x 軸の交点の x 座標であるから

$y = 2x^2 - x - 2$

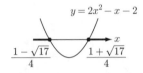

x

$\dfrac{1-\sqrt{17}}{4}$　　$\dfrac{1+\sqrt{17}}{4}$

図より

$$\boldsymbol{x \leqq \frac{1-\sqrt{17}}{4},\ \ \frac{1+\sqrt{17}}{4} \leqq x}$$

021

(1)　与式は　$x^2 + 2x + 2 < 0$

$$\therefore \ (x+1)^2 + 1 < 0$$

と変形できるが，この式はつねに成り立たない．よって　**解なし**

(2)　与式は $\left(x - \dfrac{a}{2}\right)^2 + \dfrac{3}{4}a^2 > 0$ と変形できるが，$\dfrac{3}{4}a^2 > 0$ であり，この式はつねに成り立つ．よって，解は　**すべての実数**

(3)　与式は $(\sqrt{2}x - 3)^2 \leqq 0$ と変形できる．

よって，解は　$\boldsymbol{x = \dfrac{3}{\sqrt{2}} = \dfrac{3}{2}\sqrt{2}}$

022

$$ax^2 + (a - 3a^2)x + 2a^3 - a^2 \leqq 0$$
$$\Longleftrightarrow a\{x^2 + (1-3a)x + a(2a-1)\} \leqq 0$$
$$\Longleftrightarrow a(x-a)\{x - (2a-1)\} \leqq 0 \quad \cdots\cdots①$$

(i)　$a = 0$ のとき，$0 \leqq 0$ となり，解は

すべての実数

(ii)　$a>0$ のとき

$$① \iff (x-a)\{x-(2a-1)\}\leqq 0$$

であり，a と $2a-1$ の大小関係を考えて

(ア)　$0<a\leqq 1$ のとき $2a-1\leqq a$ より，解は

$$\boldsymbol{2a-1\leqq x\leqq a}$$

(イ)　$a>1$ のとき $a<2a-1$ より，解は

$$\boldsymbol{a\leqq x\leqq 2a-1}$$

(iii)　$a<0$ のとき

$$① \iff (x-a)\{x-(2a-1)\}\geqq 0$$

であり，$2a-1<a$ であるから，解は

$$\boldsymbol{x\leqq 2a-1,\ a\leqq x}$$

023

$f(x)=x^2-4ax+2a+1$ とすると

$$f(x)=(x-2a)^2-4a^2+2a+1$$

より軸は

$$x=2a$$

(1)　条件より

$$f(2)=-6a+5<0$$

$$\therefore\quad \boldsymbol{a>\frac{5}{6}}$$

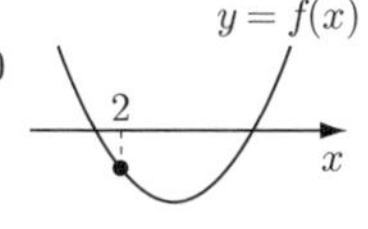

(2)　条件より

$$\begin{cases}\dfrac{D}{4}=4a^2-(2a+1)\geqq 0\\ 軸：2a>1\\ f(1)=-2a+2>0\end{cases}$$

$$\therefore\quad \begin{cases}a\leqq\dfrac{1-\sqrt{5}}{4},\ \dfrac{1+\sqrt{5}}{4}\leqq a\\ a>\dfrac{1}{2}\\ a<1\end{cases}$$

$$\therefore\quad \boldsymbol{\frac{1+\sqrt{5}}{4}\leqq a<1}$$

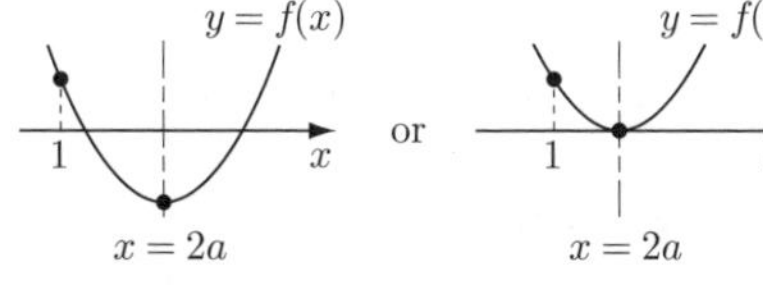

(3)　条件より

$$\begin{cases}\dfrac{D}{4}=4a^2-(2a+1)\geqq 0\\ 軸：0\leqq 2a\leqq 2\\ f(0)=2a+1\geqq 0\\ f(2)=-6a+5\geqq 0\end{cases}$$

$$\therefore\quad \begin{cases}a\leqq\dfrac{1-\sqrt{5}}{4},\ \dfrac{1+\sqrt{5}}{4}\leqq a\\ 0\leqq a\leqq 1\\ a\geqq -\dfrac{1}{2}\\ a\leqq\dfrac{5}{6}\end{cases}$$

$$\therefore\quad \boldsymbol{\frac{1+\sqrt{5}}{4}\leqq a\leqq\frac{5}{6}}$$

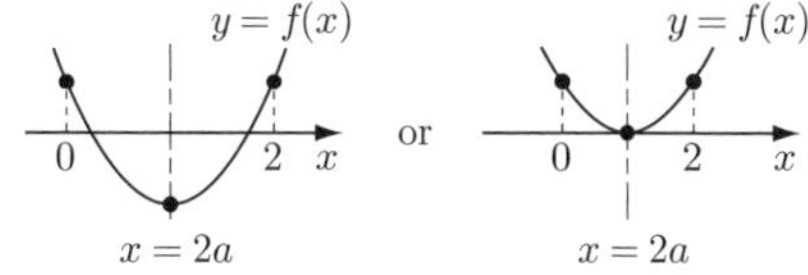

024

$x^2=t$　……①　とおくと，与式は

$$t^2+2at+3a-1=0 \qquad ……②$$

①より与式がちょうど2つの実数解をもつのは，t の2次方程式②が正と負の解を1つずつもつ（$t>0$ と $t<0$ の解を1つずつもつとき）か，正の重解をもつときである．

(i)　正と負の解を1つずつもつとき

$$f(t)=t^2+2at+3a-1$$

とおくと

$$f(0)=3a-1<0$$

$$\therefore\quad a<\frac{1}{3}$$

(ii)　正の重解をもつとき

$$f(t)=(t+a)^2-a^2+3a-1$$

より，軸：$t=-a$ であるから

$$\begin{cases}\dfrac{D}{4}=a^2-(3a-1)=0 & ……③\\ -a>0\quad(\therefore\quad a<0)\end{cases}$$

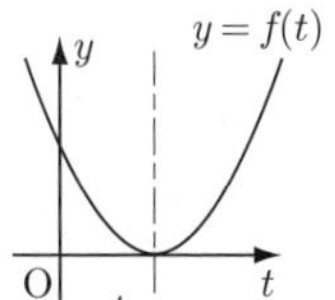

ここで

$$③ \iff a=\frac{3\pm\sqrt{5}}{2}$$

より，これは $a>0$ となり不適．

(i)，(ii)より

$$\boldsymbol{a<\frac{1}{3}}$$

025

$f(x)=ax^2+2(a+1)x+a-2$ とおく．

$a=0$ とすると，与式は $x\leqq 1$ となり，成り立たない x が存在するので，題意をみたさない．

よって，$a\neq 0$ である．このとき，$f(x)$ は2次関数であり，題意をみたすのは，$y=f(x)$ のグラフが上に凸で，x 軸と接するか共有点をもたないときである．これは $a<0$ で，方程式 $ax^2+2(a+1)x+a-2=0$ が重解をもつか実数解をもたないときで

$a<0$　かつ　$\dfrac{D}{4}=(a+1)^2-a(a-2)\leqq 0$

$$\therefore\ \ \boldsymbol{a\leqq -\frac{1}{4}}$$

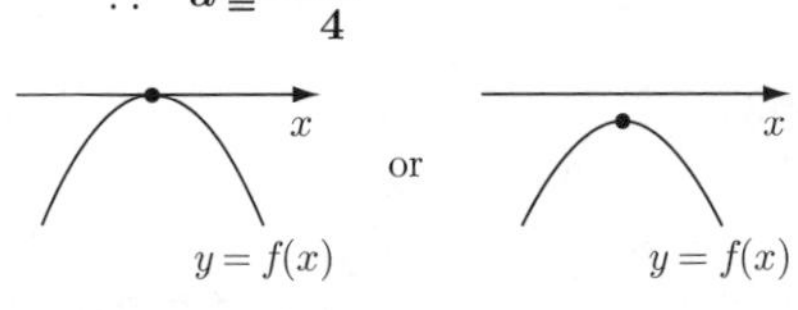

026

$f(x)=x^2+4ax+3a-1$ とおくと

$$f(x)=(x+2a)^2-4a^2+3a-1$$

$0\leqq x\leqq 1$ をみたすすべての x に対して，$f(x)<0$ となる条件は，$0\leqq x\leqq 1$ における $f(x)$ の最大値が0未満ということである．

$y=f(x)$ の軸が $x=-2a$ であるから

(i)　$-2a<\dfrac{1}{2}\left(\therefore\ a>-\dfrac{1}{4}\right)$ のとき，条件は

　最大値 $=f(1)=7a<0$

$\therefore\ \ a<0$

よって，この範囲で条件をみたす a は

$$-\frac{1}{4}<a<0$$

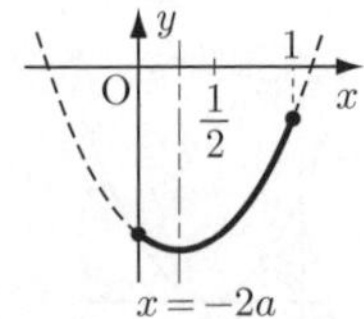

(ii)　$-2a\geqq\dfrac{1}{2}\left(\therefore\ a\leqq-\dfrac{1}{4}\right)$ のとき，条件は

　最大値 $=f(0)=3a-1<0$

$\therefore\ \ a<\dfrac{1}{3}$

よって，この範囲で条件をみたす a は

$$a\leqq-\frac{1}{4}$$

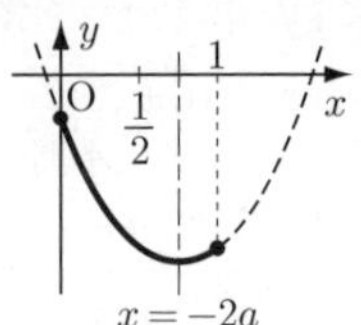

以上より　$\boldsymbol{a<0}$

027

$$ax^2+(a^2-1)x-a<0 \quad \cdots\cdots①$$
$$x^2-3x-10\geqq 0 \quad \cdots\cdots②$$

①は $(x+a)(ax-1)<0$ と変形され，$a>0$ より

$$(x+a)\left(x-\frac{1}{a}\right)<0$$

$$\therefore\ \ -a<x<\frac{1}{a} \quad \cdots\cdots①'$$

②は　$(x-5)(x+2)\geqq 0$

$$\therefore\ \ x\leqq-2,\ 5\leqq x \quad \cdots\cdots②'$$

よって，題意をみたすのは，①′と②′をともにみたす実数 x が存在するときである．

よって

$$-a<-2\quad または\quad 5<\frac{1}{a}$$

$$\therefore\ \ a>2\quad または\quad a<\frac{1}{5}$$

よって　$\boldsymbol{0<a<\dfrac{1}{5},\ 2<a}$

028

$$x^2-x+2a+4=0 \quad \cdots\cdots①$$
$$x^2-3x+a-1=0 \quad \cdots\cdots②$$

①と②を連立して，$2\times$②$-$①より a を消去すると

$$x^2-5x-6=0$$

$\therefore\ \ (x+1)(x-6)=0$　　$\therefore\ \ x=-1,\ 6$

②（$\Longleftrightarrow a=-x^2+3x+1$）に代入して

$$(x,\ a)=(-1,\ -3),\ (6,\ -17)$$

よって　$\boldsymbol{a=-3,\ -17}$

029

$2x^2+y=4$ より　$y=-2x^2+4$　$\cdots\cdots①$

これを $z=x^2+y+2$ に代入して

$$z=x^2+(-2x^2+4)+2$$
$$=-x^2+6$$

また，①を $y\geqq 0$ に代入して

$$-2x^2+4\geqq 0$$

$\therefore\ \ x^2 \leqq 2$

$x \geqq 0$と合わせて

$$0 \leqq x \leqq \sqrt{2}$$

よって

$x=0$のとき　**zの最大値　6**

$x=\sqrt{2}$のとき　**zの最小値　4**

030

(1)　$z = x^2 + 4xy + 6y^2 + 4x - 12y$

$= x^2 + 4(y+1)x + 6y^2 - 12y$　……①

$= \{x + 2(y+1)\}^2 - 4(y+1)^2 + 6y^2 - 12y$

$= \{x + 2(y+1)\}^2 + 2y^2 - 20y - 4$　……②

$= \{x + 2(y+1)\}^2 + 2(y-5)^2 - 54$

よって　$x = -2(y+1)$　かつ　$y = 5$

($\therefore\ \ x = -12,\ y = 5$)のとき

zの最小値　−54

(2)　まず，yを固定してzをxの関数とみて，$x \geqq 0$における最小値m_yを求める．

xの関数zのグラフの軸は，②より

$$x = -2(y+1)$$

ここで，$y \geqq 0$より$-2(y+1) < 0$であるから，$x=0$のとき，zは最小で①より

$$m_y = 6y^2 - 12y$$

次に，$y \geqq 0$でm_yの最小値を求める．

$$m_y = 6y^2 - 12y = 6(y-1)^2 - 6$$

zの最小値はm_yの最小値と等しく，これは$y=1$のとき最小で

zの最小値　−6

031

$x^2 + 3y^2 + 2y = 1$　……①

$z = x + y$　……②

②より

$$x = z - y$$

これを①に代入して

$$(z-y)^2 + 3y^2 + 2y = 1$$

$\therefore\ \ 4y^2 - 2(z-1)y + z^2 - 1 = 0$　……③

①，②をみたす実数zのとり得る値の範囲は，③をみたす実数yが存在する条件より

$$\frac{D}{4} = (z-1)^2 - 4(z^2-1)$$

$$= -3z^2 - 2z + 5 \geqq 0$$

$\therefore\ \ 3z^2 + 2z - 5 \leqq 0$

$\therefore\ \ (3z+5)(z-1) \leqq 0$

$\therefore\ \ -\dfrac{5}{3} \leqq z \leqq 1$

よって　**zの最大値　1**

zの最小値　$-\dfrac{5}{3}$

032

$$|x^2-4| + 2x - a = 0$$

$\iff |x^2-4| + 2x = a$　……①

$f(x) = |x^2-4| + 2x$とおくと

($x^2 - 4 \geqq 0$となるのは$x \leqq -2,\ 2 \leqq x$のときであり，$x^2 - 4 < 0$となるのは$-2 < x < 2$のときであるから)

$$f(x) = \begin{cases} (x^2-4) + 2x = (x+1)^2 - 5 \\ \qquad\qquad \cdots\cdots\ x \leqq -2,\ 2 \leqq x \\ -(x^2-4) + 2x = -(x-1)^2 + 5 \\ \qquad\qquad \cdots\cdots\ -2 < x < 2 \end{cases}$$

①の解は，$y=f(x)$のグラフと$y=a$のグラフの共有点のx座標である．

よって，解の個数は，直線$y=a$と$y=f(x)$の共有点の個数を数えればよい．

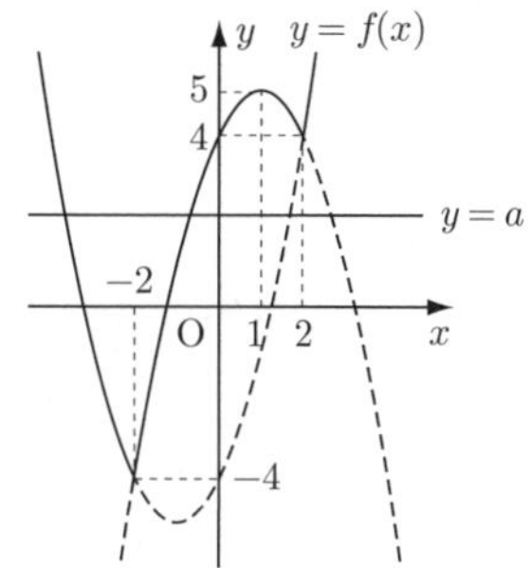

グラフより

$$\begin{cases} \boldsymbol{a < -4}\text{のとき} & \textbf{0個} \\ \boldsymbol{a = -4}\text{のとき} & \textbf{1個} \\ \boldsymbol{-4 < a < 4,\ 5 < a}\text{のとき} & \textbf{2個} \\ \boldsymbol{a = 4,\ 5}\text{のとき} & \textbf{3個} \\ \boldsymbol{4 < a < 5}\text{のとき} & \textbf{4個} \end{cases}$$

§4 図形と計量

033

(1)　$\sin^2\theta = 1 - \cos^2\theta = 1 - \dfrac{16}{25} = \dfrac{9}{25}$

$0° < \theta < 180°$より　$\sin\theta > 0$

よって　$\boldsymbol{\sin\theta = \dfrac{3}{5}}$

このとき　$\boldsymbol{\tan\theta} = \dfrac{\sin\theta}{\cos\theta} = \boldsymbol{-\dfrac{3}{4}}$

(2) $\dfrac{1}{\cos^2\theta}=1+\tan^2\theta=1+4=5$

$\therefore\quad \cos^2\theta=\dfrac{1}{5}$

$\tan\theta>0$ より $0^\circ<\theta<90^\circ$ であるから

$\cos\theta>0$

よって　$\boldsymbol{\cos\theta=\dfrac{1}{\sqrt{5}}}$

このとき

$\boldsymbol{\sin\theta}=\tan\theta\cos\theta=2\cdot\dfrac{1}{\sqrt{5}}\boldsymbol{=\dfrac{2}{\sqrt{5}}}$

034

(1) $\sin\theta-\cos\theta=\dfrac{1}{3}$ の両辺を 2 乗して

$$\sin^2\theta+\cos^2\theta-2\sin\theta\cos\theta=\frac{1}{9}$$

$$\therefore\quad 1-2\sin\theta\cos\theta=\frac{1}{9}$$

$$\therefore\quad \sin\theta\cos\theta=\boldsymbol{\frac{4}{9}}$$

(2)
$$\begin{aligned}&(\sin\theta-\cos\theta)^3\\&=\sin^3\theta-3\sin^2\theta\cos\theta\\&\qquad+3\sin\theta\cos^2\theta-\cos^3\theta\end{aligned}$$

より

$$\begin{aligned}(\text{与式})&=(\sin\theta-\cos\theta)^3\\&\qquad+3\sin\theta\cos\theta(\sin\theta-\cos\theta)\\&=\left(\frac{1}{3}\right)^3+3\left(\frac{4}{9}\right)\cdot\left(\frac{1}{3}\right)=\boldsymbol{\frac{13}{27}}\end{aligned}$$

(3)
$$\begin{aligned}&(\sin^3\theta-\cos^3\theta)(\sin^2\theta+\cos^2\theta)\\&=\sin^5\theta+\sin^3\theta\cos^2\theta\\&\qquad-\sin^2\theta\cos^3\theta-\cos^5\theta\\&=(\sin^5\theta-\cos^5\theta)\\&\qquad+\sin^2\theta\cos^2\theta(\sin\theta-\cos\theta)\end{aligned}$$

より

$$\begin{aligned}(\text{与式})&=(\sin^3\theta-\cos^3\theta)(\sin^2\theta+\cos^2\theta)\\&\qquad-(\sin\theta\cos\theta)^2(\sin\theta-\cos\theta)\\&=\frac{13}{27}\cdot1-\left(\frac{4}{9}\right)^2\cdot\frac{1}{3}=\boldsymbol{\frac{101}{243}}\end{aligned}$$

035

(1)

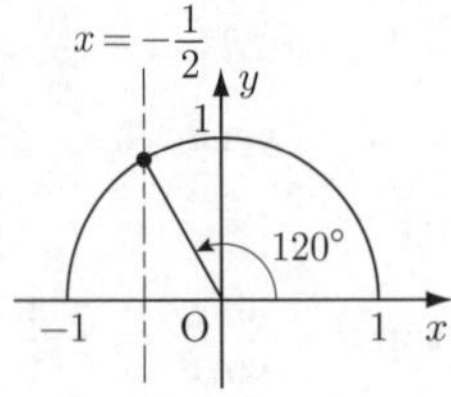

図より　$\boldsymbol{\theta=120^\circ}$

(2)

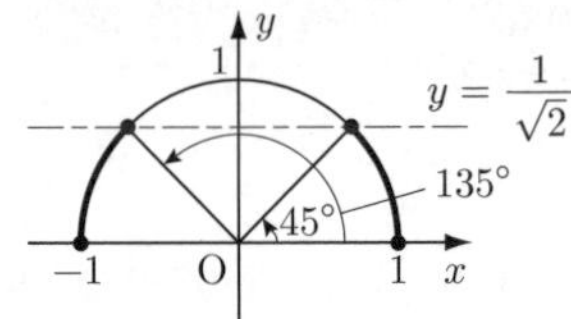

図より　$\boldsymbol{0^\circ\leqq\theta\leqq45^\circ,\ 135^\circ\leqq\theta\leqq180^\circ}$

(3)

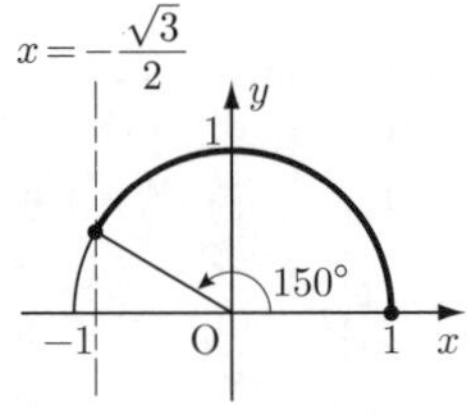

図より　$\boldsymbol{0^\circ\leqq\theta\leqq150^\circ}$

(4)

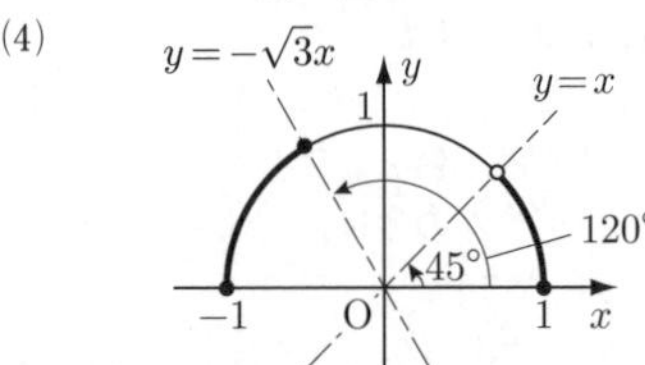

図より　$\boldsymbol{0^\circ\leqq\theta<45^\circ,\ 120^\circ\leqq\theta\leqq180^\circ}$

036

(1) (i)
$$\begin{aligned}\sin124^\circ&=\sin(180^\circ-56^\circ)\\&=\sin56^\circ=\sin(90^\circ-34^\circ)\\&=\cos34^\circ\end{aligned}$$

よって　(与式) $=\cos^2 34^\circ+\sin^2 34^\circ=\boldsymbol{1}$

(ii) $\tan68^\circ=\tan(90^\circ-22^\circ)=\dfrac{1}{\tan22^\circ}$

$\tan147^\circ=\tan(180^\circ-33^\circ)=-\tan33^\circ$

$\sin57^\circ=\sin(90^\circ-33^\circ)=\cos33^\circ$

よって

$$\begin{aligned}(\text{与式})&=\tan22^\circ\cdot\frac{1}{\tan22^\circ}\\&\qquad+\tan33^\circ\cdot(-\tan33^\circ)+\frac{1}{\cos^2 33^\circ}\\&=1+\left(\frac{1}{\cos^2 33^\circ}-\tan^2 33^\circ\right)\\&=1+1=\boldsymbol{2}\end{aligned}$$

(2) (i)

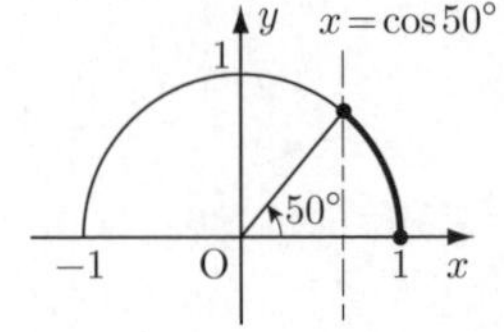

与式より　$\cos\theta \geqq \sin(90^\circ - 50^\circ)$

$\therefore\ \cos\theta \geqq \cos 50^\circ$

をみたすθの範囲を求めればよいから，

図より　$\mathbf{0^\circ \leqq \theta \leqq 50^\circ}$

(ii)

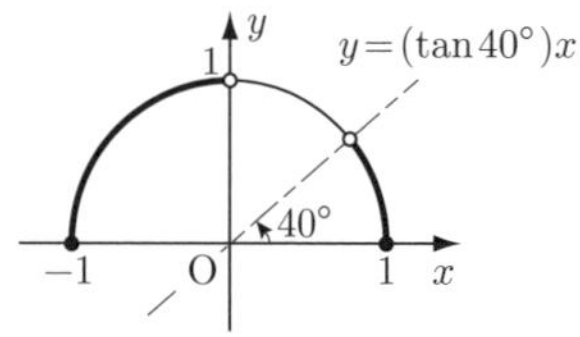

$\tan\theta < \dfrac{1}{\tan 50^\circ}$ より

$$\tan\theta < \frac{1}{\tan(90^\circ - 40^\circ)}$$

$\therefore\ \tan\theta < \tan 40^\circ$

これをみたすθの範囲を求めればよいから，図より

$\mathbf{0^\circ \leqq \theta < 40^\circ,\ 90^\circ < \theta \leqq 180^\circ}$

037

$$(\text{与式}) = 2(1-\cos^2\theta) + 3\cos\theta - 3$$
$$= -2\cos^2\theta + 3\cos\theta - 1$$

ここで$t=\cos\theta$とおくと

$$f(\theta) = -2t^2 + 3t - 1$$

また，$0^\circ \leqq \theta \leqq 180^\circ$ より

$$-1 \leqq \cos\theta \leqq 1 \qquad \therefore\ -1 \leqq t \leqq 1$$

(1)　$f(\theta)=0$ のとき

$$-2t^2+3t-1=0$$

$\therefore\ 2t^2-3t+1=0$

$\therefore\ (2t-1)(t-1)=0$

$-1 \leqq t \leqq 1$ より　$t=\dfrac{1}{2},\ 1$

$\therefore\ \cos\theta = \dfrac{1}{2},\ 1$

よって　$\mathbf{\theta = 0^\circ,\ 60^\circ}$

(2)　$-2t^2+3t-1=a$ が $-1 \leqq t \leqq 1$ で解をもつ，つまり $y=-2t^2+3t-1$ と $y=a$ のグラフが $-1 \leqq t \leqq 1$ で共有点をもつようなaの値の範囲を求めればよい．

$$y = -2t^2+3t-1$$
$$= -2\left(t-\frac{3}{4}\right)^2 + \frac{1}{8}$$

また，$-1 \leqq t \leqq 1$ であるから

$t=\dfrac{3}{4}$ のときyは，最大値　$\dfrac{1}{8}$

$t=-1$ のときyは，最小値　-6

よってaの値の範囲は

$$\mathbf{-6 \leqq a \leqq \frac{1}{8}}$$

038

(1)　$A:B:C=3:4:5$ より $A=3k,\ B=4k,\ C=5k$ とおけ，$A+B+C=180^\circ$ であるから

$$3k+4k+5k=180^\circ \qquad \therefore\ k=15^\circ$$

よって　$A=45^\circ,\ B=60^\circ,\ C=75^\circ$

正弦定理より

$$\frac{2}{\sin 45^\circ} = \frac{b}{\sin 60^\circ}$$

$\therefore\ \boldsymbol{b} = 2\cdot\dfrac{\sqrt{2}}{1}\cdot\dfrac{\sqrt{3}}{2} \mathbf{= \sqrt{6}}$

(2)　余弦定理より

$$b^2 = 2^2 + (2\sqrt{2})^2 - 2\cdot 2\cdot 2\sqrt{2}\cos 135^\circ$$
$$= 4+8+8=20$$

$\therefore\ \mathbf{b = 2\sqrt{5}}$

(3)　$a:b:c=7:5:3$ より $a=7k,\ b=5k,\ c=3k\ (k>0)$ とおけ，余弦定理より

$$\cos A = \frac{(5k)^2+(3k)^2-(7k)^2}{2\cdot 5k\cdot 3k}$$
$$= \frac{-15k^2}{2\cdot 5\cdot 3k^2} = -\frac{1}{2}$$

よって　$\mathbf{\angle A = 120^\circ}$

039

$\mathrm{AC}=b,\ \mathrm{AB}=c$ とする．

正弦定理より

$$2R = \frac{50}{\sin A} = 50\cdot\frac{13}{5} = 130$$

$\therefore\ \boldsymbol{R = 65}$

また $\cos B = -\dfrac{3}{5}$ より

$\sin B = \sqrt{1-\left(-\dfrac{3}{5}\right)^2} = \dfrac{4}{5}$ で，正弦定理より

$$\frac{b}{\sin B} = 2R = 130$$

$\therefore\ \boldsymbol{b} = 130\cdot\dfrac{4}{5}\ \mathbf{= 104}$　$(=\mathrm{AC})$

次に，余弦定理より

$$104^2 = 50^2 + c^2 - 2\cdot 50c\left(-\frac{3}{5}\right)$$

$\therefore\ c^2+60c-8316=0$

$\therefore\ (c-66)(c+126)=0$

$c>0$ であるから　$\boldsymbol{c=66}$（$=$AB）

三角形の面積は $\frac{1}{2}(a+b+c)r=\frac{1}{2}bc\sin A$ より

$$\frac{1}{2}(50+104+66)r=\frac{1}{2}\cdot104\cdot66\cdot\frac{5}{13}$$

$\therefore\ \ 110r=1320$

$\therefore\ \ \boldsymbol{r=12}$

040

(1) 余弦定理より

$$b\cdot\frac{c^2+a^2-b^2}{2ca}+c\cdot\frac{a^2+b^2-c^2}{2ab}$$
$$=a\cdot\frac{b^2+c^2-a^2}{2bc}$$

両辺を $2abc$ 倍して

$$b^2\cdot(c^2+a^2-b^2)+c^2\cdot(a^2+b^2-c^2)$$
$$=a^2\cdot(b^2+c^2-a^2)$$

$\therefore\ \ a^4-(b^4-2b^2c^2+c^4)=0$

$\therefore\ \ a^4-(b^2-c^2)^2=0$

$\therefore\ \ (a^2+b^2-c^2)(a^2-b^2+c^2)=0$

であるから

$a^2+b^2=c^2$　または　$c^2+a^2=b^2$

よって

$\boldsymbol{\angle B=90^\circ}$　**または**

$\boldsymbol{\angle C=90^\circ}$ **の直角三角形**

(2) 与式より

$$b\sin^3A\cdot\frac{\sin B}{\cos B}=a\sin^3B\cdot\frac{\sin A}{\cos A}$$

$\therefore\ \ b\sin^2A\cos A=a\sin^2B\cos B$

ここで外接円の半径を R とすると，正弦定理，余弦定理より

$$b\left(\frac{a}{2R}\right)^2\cdot\frac{b^2+c^2-a^2}{2bc}$$
$$=a\left(\frac{b}{2R}\right)^2\cdot\frac{c^2+a^2-b^2}{2ca}$$

両辺を $4R^2\cdot2c$ 倍して

$$a^2\cdot(b^2+c^2-a^2)=b^2\cdot(c^2+a^2-b^2)$$

$\therefore\ \ a^2b^2+a^2c^2-a^4=b^2c^2+b^2a^2-b^4$

$\therefore\ \ c^2(a^2-b^2)-(a^2+b^2)(a^2-b^2)=0$

$\therefore\ \ (a+b)(a-b)\{c^2-(a^2+b^2)\}=0$

$a+b\fallingdotseq0$ であるから

$a=b$　または　$c^2=a^2+b^2$

よって

BC＝CA の二等辺三角形　**または**

$\boldsymbol{\angle C=90^\circ}$ **の直角三角形**

041

(1) △ABC に余弦定理を用いると

$$\mathrm{AC}^2=(\sqrt{3}-1)^2+(\sqrt{3}+1)^2$$
$$-2(\sqrt{3}-1)(\sqrt{3}+1)\left(-\frac{1}{4}\right)$$
$$=9$$

$\therefore\ \ \mathrm{AC}=\boldsymbol{3}$

(2)
$$\sin B=\sqrt{1-\cos^2B}$$
$$=\sqrt{1-\left(-\frac{1}{4}\right)^2}$$
$$=\frac{\sqrt{15}}{4}$$

△ABC に正弦定理を用いると

$$2R=\frac{\mathrm{AC}}{\sin B}=3\cdot\frac{4}{\sqrt{15}}=\frac{4\sqrt{15}}{5}$$

$\therefore\ \ R=\boldsymbol{\frac{2\sqrt{15}}{5}}$

(3) $\mathrm{AD}=x$，$\mathrm{CD}=y$ とおくと，面積において △ADC＝3△ABC より

$$\frac{1}{2}xy\sin D=3\cdot\frac{1}{2}(\sqrt{3}-1)(\sqrt{3}+1)\sin B$$

円に内接することから

$$\sin D=\sin(180^\circ-B)=\sin B$$

であることに着目して

$xy=\boldsymbol{6}$　……①

(4) △ACD に余弦定理を用いると

$3^2=x^2+y^2-2xy\cos D$　……②

また，$\cos D=\cos(180^\circ-B)=-\cos B=\frac{1}{4}$

より，①と合わせて

$$x^2+y^2=9+2xy\cos D$$
$$=9+2\cdot6\cdot\frac{1}{4}=\boldsymbol{12}$$

(5) ①，②より

$$(x+y)^2=(x^2+y^2)+2xy$$
$$=12+2\cdot6=24$$

$\therefore\ \ x+y=2\sqrt{6}$

よって，四角形 ABCD の周の長さは

$$(\sqrt{3}-1)+(\sqrt{3}+1)+x+y$$
$$=2\sqrt{3}+2\sqrt{6}$$
$$=\boldsymbol{2(\sqrt{6}+\sqrt{3})}$$

042

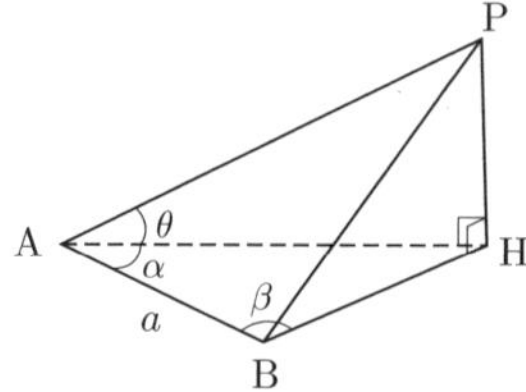

$\angle \mathrm{AHB}=180^\circ-(\alpha+\beta)$ であるから，
$\triangle \mathrm{ABH}$ において正弦定理を用いると

$$\frac{\mathrm{AH}}{\sin\beta}=\frac{a}{\sin\{180^\circ-(\alpha+\beta)\}}$$
$$=\frac{a}{\sin(\alpha+\beta)}$$

$$\therefore\quad \mathrm{AH}=\frac{a\sin\beta}{\sin(\alpha+\beta)}$$

$\triangle \mathrm{AHP}$ において $\angle \mathrm{AHP}=90^\circ$ であるから

$$\mathbf{PH}=\mathrm{AH}\tan\theta=\boldsymbol{\frac{a\sin\beta\tan\theta}{\sin(\alpha+\beta)}}$$

043

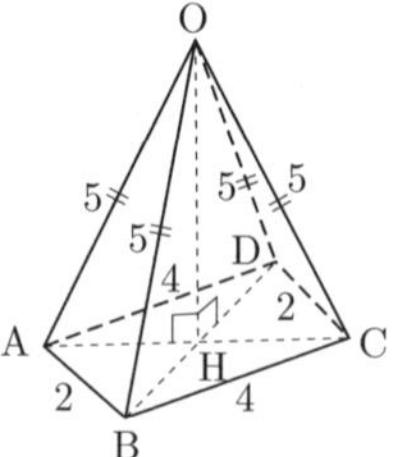

頂点 O から平面 ABCD におろした垂線を OH，四角形 ABCD の面積を S とおくと

$$V=\frac{1}{3}\cdot S\cdot \mathrm{OH} \qquad \cdots\cdots①$$

ここで OA＝OB＝OC＝OD＝5 であるから，AH＝BH＝CH＝DH で，四角形 ABCD は中心 H，半径 AH の円に内接し

$$\angle \mathrm{A}+\angle \mathrm{C}=180^\circ \qquad \cdots\cdots②$$

である．

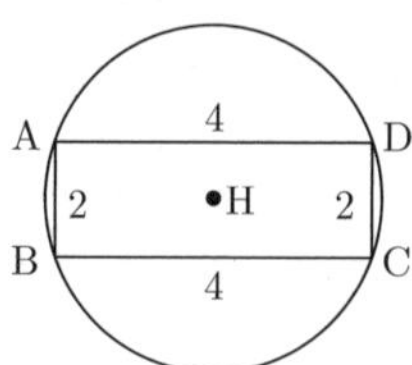

一方，四角形 ABCD は対辺がそれぞれ等しいので平行四辺形であり

$$\angle \mathrm{A}=\angle \mathrm{C} \qquad \cdots\cdots③$$

である．

②，③より $\angle \mathrm{A}=\angle \mathrm{C}=90^\circ$ となり，四角形 ABCD は長方形となる．このとき

$$S=2\cdot 4=8 \qquad \cdots\cdots④$$

また，$\mathrm{AH}=\dfrac{\mathrm{AC}}{2}=\dfrac{\sqrt{2^2+4^2}}{2}=\sqrt{5}$ であるから

$$\mathrm{OH}=\sqrt{\mathrm{OA}^2-\mathrm{AH}^2}$$
$$=\sqrt{5^2-(\sqrt{5})^2}=2\sqrt{5} \qquad \cdots\cdots⑤$$

④，⑤を①に代入して

$$\boldsymbol{V}=\frac{1}{3}\cdot 8\cdot 2\sqrt{5}=\boldsymbol{\frac{16\sqrt{5}}{3}}$$

§5 場合の数と確率

044

(1) 1 から 1000 までの整数の集合を U，この部分集合で，3，4 の倍数の集合をおのおの A，B とする．このとき $\overline{A}\cap\overline{B}$ の要素の個数 $n(\overline{A}\cap\overline{B})$ を求めればよい．ここで，$\overline{A}\cap\overline{B}$ の補集合は $A\cup B$ である．

$1000=3\times 333+1$ より

$$n(A)=333$$

$1000=4\times 250$ より

$$n(B)=250$$

$1000=12\times 83+4$ より

$$n(A\cap B)=83$$

よって

$$n(\overline{A}\cap\overline{B})=n(\overline{A\cup B})$$
$$=n(U)-n(A\cup B)$$
$$=n(U)-\{n(A)+n(B)-n(A\cap B)\}$$
$$=1000-(333+250-83)$$
$$=\mathbf{500}\text{(個)}$$

(2)

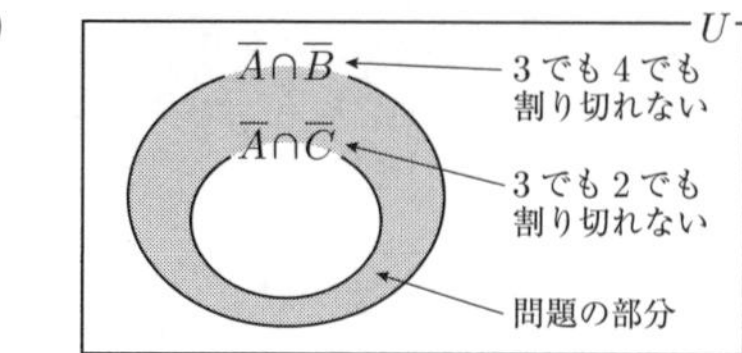

2 の倍数の集合を C とすると，3 でも 4 でも割り切れないが 2 で割り切れる数は，集合 $\overline{A}\cap\overline{B}$ の要素のうち，集合 $\overline{A}\cap\overline{C}$ の要素で

ないものである．

まず，(1)と同様に$n(\overline{A}\cap\overline{C})$を求める．

$1000=2\times 500$ より

$$n(C)=500$$

$1000=6\times 166+4$ より

$$n(A\cap C)=166$$

よって

$$\begin{aligned} n(\overline{A}\cap\overline{C}) &= n(\overline{A\cup C}) \\ &= n(U)-n(A\cup C) \\ &= n(U)-\{n(A)+n(C)-n(A\cap C)\} \\ &= 1000-(333+500-166) \\ &= 333 \end{aligned}$$

したがって

$$n(\overline{A}\cap\overline{B})-n(\overline{A}\cap\overline{C}) = 500-333=\mathbf{167}\ (\text{個})$$

045

(1) 12600を素因数分解すると，

$12600=2^3\cdot 3^2\cdot 5^2\cdot 7$ より，正の約数は

$$2^k\cdot 3^l\cdot 5^m\cdot 7^n$$

$$(k=0,\ 1,\ 2,\ 3,\quad l=0,\ 1,\ 2,\quad m=0,\ 1,\ 2,\quad n=0,\ 1)$$

と表される．よって，その個数はk，l，m，nの決め方より

$$4\times 3\times 3\times 2=\mathbf{72}\ (\text{個})$$

(2) $$(2^0+2^1+2^2+2^3)(3^0+3^1+3^2)(5^0+5^1+5^2)(7^0+7^1)$$

を展開すると，すべての正の約数の和となる．よって，約数の総和は

$$(2^0+2^1+2^2+2^3)(3^0+3^1+3^2)(5^0+5^1+5^2)(7^0+7^1) = 15\cdot 13\cdot 31\cdot 8=\mathbf{48360}$$

(3) (1)の個数から，正の約数のうち20で割り切れるものを除けばよい．$20\ (=2^2\times 5)$ で割り切れるものは

$$2^k\cdot 3^l\cdot 5^m\cdot 7^n$$

$$(k=2,\ 3,\quad l=0,\ 1,\ 2,\quad m=1,\ 2,\quad n=0,\ 1)$$

と表せ

$$2\times 3\times 2\times 2=24\ (\text{個})$$

よって

$$72-24=\mathbf{48}\ (\text{個})$$

046

(1) 千の位は0以外の数字で選び方は9通り．それ以外の位の数字は残りの9個の数字から3個を選んで並べるので ${}_9\mathrm{P}_3$ 通り．

よって　$9\times {}_9\mathrm{P}_3=9\times 504=\mathbf{4536}$ (個)

(2) 5の倍数なので一の位は0か5である．

(i) 一の位が0のとき，千の位から十の位までの3つの数字の並べ方は，${}_9\mathrm{P}_3$ 通り．

(ii) 一の位が5のとき，千の位から十の位までの3つの数字の並べ方は，0を含む残り9個の数字から3桁の整数を作るのと同じであるから，(1)と同様にして，$8\times {}_8\mathrm{P}_2$ 通り．

(i)，(ii)より

$${}_9\mathrm{P}_3+8\times {}_8\mathrm{P}_2=\mathbf{952}\ (\text{個})$$

(3) 4500より小さい整数は1∗∗∗，2∗∗∗，3∗∗∗，4∗∗∗の形に限る．

(i) 1∗∗∗，2∗∗∗，3∗∗∗の形(3通り)の整数は，おのおの，残り9個の数字から3つを並べるので ${}_9\mathrm{P}_3$ 通り．

(ii) 4∗∗∗の形の整数は，40∗∗，41∗∗，42∗∗，43∗∗の形(4通り)のもので，おのおの，残り8個の数字から2個を並べるので ${}_8\mathrm{P}_2$ 通り．

以上より

$$3\times {}_9\mathrm{P}_3+4\times {}_8\mathrm{P}_2=1512+224=\mathbf{1736}\ (\text{個})$$

047

(1) $8!=\mathbf{40320}$ (通り)

(2) 赤玉4個をひとまとまりと考え，これと白玉4個を1列に並べる場合の数は5!通り．そのおのおのの場合に，赤玉4個の並べ方が4!通り．

よって　$5!\times 4!=\mathbf{2880}$ (通り)

(3) 4個の白玉をまず1列に並べる(4!通り)．その両端を含む間5ヶ所から4ヶ所を選んで4個の赤玉を1つずつ入れれば(${}_5\mathrm{P}_4$ 通り)，題意をみたす並べ方がもれなく作れる．

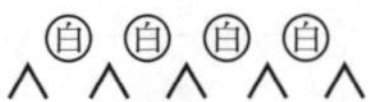

よって　$4!\times {}_5\mathrm{P}_4=\mathbf{2880}$ (通り)

048

(1) 特定の1個を固定すると，残り6個が1列に並ぶ順列と同じになるので

$6! = \mathbf{720}$ (通り)

別解 円形に並ぶ場所に区別があるとして，7 個を円形に並べる方法は 7! 通り．この中には，円順列として同じものが 7 通りずつ含まれている．

よって $\dfrac{7!}{7} = 6! = \mathbf{720}$ (通り)

(2) 首飾りでは，裏返して一致するものを同じ並べ方とみるので，異なる 7 個のものの円順列 6! 通り ((1)より) の中には，同じ並べ方が 2 通りずつ含まれる．

よって $\dfrac{6!}{2} = \mathbf{360}$ (通り)

(3) 特定の 1 人を固定しようとすると，固定の仕方は 2 通り．このおのおのに対して残り 7 人の並び方が 7! 通りであるから

$2 \times 7! = \mathbf{10080}$ (通り)

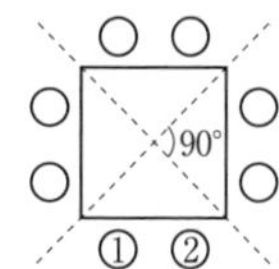

別解 席に区別があるとして，8 人を正方形のテーブルの各辺に 2 人ずつ並べる方法は 8! 通り．この中には，席に区別のない，正方形のテーブルに並べる方法として同じものが 4 通りずつ含まれる (90° ずつ回転して一致する並べ方は同じ並べ方とみなすので)．

よって $\dfrac{8!}{4} = \mathbf{10080}$ (通り)

049

(1) 1 から 21 までの自然数のうち，3 の倍数は 7 個．よって，3 の倍数だけからなる組は

$${}_7C_4 = {}_7C_3 = \frac{7 \cdot 6 \cdot 5}{3 \cdot 2 \cdot 1} = \mathbf{35} \text{ (通り)}$$

(2) 1 から 21 までの自然数のうち，7 の倍数は 3 個，7 の倍数でないものが 18 個．題意をみたすのは，4 個の数のうち，少なくとも 1 個が 7 の倍数のときである．よって，すべての組合せから，4 個の数がいずれも 7 の倍数でない組合せを除いたものであるから

$${}_{21}C_4 - {}_{18}C_4$$
$$= \frac{21 \cdot 20 \cdot 19 \cdot 18}{4 \cdot 3 \cdot 2 \cdot 1} - \frac{18 \cdot 17 \cdot 16 \cdot 15}{4 \cdot 3 \cdot 2 \cdot 1}$$
$$= 5985 - 3060 = \mathbf{2925} \text{ (通り)}$$

(3) $49 = 7^2$ より，題意をみたすのは，4 個の数のうち少なくとも 2 個が 7 の倍数のときである．7 の倍数は 3 個しかないので，これは，「2 個が 7 の倍数で，2 個が 7 の倍数でない」か，「3 個が 7 の倍数で，1 個が 7 の倍数でない」かのいずれかである．

よって

$${}_3C_2 \times {}_{18}C_2 + {}_3C_3 \times {}_{18}C_1$$
$$= 459 + 18 = \mathbf{477} \text{ (通り)}$$

(4) $35 = 5 \times 7$ より，題意をみたすのは，「4 個の数のうち，少なくとも 1 個は 5 の倍数であり，かつ少なくとも 1 個は 7 の倍数」のときである．よって，すべての組合せから「5 の倍数を含まないか，または，7 の倍数を含まない」組合せを除いたものである．

1 から 21 までの自然数のうち，5 の倍数は 4 個，5 の倍数でないものは 17 個．したがって，

5 の倍数を含まない組合せは

$${}_{17}C_4 = \frac{17 \cdot 16 \cdot 15 \cdot 14}{4 \cdot 3 \cdot 2 \cdot 1} = 2380 \text{ (通り)}$$

7 の倍数を含まない組合せは

$${}_{18}C_4 = \frac{18 \cdot 17 \cdot 16 \cdot 15}{4 \cdot 3 \cdot 2 \cdot 1} = 3060 \text{ (通り)}$$

また，1 から 21 までの自然数のうち，5 の倍数でも 7 の倍数でもない数は

$21 - 4 - 3 = 14$ (個) であるから

5 の倍数も 7 の倍数も含まない組合せは

$${}_{14}C_4 = \frac{14 \cdot 13 \cdot 12 \cdot 11}{4 \cdot 3 \cdot 2 \cdot 1} = 1001 \text{ (通り)}$$

以上より

$${}_{21}C_4 - ({}_{17}C_4 + {}_{18}C_4 - {}_{14}C_4)$$
$$= 5985 - (2380 + 3060 - 1001)$$
$$= \mathbf{1546} \text{ (通り)}$$

050

(1) $${}_8C_1 \times {}_7C_3 = 8 \cdot \frac{7 \cdot 6 \cdot 5}{3 \cdot 2 \cdot 1} = \mathbf{280} \text{ (通り)}$$

(2) 2 人の組 4 つに区別があるとすれば，分け方は全部で

$${}_8C_2 \times {}_6C_2 \times {}_4C_2 \text{ (通り)}$$

実際には，組に区別がないので同じものが 4! ずつ重複している．

よって

$$\frac{{}_8C_2 \times {}_6C_2 \times {}_4C_2}{4!} = \frac{28 \cdot 15 \cdot 6}{4 \cdot 3 \cdot 2}$$
$$= \mathbf{105} \text{ (通り)}$$

(3) 1人の組2つと3人の組2つに区別があるとすれば，分け方は全部で

$${}_8C_1 \times {}_7C_1 \times {}_6C_3 \text{（通り）}$$

実際には，組に区別がないので同じものが $2! \times 2!$ ずつ重複している．

よって

$$\frac{{}_8C_1 \times {}_7C_1 \times {}_6C_3}{2! \times 2!} = \frac{8 \cdot 7 \cdot 20}{4}$$

$$= \mathbf{280} \text{（通り）}$$

051

(1) 1が3個，2が2個，3が1個を1列に並べる場合の数で

$$\frac{6!}{3!\,2!\,1!} = \mathbf{60} \text{（個）}$$

(2) 一の位は2なので，十の位から万の位までの4個の数字を1，1，1，2，2から選んで並べればよい．その4個の数字が1，1，1，2のとき

$$\frac{4!}{3!\,1!} = 4 \text{（個）}$$

4個の数字が1，1，2，2のとき

$$\frac{4!}{2!\,2!} = 6 \text{（個）}$$

よって　$4 + 6 = \mathbf{10}$（個）

052

(1) 品物の1つを2人のいずれかに分ける方法は2通りであるから，1個も分けられない人がいてもよい場合，品物の分け方は 2^8 通り．この中には，8個ともすべて一方の人だけに分ける2通りが含まれるので，これを除いて

$$2^8 - 2 = \mathbf{254} \text{（通り）}$$

(2) 1個も分けられない人がいてもよい場合，品物の1つを3人のいずれかに分ける方法は3通りであるから，品物の分け方は 3^8 通り．

このうち

(ア) 8個とも1人だけがもらうとき，分け方は3通り．

(イ) 2人だけがもらうとき，まずこの2人の選び方が ${}_3C_2$ 通り．この2人に8個を題意にしたがって分ける方法は，(1)より $2^8 - 2$ 通りであるから，${}_3C_2 \times (2^8 - 2)$ 通り．

よって，(ア)，(イ)より

$$3^8 - \{3 + {}_3C_2 \times (2^8 - 2)\}$$

$$= 6561 - 3 - 762 = \mathbf{5796} \text{（通り）}$$

053

(1) 10個の○と4本の仕切り｜を1列に並べる方法の数だけあり

$$\frac{(10+4)!}{10!\,4!} = \frac{14 \cdot 13 \cdot 12 \cdot 11}{4 \cdot 3 \cdot 2 \cdot 1}$$

$$= \mathbf{1001} \text{（通り）}$$

(2) 10個の○を1列に並べて，その9つの間から4つを選び，4本の仕切り｜を1本ずつ入れる方法の数を求めればよい．

よって　${}_9C_4 = \dfrac{9 \cdot 8 \cdot 7 \cdot 6}{4 \cdot 3 \cdot 2 \cdot 1} = \mathbf{126}$（通り）

(注) **例題053**(2)の別解のようにしてもよい．10個のボールから1個ずつ5個の箱に入れておくと，残り5個を5個の箱に分ける方法の数を求めればよいことになる．

つまり，5個の○と4本の仕切り｜の並べ方を考え

$$\frac{(5+4)!}{5!\,4!} = \frac{9 \cdot 8 \cdot 7 \cdot 6}{4 \cdot 3 \cdot 2} = 126 \text{（通り）}$$

054

(1) 1〜6までの6個の数字から重複を許して4個の数字をとる組合せと考えられるので，4個の○と5本の仕切り｜を1列に並べる方法の数だけあり

$$\frac{(4+5)!}{4!\,5!} = \frac{9 \cdot 8 \cdot 7 \cdot 6}{4 \cdot 3 \cdot 2} = \mathbf{126} \text{（通り）}$$

(注) **例題054** の **Assist** の公式を用いて

$${}_6H_4 = {}_{6+4-1}C_4 = 126 \text{（通り）}$$

としてもよい．

(2) 同類項は $x^i y^j z^k$（i，j，k は0以上の整数で，$i + j + k = n$）と表される．

よって，同類項の種類は，x，y，z の3個の文字から重複を許して n 個の文字をとる組合せと考えられるので，n 個の○と2本の仕切り｜を1列に並べる方法の数だけあり

$$\frac{(n+2)!}{n!\,2!} = \boldsymbol{\frac{(n+2)(n+1)}{2}} \text{（種類）}$$

(注) **例題054** の **Assist** の公式を用いて

$${}_3H_n = {}_{3+n-1}C_n = {}_{n+2}C_2$$

$$= \frac{(n+2)(n+1)}{2} \text{（種類）}$$

としてもよい．

055

(1)　${}_7P_4 = 7\cdot 6\cdot 5\cdot 4 = \mathbf{840}$ (通り)

(2)　$a > b > d$ をみたす3つの数の組 $(a,\ b,\ d)$ をとれば，$b = c$ として題意をみたす4つの数の組 $(a,\ b,\ c,\ d)$ が1つ作れる．よって，1から7までの数から3つの数を選び，それを大きいほうから並べる方法の数より

$${}_7C_3 = \frac{7\cdot 6\cdot 5}{3\cdot 2\cdot 1} = \mathbf{35}\ (通り)$$

(3)　1から7までの数から重複を許して4つの数を選び，それを大きいほうから並べれば題意をみたす数の組ができる．これは4個の○と6個の仕切り｜を1列に並べる方法の数と等しく

$$\frac{10!}{4!\,6!} = \frac{10\cdot 9\cdot 8\cdot 7}{4\cdot 3\cdot 2\cdot 1} = \mathbf{210}\ (通り)$$

㊟　**例題055** の Assist のようにしてもよい．

056

(1)　東に1区画だけ移動することを e，北に1区画だけ移動することを n で表すと，経路の総数は，6個の e，4個の n を1列に並べる方法の数だけあるので

$$\frac{10!}{6!\,4!} = \frac{10\cdot 9\cdot 8\cdot 7}{4\cdot 3\cdot 2\cdot 1} = \mathbf{210}\ (通り)$$

(2)　経路の総数からBを通る経路の数を引けばよい．Bを通る経路は，S→Bが東に4区画，北に2区画の移動で，B→Gが東に2区画，北に2区画の移動であるから

$$\frac{6!}{4!\,2!} \times \frac{4!}{2!\,2!} = 15\times 6 = 90\ (通り)$$

よって，全体から引いて

$$210 - 90 = \mathbf{120}\ (通り)$$

(3)

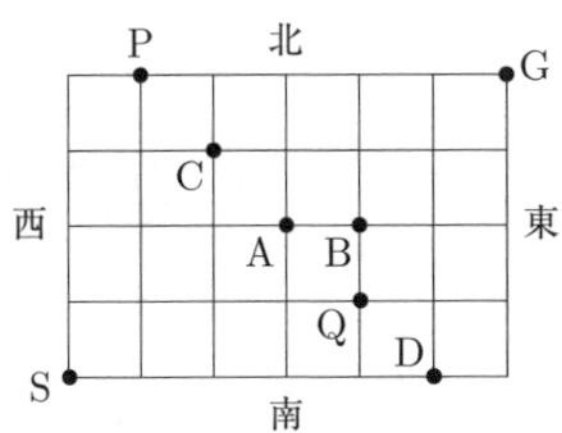

図のように点P，Qをとると，どの経路も必ずP，C，A，Q，Dのいずれか1点を通り，2点を通ることはない．よって，PまたはQを通る経路(S→P→GまたはS→Q→G)の数を数え

$$\frac{5!}{1!\,4!} \times 1 + \frac{5!}{4!\,1!} \times \frac{5!}{2!\,3!} = 5 + 50$$
$$= \mathbf{55}\ (通り)$$

057

(1)　12個の頂点を A_1，A_2，…，A_{12} とする．3つの頂点をとれば1つの三角形が作れるので

$${}_{12}C_3 = \frac{12\cdot 11\cdot 10}{3\cdot 2\cdot 1} = \mathbf{220}\ (通り)$$

(2)　二等辺三角形の頂点のとり方が12通り．そのおのおのに対して，底辺のとり方は5通り．これで作られる $12\times 5\ (=60)$ 通りの中には正三角形(全部で4個)が3通りずつ重複して数えられている．

よって　$60 - 3\times 4 + 4 = \mathbf{52}$ (通り)

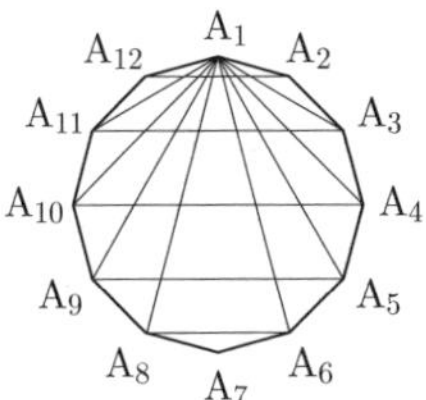

(3)　鈍角の頂点のとり方が12通り．これを，例えば A_1 とする．このとき，残り2頂点のうちの一方は，A_2，A_3，A_4，A_5 のいずれかである．

3つ目の頂点のとり方は，2つ目の頂点が

A_2 のとき

　A_9，A_{10}，A_{11}，A_{12} の4通り

A_3 のとき

　A_{10}，A_{11}，A_{12} の3通り

A_4 のとき

　A_{11}，A_{12} の2通り

A_5 のとき

　A_{12} の1通り

よって，A_1 を鈍角の頂点とするものは

　$4 + 3 + 2 + 1 = 10$ (通り)

したがって

　$12\times 10 = \mathbf{120}$ (通り)

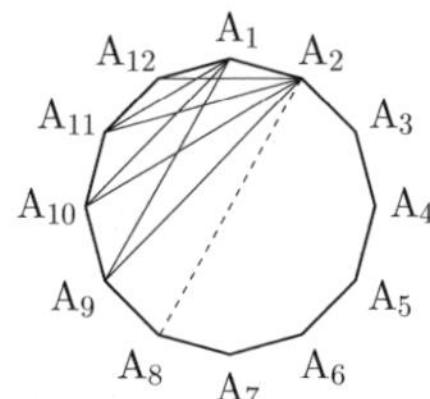

058

(1) 立体を回転させて一致する塗り方は同じ塗り方とみなすから，まず上面と下面に塗る2色の選び方は ${}_8C_2$ 通り．
このとき，一方を上面，他方を下面に固定でき，残りの6色を側面に塗る方法の数は円順列で $(6-1)!$ 通り．
よって

$${}_8C_2\times5!=28\times120=\mathbf{3360}\ (\text{通り})$$

(2) 7色で塗るとき1色だけ2つの面に塗ることになる．この1色の選び方が ${}_7C_1$ 通り．

(i) 上面と下面を1色で塗るとき
残り6色を側面に塗る方法は，裏返しても同じ塗り方になるから，首飾りの順列と同じで

$$\frac{(6-1)!}{2}=60\ (\text{通り})$$

(ii) 上面と下面を異なる色で塗るとき
この2色の選び方は(2つの面に塗る1色を除いた6色から選び) ${}_6C_2$ 通り．このうちいずれか一方を上面に，他方を下面に固定する．このとき側面の塗り方は円順列となるが，5色で6つの面を塗る．ここで(隣り合わない)2つの面に塗る1色をAとすると，Aの固定の仕方は図のような2通り．

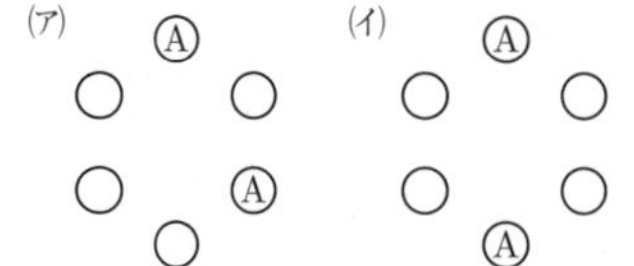

(ア)のとき
残りの4色の並べ方は $4!$ 通り．
(イ)のとき
残りの4色の並べ方は，側面を 180° 回転しても同じ塗り方になるから $\frac{4!}{2}$ 通り．
(ア)と(イ)を合わせて

$${}_6C_2\times\left(4!+\frac{4!}{2}\right)=540\ (\text{通り})$$

(i)，(ii)より

$${}_7C_1\times(60+540)=\mathbf{4200}\ (\text{通り})$$

059

3個のサイコロの目の出方は全部で 6^3 通り．

(1) 和が5となるのは，出た目の組が $\{1,\ 1,\ 3\}$，$\{1,\ 2,\ 2\}$ となるときであるから，どちらも目の出方は3通りで，全部で6通り．
よって，求める確率は

$$\frac{6}{6^3}=\mathbf{\frac{1}{36}}$$

(2) 少なくとも1回，2か4か6が出るときで，余事象は3回とも奇数である．これは 3^3 通りである．
よって，求める確率は

$$1-\frac{3^3}{6^3}=\mathbf{\frac{7}{8}}$$

060

(1) 9個から同時に2個とり出す方法は ${}_9C_2$ 通り．このうち，赤球を1個，青球を1個とり出す方法は ${}_4C_1\times{}_3C_1$ 通り．
よって，求める確率は

$$\frac{{}_4C_1\times{}_3C_1}{{}_9C_2}=\mathbf{\frac{1}{3}}$$

(2) 9個から同時に3個とり出す方法は ${}_9C_3$ 通り．このうち，赤球，青球，白球を1個ずつとり出す方法は ${}_4C_1\times{}_3C_1\times{}_2C_1$ 通り．
よって，求める確率は

$$\frac{{}_4C_1\times{}_3C_1\times{}_2C_1}{{}_9C_3}=\mathbf{\frac{2}{7}}$$

(3) 余事象は，3個とも青球か白球の場合で，これは，${}_9C_3$ 通りのうち，${}_5C_3$ 通り．
よって，求める確率は

$$1-\frac{{}_5C_3}{{}_9C_3}=1-\frac{{}_5C_2}{{}_9C_3}=1-\frac{5}{42}=\mathbf{\frac{37}{42}}$$

061

(1) $(i,\ j)$ の組は全部で ${}_9P_2$ 通り．これらは等確率で，このうち $i+j=9$ をみたす $(i,\ j)$ の組は

$$(i,\ j)=(1,\ 8),\ (2,\ 7),\ (3,\ 6),\ \cdots,\ (8,\ 1)$$

の8通り．

よって　$\boldsymbol{P(A)}=\frac{8}{{}_9P_2}=\mathbf{\frac{1}{9}}$

㊟ 順列は全部で $9!$ 通り．このうち
$i+j=9$ をみたす順列は

$$(i,\ j)=(1,\ 8),\ (2,\ 7),\ (3,\ 6),\ \cdots,\ (8,\ 1)$$

の(8通りの)おのおのに対して $7!$ 通りあ

るから $8\times 7!$ 通りである．

よって　$P(A)=\dfrac{8\times 7!}{9!}=\dfrac{8}{9\cdot 8}$

したがって，分母を ${}_9\mathrm{P}_2$ として，上のように計算してよい．

(2)　$A\cap B$ は，$(i,\ j)=(4,\ 5),\ (5,\ 4)$ であるから　$\boldsymbol{P(A\cap B)}=\dfrac{2}{{}_9\mathrm{P}_2}=\boldsymbol{\dfrac{1}{36}}$

(3)　$|i-j|=1$ をみたす $(i,\ j)$ の組は

$$(i,\ j)=(1,\ 2),\ (2,\ 3),\ (3,\ 4),\ \cdots,\ (8,\ 9)$$

と，それぞれ2つの数字を入れかえたもので，$16\ (=2\times 8)$ 通り．

よって　$P(B)=\dfrac{16}{{}_9\mathrm{P}_2}=\dfrac{2}{9}$

和事象の確率であるから

$$\begin{aligned}\boldsymbol{P(A\cup B)}&=P(A)+P(B)-P(A\cap B)\\&=\frac{1}{9}+\frac{2}{9}-\frac{1}{36}=\boldsymbol{\frac{11}{36}}\end{aligned}$$

062

題意をみたすのは4回の試行で，赤球を4個とり出すか，赤球を3個，白球を1個とり出すときである．

よって

$$\begin{aligned}&\left(\frac{4}{9}\right)^4+{}_4\mathrm{C}_3\left(\frac{4}{9}\right)^3\left(\frac{5}{9}\right)^1\\&=\frac{4^4+5\cdot 4^4}{9^4}=\boldsymbol{\frac{512}{2187}}\end{aligned}$$

063

(1)　1回のゲームでAが勝つ確率とBが勝つ確率は同じで，7回までに必ずどちらかが優勝するので，Aが優勝する確率は　$\boldsymbol{\dfrac{1}{2}}$

(2)　題意をみたすのは，はじめの6回で3勝3敗のときで，確率は

$$\begin{aligned}{}_6\mathrm{C}_3\left(\frac{1}{2}\right)^3\left(\frac{1}{2}\right)^3&=\frac{6\cdot 5\cdot 4}{3\cdot 2\cdot 1}\times\frac{1}{2^6}\\&=\boldsymbol{\frac{5}{16}}\end{aligned}$$

(3)　Aが勝つことを○，負けることを×で表す．題意をみたすのは，ゲームの回数が6回か7回のときである．

(i)　ゲームの回数が6回のとき

はじめの5回は，○が3個，×が2個(Aが3勝2敗)で，×が連続する．これは，右図のように4通りあり，6回目はAが勝つことに注意すると，確率は

××○○○
○××○○
○○××○
○○○××

$$\left\{4\times\left(\frac{1}{2}\right)^3\left(\frac{1}{2}\right)^2\right\}\times\frac{1}{2}=\frac{1}{16}$$

(ii)　ゲームの回数が7回のとき

はじめの6回は，○が3個，×が3個(Aが3勝3敗)で，×が少なくとも2個連続する．これは，3個の○と3個の×を1列に並べる方法から，×が連続しない

○×○×○×　　×○×○×○
×○○×○×　　×○×○○×

を除いたものであるから

$$\frac{6!}{3!\,3!}-4=16\text{(通り)}$$

7回目はAが勝つことに注意すると，確率は

$$\left\{16\times\left(\frac{1}{2}\right)^3\left(\frac{1}{2}\right)^3\right\}\times\frac{1}{2}=\frac{1}{8}$$

(i)，(ii)より，求める確率は

$$\frac{1}{16}+\frac{1}{8}=\boldsymbol{\frac{3}{16}}$$

064

(1)　サイコロを6回投げたとき，偶数の目が k 回，奇数の目が $6-k$ 回出たとすると

$$\begin{aligned}x&=k\times 4+(6-k)\times(-3)\\&=7k-18\end{aligned}$$

$x=10$ となるとき

$$7k-18=10\qquad\therefore\quad k=4$$

よって，偶数の目が4回，奇数の目が2回出たときであるから，求める確率は

$${}_6\mathrm{C}_4\left(\frac{3}{6}\right)^4\left(\frac{3}{6}\right)^2={}_6\mathrm{C}_2\times\frac{1}{2^6}=\boldsymbol{\frac{15}{64}}$$

(2)　サイコロを n 回投げたとき，偶数の目が k 回，奇数の目が $n-k$ 回出たとすると

$$\begin{aligned}x&=k\times 4+(n-k)\times(-3)\\&=7k-3n\end{aligned}$$

よって，$x=14$ となる条件は

$$7k-3n=14\qquad\therefore\quad 3n=7(k-2)$$

ここで3と7は互いに素なので，n は7の倍数．

$n\leqq 12$ より　$n=7$　　このとき　$k=5$

したがって，$x=14$ となるのは7回投げて偶数の目が5回出たときであるから，求める確率は

$$ {}_7\mathrm{C}_5\left(\frac{3}{6}\right)^5\left(\frac{3}{6}\right)^2 = \mathbf{\frac{21}{128}} $$

065

(1) 「出た目の最小値が2」であるとは，サイコロを n 回振るとき，目が「すべて2以上」で，「すべて3以上」ではないときである．

よって，求める確率は

$$ \left(\frac{5}{6}\right)^n - \left(\frac{4}{6}\right)^n = \boldsymbol{\frac{5^n-4^n}{6^n}} $$

(2) 題意をみたすのは，1の目が2回出て，それ以外の $n-2$ 回で，「出た目はすべて2以上で，最大値が6」 ……① のときである．

①は「出た目がすべて2以上6以下」となる場合から「出た目がすべて2以上5以下」となる場合を除いたものである．

よって，求める確率は

$$ {}_n\mathrm{C}_2\left(\frac{1}{6}\right)^2 \times \left\{\left(\frac{5}{6}\right)^{n-2} - \left(\frac{4}{6}\right)^{n-2}\right\} $$

$$ = \boldsymbol{\frac{n(n-1)(5^{n-2}-4^{n-2})}{2\cdot 6^n}} $$

066

(1) Cを通るとき，AからCに最短経路で進む．これは右へ4区画，上へ2区画進むので ${}_6\mathrm{C}_4$ 通り．この進み方はどれも等確率で

$p^4(1-p)^2$

よって，求める確率は

$$ {}_6\mathrm{C}_4 \times p^4(1-p)^2 = \boldsymbol{15p^4(1-p)^2} $$

(2)

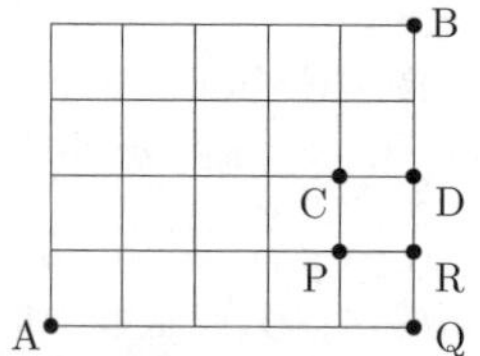

図のようにP，Q，Rをとる．

Dを通るとき，A→R→Dまたは A→C→Dと進む．

(i) A→R→Dのとき

(ア) A→P→R→D　または

(イ) A→Q→R→D

(ア) A→P→R→Dのとき

A→Pは右へ4区画，上へ1区画進むので ${}_5\mathrm{C}_4$ 通り．この進み方はどれも等確率で　$p^4(1-p)$

また，P→R→Dと進む確率は　$p\times 1$

よって，このときの確率は

$$ {}_5\mathrm{C}_4 \times p^4(1-p)\times(p\times 1) $$
$$ = 5p^5(1-p) $$

(イ) A→Q→R→Dのとき

A→Qと進む確率は　p^5

また，Q→R→Dと進む確率は　1×1

よって，このときの確率は

$$ p^5\times 1\times 1 = p^5 $$

(ii) A→C→Dのとき

(1)と，C→Dへ進む確率が p であることから，このときの確率は

$$ 15p^4(1-p)^2\times p = 15p^5(1-p)^2 $$

以上より，求める確率は

$$ 5p^5(1-p) + p^5 + 15p^5(1-p)^2 $$
$$ = \boldsymbol{p^5(15p^2-35p+21)} $$

067

5人の手の出し方は全部で 3^5 通り．

(1) 2人の勝者の選び方が ${}_5\mathrm{C}_2$ 通り．その勝者の手の種類が3通り．

このとき敗者3人とその手の種類が決まるので，求める確率は

$$ \frac{{}_5\mathrm{C}_2\times 3}{3^5} = \frac{5\cdot 4}{2\cdot 1}\times\frac{1}{3^4} = \mathbf{\frac{10}{81}} $$

(2) 余事象は誰かが勝つこと．つまり，5人の出した手が2種類であることである．この2種類の選び方が ${}_3\mathrm{C}_2$ 通り．5人がこの2種類の手を出す場合の数が 2^5-2 通り(5人ともどちらか一方の手を出す2通りを引く)．

よって，求める確率は

$$ 1-\frac{{}_3\mathrm{C}_2\times(2^5-2)}{3^5} = 1-\frac{10}{27} = \mathbf{\frac{17}{27}} $$

(注) **例題067**と同じようにアイコで場合分けすると少し面倒である．

068

ジャンケンの人数の変化に着目すると，5回目が終わってまだ勝者が1人に決まらない人数の変化の仕方は

(i) 3→3→3→3→3→3

(ii) 3→3→3→3→3→2

(iii) 3→3→3→3→2→2

(iv) 3→3→3→2→2→2

(v) 3→3→2→2→2→2

(vi) 3→2→2→2→2→2

の6通りである．

3人が1回ジャンケンをして

(ア)「$3\to3$」である確率は $\dfrac{3+3\cdot2}{3^3}=\dfrac{1}{3}$

(イ)「$3\to2$」である確率は $\dfrac{3\cdot3}{3^3}=\dfrac{1}{3}$

2人が1回ジャンケンをして

(ウ)「$2\to2$」である確率は $\dfrac{3}{3^2}=\dfrac{1}{3}$

よって，(i)〜(vi)はすべて等確率で(互いに排反)

$$\left(\frac{1}{3}\right)^5\times6=\mathbf{\frac{2}{81}}$$

069

$$p_n={}_{50}\mathrm{C}_n\left(\frac{1}{6}\right)^n\left(\frac{5}{6}\right)^{50-n}$$
$$=\frac{50!}{n!(50-n)!}\cdot\frac{5^{50-n}}{6^{50}}$$

であるから

$$\frac{p_{n+1}}{p_n}=\frac{50!}{(n+1)!(49-n)!}\cdot\frac{5^{49-n}}{6^{50}}\times\frac{n!(50-n)!}{50!}\cdot\frac{6^{50}}{5^{50-n}}$$
$$=\frac{(50-n)}{(n+1)\cdot5}$$

よって，$p_n>0$ であるから

$$p_n<p_{n+1}\iff\frac{p_{n+1}}{p_n}>1$$
$$\iff\frac{50-n}{(n+1)\cdot5}>1$$
$$\iff 50-n>5(n+1)$$
$$\iff n<\frac{15}{2}$$
$$\iff n\leqq7\quad\cdots\cdots①$$

同様に

$$p_n>p_{n+1}\iff n>\frac{15}{2}$$
$$\iff n\geqq8\quad\cdots\cdots②$$

①，②より

$p_0<p_1<p_2<\cdots<p_7<p_8$,

$p_8>p_9>p_{10}>\cdots$

よって，$\boldsymbol{n=8}$ のとき p_n は最大．

070

当たりを引くことを○，はずれを引くことを×で表すと，当たりくじが3本しかないのでCとDがともに当たりを引くのは，A，B，C，Dが引いたくじが順に

(○，×，○，○) か

(×，○，○，○) か

(×，×，○，○)

のときである．よって，求める確率は

$$\frac{3}{12}\cdot\frac{9}{11}\cdot\frac{2}{10}\cdot\frac{1}{9}+\frac{9}{12}\cdot\frac{3}{11}\cdot\frac{2}{10}\cdot\frac{1}{9}+\frac{9}{12}\cdot\frac{8}{11}\cdot\frac{3}{10}\cdot\frac{2}{9}$$
$$=\frac{1+1+8}{220}=\mathbf{\frac{1}{22}}$$

別解 12本のくじを4人が順に1本ずつ引く場合の数は

${}_{12}\mathrm{P}_4$ 通り

このうち，CとDがともに当たりを引く場合の数は，CとDの引く当たりくじを先に決めてもよいので ${}_3\mathrm{P}_2\times{}_{10}\mathrm{P}_2$ 通り(CとDの引く当たりくじの選び方が ${}_3\mathrm{P}_2$ 通り．そのおのおのに残り10本のくじからA，Bの引くくじの選び方が ${}_{10}\mathrm{P}_2$ 通り)．

よって，CとDがともに当たりを引く確率は

$$\frac{{}_3\mathrm{P}_2\times{}_{10}\mathrm{P}_2}{{}_{12}\mathrm{P}_4}=\frac{(3\cdot2)\times(10\cdot9)}{12\cdot11\cdot10\cdot9}$$
$$=\mathbf{\frac{1}{22}}$$

071

(1) Sから赤球をとり出す確率は $\dfrac{4}{7}$，Sから赤球をとり出してTに入れると，Tには赤球4個と白球5個になる．そのTから赤球2個をとり出す確率は $\dfrac{{}_4\mathrm{C}_2}{{}_9\mathrm{C}_2}$

Sから白球をとり出す確率は $\dfrac{3}{7}$，Sから白球をとり出してTに入れると，Tには赤球3個と白球6個になる．そのTから赤球2個をとり出す確率は $\dfrac{{}_3\mathrm{C}_2}{{}_9\mathrm{C}_2}$

よって，求める確率は

$$\frac{4}{7}\times\frac{{}_4\mathrm{C}_2}{{}_9\mathrm{C}_2}+\frac{3}{7}\times\frac{{}_3\mathrm{C}_2}{{}_9\mathrm{C}_2}$$
$$=\frac{4\cdot6+3\cdot3}{7\cdot36}=\mathbf{\frac{11}{84}}$$

(2) Sからとり出した球が赤球である事象を S_R，Tからとり出した球が2球とも赤球である事象を T_R とすると，Sから赤球をとり出し，Tから2球とも赤球をとり出す確率

$P(T_R \cap S_R)$ は

$$\frac{4}{7} \times \frac{{}_4C_2}{{}_9C_2} = \frac{4 \cdot 6}{7 \cdot 36} = \frac{2}{21}$$

(1)より

$$P(T_R) = \frac{11}{84}$$

よって，求める確率は

$$P_{T_R}(S_R) = \frac{P(T_R \cap S_R)}{P(T_R)} = \frac{\frac{2}{21}}{\frac{11}{84}} = \mathbf{\frac{8}{11}}$$

072

(1) 終わるまでの回数を k とする．小さいカードから順にとり出すと，
$1+2+3+4=10$ より4回で終わる．よって，k の範囲は

$\mathbf{1 \leqq k \leqq 4}$

(2) (i) 1回で終わるのは，はじめに10をとり出すときで

$$p_1 = \frac{1}{10}$$

(ii) 2回で終わるのは，1回目の数字を i，2回目の数字を j とすると

$i=1$ のとき

$j=9$，10の2通り

$i=2$ のとき

$j=8$，9，10の3通り

$i=3$ のとき

$j=7$，8，9，10の4通り

$i=4$ のとき

$j=6$，7，8，9，10の5通り

$i=5$ のとき

$j=6$，7，8，9，10の5通り

$i=6$ のとき

$j=4$，5，7，8，9，10の6通り

同様に $i=7$ のとき7通り，$i=8$ のとき8通りで，$i=9$ のとき9通り．

よって，$(i,\ j)$ の組は

$2+3+4+5+5+6+7+8+9=49$

であるから

$$p_2 = \frac{49}{{}_{10}P_2} = \frac{49}{90}$$

(iii) 4回で終わるのは，3回までの和が9以下で

{1，2，3}，{1，2，4}，{1，2，5}，{1，2，6}，{1，3，4}，{1，3，5}，{2，3，4}

の7通り（順番の決め方はおのおの3!通り）で，このときはつねに4回で終わるので

$$p_4 = \frac{7 \times 3!}{{}_{10}P_3} = \frac{7}{120}$$

(iv) 3回で終わる場合は余事象を考えて，(i)〜(iii)より

$$\begin{aligned} p_3 &= 1-(p_1+p_2+p_4) \\ &= 1 - \frac{1}{10} - \frac{49}{90} - \frac{7}{120} \\ &= \frac{360-36-196-21}{360} = \frac{107}{360} \end{aligned}$$

よって

回数の期待値

$$\begin{aligned} &= 1 \times p_1 + 2 \times p_2 + 3 \times p_3 + 4 \times p_4 \\ &= 1 \cdot \frac{1}{10} + 2 \cdot \frac{49}{90} + 3 \cdot \frac{107}{360} + 4 \cdot \frac{7}{120} \\ &= \frac{36+392+321+84}{360} = \mathbf{\frac{833}{360}} \end{aligned}$$

§6 数学と人間の活動

073

(1) $75 = 3 \times 5^2$，$360 = 2^3 \times 3^2 \times 5$，
$420 = 2^2 \times 3 \times 5 \times 7$

であるから，**最大公約数は 15** $(= 3 \times 5)$，
最小公倍数は 12600 $(= 2^3 \times 3^2 \times 5^2 \times 7)$

(2) 2つの自然数を a，b とすると，最大公約数が17であるから $a = 17a'$，$b = 17b'$（a' と b' は自然数で，最大公約数は1，$a' \leqq b'$）と表せる．また，最小公倍数が204であるから

$ab = 17 \times 204$

$\therefore\ (17a')(17b') = 17 \times 204$

$\therefore\ a'b' = 12$

a，b とも2桁なので，a'，b' とも1以上5以下である．a' と b' の最大公約数が1であることから　$a'=3$，$b'=4$

よって，求める2つの自然数は　**51 と 68**

074

(1) 条件より

$2n+1 = 7k$　……①
$n+1 = 3l$　……②
（k，l は自然数）

と表される．

このとき，①，②より

$$2n+8=7k+7=7(k+1)$$
$$2n+8=6l+6=6(l+1)$$

であるから $2n+8$ は7の倍数であり，かつ6の倍数である．6と7は互いに素なので，$2n+8$ は $42\ (=7\times6)$ の倍数である． 終

(2) a^2 と $2a+1$ が互いに素でないと仮定する．このとき，1より大きい公約数 p が存在する．つまり

$$a^2=pk \quad \cdots\cdots ①$$
$$2a+1=pl \quad \cdots\cdots ② \quad (k,\ l \text{は自然数})$$

と表せる．②より

$$(2a)^2=(pl-1)^2$$
$$\therefore\quad 4a^2=p^2l^2-2pl+1$$

①を代入して

$$4pk=p^2l^2-2pl+1$$
$$\therefore\quad p(4k-pl^2+2l)=1$$

ここで $4k-pl^2+2l$ は整数なので，この式をみたす p は存在せず，不合理．

よって，a^2 と $2a+1$ は互いに素である．

終

別解 a^2 と $2a+1$ が互いに素でないと仮定する．このとき，1より大きい公約数である素数 p が存在する．a^2 が p で割り切れるので，a も p で割り切れる．さらに，$2a+1$ が p で割り切れるので，1が p で割り切れることになる．これは不合理．

よって，a^2 と $2a+1$ は互いに素である．

終

075

(1) a，b は7で割ると余りがそれぞれ2，3であるから，$a=7k+2$，$b=7l+3$ (k，l は整数)と表される．

よって

$$2a+b+3ab$$
$$=2(7k+2)+(7l+3)+3(7k+2)(7l+3)$$
$$=7(21kl+11k+7l+3)+4$$

より，$2a+b+3ab$ を7で割った余りは **4**.

(2) k を整数とする．

(i) $n=4k$ のとき

$$n^3+2n=4^3k^3+8k=4(16k^3+2k)$$

と表せ，n^3+2n は4で割り切れる．

以下，$n=4k+r$ ($r=1,\ 2,\ 3$) のときは

$$n^3+2n=(4k+r)^3+2(4k+r)$$
$$=\{(4k)^3+3(4k)^2r+3(4k)r^2+r^3\}+8k+2r$$
$$=4(16k^3+12k^2r+3kr^2+2k)+r^3+2r$$
$$=(4\text{の倍数})+r^3+2r$$

であることに注意して計算する．

(ii) $n=4k+1$ のとき

$$n^3+2n=(4k+1)^3+2(4k+1)$$
$$=(4\text{の倍数})+1^3+2\cdot1$$
$$=(4\text{の倍数})+3$$

と表せ，n^3+2n を4で割った余りが3.

(iii) $n=4k+2$ のとき

$$n^3+2n=(4k+2)^3+2(4k+2)$$
$$=(4\text{の倍数})+2^3+2\cdot2$$
$$=(4\text{の倍数})+12$$
$$=(4\text{の倍数})$$

と表せ，n^3+2n は4で割り切れる．

(iv) $n=4k+3$ のとき

$$n^3+2n=(4k+3)^3+2(4k+3)$$
$$=(4\text{の倍数})+3^3+2\cdot3$$
$$=(4\text{の倍数})+33$$
$$=(4\text{の倍数})+1$$

と表せ，n^3+2n を4で割った余りが1.

以上より，n^3+2n を4で割った余りが1となるのは，(iv)のときで，整数 n の条件は，**n を4で割った余りが3**.

076

(1) (i) $n(n+1)(4n-1)$

$$=n(n+1)(3n+n-1)$$
$$=3n\cdot n(n+1)+(n-1)n(n+1)$$

ここで $n(n+1)$ はつねに2の倍数なので，$3n\cdot n(n+1)$ は6の倍数.

$(n-1)n(n+1)$ はつねに2の倍数であり，かつ3の倍数．つまり6の倍数.

よって，$n(n+1)(4n-1)$ は6の倍数.

終

(ii) m^3n-mn^3

$$=m^3n-mn+mn-mn^3$$
$$=n(m^3-m)-m(n^3-n)$$
$$=n(m-1)m(m+1)-m(n-1)n(n+1)$$

ここで $(m-1)m(m+1)$ と $(n-1)n(n+1)$ はつねに6の倍数であるから，m^3n-mn^3 は6の倍数． 終

(2) $3n+1$ は3の倍数ではないので，n^2+1 が $3n+1$ の倍数になることと，$9(n^2+1)$ が $3n+1$ の倍数になることは同値である．
よって，$9(n^2+1)$ が $3n+1$ で割り切れる条件を求めればよい．
(いま，$(3n+1)(3n-1)$ は $3n+1$ で割り切れるので)
$9(n^2+1)=(3n+1)(3n-1)+10$ より，
$9(n^2+1)$ が $3n+1$ で割り切れるのは，10 が $3n+1$ で割り切れるときである．
よって　$3n+1=1,\ 2,\ 5,\ 10$
このうち n が自然数となるのは　$\boldsymbol{n=3}$

077

いま，$a,\ b,\ c$ がすべて5の倍数でないと仮定する．一般に，整数 n に対して，n が5の倍数でないとすると

$$n=5k\pm1,\ 5k\pm2 \quad (k\text{は整数})$$

と表せる．

(i) $n=5k\pm1$ (k は整数)のとき
$n^2=25k^2\pm10k+1=5(5k^2\pm2k)+1$ より
　n^2 を5で割ると余りは1

(ii) $n=5k\pm2$ (k は整数)のとき
$n^2=25k^2\pm20k+4=5(5k^2\pm4k)+4$ より
　n^2 を5で割ると余りは4

このとき，(i)，(ii)より，$a^2,\ b^2,\ c^2$ はすべて5で割った余りが1か4．よって，a^2+b^2 を5で割った余りは，$1+1,\ 1+4,\ 4+4$ を5で割った余りのいずれかで，2か0か3．
$a^2+b^2=c^2$ より c^2 を5で割った余りも0か2か3でなくてはならない．ところが，上で述べたように c^2 を5で割った余りは1か4なのでこれは不合理．
よって，$a,\ b,\ c$ のいずれかは5の倍数である．　終

(注) $n=5k$ (k は整数)のとき，$n^2=25k^2$ より n^2 は5の倍数．

078

0が一の位から連続してちょうど k 個並ぶというのは，この積が 10^k で割り切れるが，10^{k+1} で割り切れないということ．つまり，この積の素因数分解における2と5の個数の少ない方が k ということである．2と5では，明らかに5の個数の方が少ないので，素因数分解における5の個数が求める数である．

よって

$$\left[\frac{250}{5}\right]+\left[\frac{250}{5^2}\right]+\left[\frac{250}{5^3}\right]+\left[\frac{250}{5^4}\right]+\cdots$$
$$=\left[\frac{250}{5}\right]+\left[\frac{250}{25}\right]+\left[\frac{250}{125}\right]+\left[\frac{250}{625}\right]+\cdots$$
$$=50+10+2+0+0+\cdots=\mathbf{62}\ (\text{個})$$

079

$$7429=2431\times3+136$$
$$2431=136\times17+119$$
$$136=119\times1+17$$
$$(119=17\times7)$$

よって

$$\begin{aligned}(7429,\ 2431)&=(2431,\ 136)\\&=(136,\ 119)\\&=(119,\ 17)\\&=17\end{aligned}$$

よって，最大公約数は　**17**

080

(1) ある自然数を n とすると，9で割ると5余り，7で割ると4余ることから
　$(n=)\ 9a+5=7b+4$
　($a,\ b$ は0以上の整数)
と表され
　$9a-7b=-1$　……①
ここで，$(a,\ b)=(3,\ 4)$ は①をみたす．
つまり
　$9\cdot3-7\cdot4=-1$　……②
が成り立つ．
よって，①－②より
　$9(a-3)-7(b-4)=0$
$\therefore$　$9(a-3)=7(b-4)$
7と9は互いに素であるから
　$a-3=7m,\ b-4=9m$　(m は整数)
$\therefore$　$a=7m+3,\ b=9m+4$
と表せる．
よって
　$n=9(7m+3)+5=63m+32$
よって，n を63で割った余りは　**32**

(2)　$17x+30y=1$　……①
30を17で割ることからはじめて，割り算をくり返し実行すると
　$30=17\cdot1+13$　……②
$\therefore$　$17=13\cdot1+4$　……③
$\therefore$　$13=4\cdot3+1$　……④

④，③，②を順に用いて

$$\begin{aligned}1&=13-4\cdot3\\&=13-(17-13\cdot1)\cdot3\\&=4\cdot13-3\cdot17\\&=4(30-17\cdot1)-3\cdot17\\&=-7\cdot17+4\cdot30\end{aligned}$$

$\therefore\ (-7)\cdot17+4\cdot30=1$ ……⑤

ここで①－⑤より

$$17(x+7)+30(y-4)=0$$

$\therefore\ 17(x+7)=-30(y-4)$

よって，17と30は互いに素であるから

$x+7=30n,\ y-4=-17n$ （nは整数）

$\therefore$ $\boldsymbol{x=30n-7,\ y=-17n+4}$

（nは整数）

081

(1) (与式) $\iff (x-1)(y+3)=4$

$\iff (x-1,\ y+3)$
$=(\pm1,\ \pm4),\ (\pm2,\ \pm2),\ (\pm4,\ \pm1)$ （複号同順）

$\iff (x,\ y)$
$\boldsymbol{=(2,\ 1),\ (0,\ -7),\ (3,\ -1),\ (-1,\ -5),\ (5,\ -2),\ (-3,\ -4)}$

(2) (与式) $\iff 4xy+2x+6y+2=0$

$\iff (2x+3)(2y+1)=1$

$\iff (2x+3,\ 2y+1)=(1,\ 1),\ (-1,\ -1)$

$\iff (x,\ y)$
$\boldsymbol{=(-1,\ 0),\ (-2,\ -1)}$

(3) (与式) $\iff x^2+(2y)^2=25$

一般に，整数nに対して

$$n^2=0,\ 1,\ 4,\ 9,\ 16,\ 25,\ \cdots$$

であるから

$$(x^2,\ (2y)^2)=(25,\ 0),\ (9,\ 16)$$

$\therefore$ $\boldsymbol{(x,\ y)=(\pm5,\ 0),\ (\pm3,\ \pm2)}$

（複号任意）

(4) (与式) $\iff x^2-2(y+1)x+3y^2-8y+13=0$

$\iff x=(y+1)\pm\sqrt{\dfrac{D}{4}}$ ……①

$$\left(\begin{aligned}\frac{D}{4}&=(y+1)^2-(3y^2-8y+13)\\&=-2y^2+10y-12\end{aligned}\right)$$

まず，与式をみたす実数xが存在する条件は

$$\frac{D}{4}\geqq0$$

$\therefore\ -2y^2+10y-12\geqq0$

$\therefore\ (y-2)(y-3)\leqq0$

$\therefore\ 2\leqq y\leqq3$

$\therefore\ y=2,\ 3$

このとき，$\dfrac{D}{4}=0$であり，①に代入して

$$\boldsymbol{(x,\ y)=(3,\ 2),\ (4,\ 3)}$$

082

(1) 10進法の一の位は10で割った余りと一致する．

$1987=198\times10+7$より

$1987\equiv7\pmod{10}$であるから

$$\begin{aligned}1987^{1987}&\equiv7^{1987}\\&\equiv(7^2)^{993}\cdot7\pmod{10}\end{aligned}$$ ……①

ここで$7^2=49\equiv-1\pmod{10}$であるから

$$\begin{aligned}(7^2)^{993}\cdot7&\equiv(-1)^{993}\cdot7\\&\equiv-7\\&\equiv3\pmod{10}\end{aligned}$$ ……②

①，②より

$$1987^{1987}\equiv3\pmod{10}$$

よって，1987^{1987}の一の位は　**3**

(2) mod 12で計算して，$111=12\cdot9+3$より$111\equiv3\pmod{12}$であるから

$$\begin{aligned}111^{10}&\equiv3^{10}\\&\equiv(3^3)^3\cdot3\pmod{12}\end{aligned}$$ ……①

ここで$3^3\equiv27\equiv3\pmod{12}$であるから

$$\begin{aligned}(3^3)^3\cdot3&\equiv3^3\cdot3\\&\equiv3\cdot3\\&\equiv9\pmod{12}\end{aligned}$$ ……②

①，②より

$$111^{10}\equiv9\pmod{12}$$

よって，111^{10}を12で割った余りは　**9**

㊟ 合同式による3^{10}の計算は次のようにしてもよい．

$3^2\equiv-3\pmod{12}$ ……(ア) より

$$3^4\equiv(-3)^2\equiv-3\pmod{12}$$

$\therefore\ 3^8\equiv(-3)^2\equiv-3\pmod{12}$ ……(イ)

(ア)と(イ)より

$$\begin{aligned}3^{10}&\equiv3^2\cdot3^8\equiv(-3)\cdot(-3)\\&\equiv\boldsymbol{9}\pmod{12}\end{aligned}$$

(3) $n \equiv 0 \pmod 5$ のとき

$n^5 \equiv 0^5 \equiv 0 \pmod 5$

$n \equiv 1 \pmod 5$ のとき

$n^5 \equiv 1^5 \equiv 1 \pmod 5$

$n \equiv 2 \pmod 5$ のとき

$n^5 \equiv 2^5 \equiv 32 \equiv 2 \pmod 5$

$n \equiv 3 \pmod 5$ のとき

$n^5 \equiv 3^5 \equiv (-2)^5 \equiv -32 \equiv 3 \pmod 5$

$n \equiv 4 \pmod 5$ のとき

$n^5 \equiv 4^5 \equiv (-1)^5 \equiv -1 \equiv 4 \pmod 5$

よって，mod 5 の表は次の通り．

n	0	1	2	3	4
n^5	0	1	2	3	4
n^5-n	0	0	0	0	0

よって　$n^5 \equiv n \pmod 5$

つまり，n^5-n はつねに 5 の倍数．　終

083

(1) 2 進法の 101110 を 10 進法で表すと

$1\times2^5+0\times2^4+1\times2^3$
$+1\times2^2+1\times2^1+0\times1$
$=32+0+8+4+2+0=\mathbf{46}$

(2) 111 を 3 でくり返し割っていくと

$111=3\times\underline{37}+0=3(\underline{3\times12+1})+0$
$=3\times\{3\times(\underline{3\times4+0})+1\}+0$
$=3\times[3\times\{3\times(\underline{3\times1+1})+0\}+1]+0$
$=1\times3^4+1\times3^3+0\times3^2+1\times3^1+0$

よって　$\mathbf{11010_{(3)}}$

注 (2)は次のように計算してもよい．

```
3 ) 111
3 )  37   … 0
3 )  12   … 1
3 )   4   … 0
      1   … 1      ∴  11010(3)
```

(3) 3 進法の 21.201 を 10 進法で表すと

$2\times3^1+1\times1+2\times\frac{1}{3}+0\times\frac{1}{3^2}+1\times\frac{1}{3^3}$
$=\mathbf{\frac{208}{27}}$

(4)
```
   4302
+  2433
  12240
```

$2_{(5)}+3_{(5)}=10_{(5)}$

$1_{(5)}+0_{(5)}+3_{(5)}=4_{(5)}$

$3_{(5)}+4_{(5)}=12_{(5)}$

$1_{(5)}+4_{(5)}+2_{(5)}=12_{(5)}$

よって　$4302_{(5)}+2433_{(5)}=\mathbf{12240_{(5)}}$

```
      314
 ×    243
     2002  (i)
    2321   (ii)
 + 1133    (iii)
   144012
```

(i)
```
    314
 ×    3
     22    3(5) × 4(5) = 22(5)
     3     3(5) × 1(5) = 3(5)
 + 14      3(5) × 3(5) = 14(5)
   2002
```

(ii)
```
    314
 ×    4
     31    4(5) × 4(5) = 31(5)
     4     4(5) × 1(5) = 4(5)
 + 22      4(5) × 3(5) = 22(5)
   2321
```

(iii)
```
    314
 ×    2
     13    2(5) × 4(5) = 13(5)
     2     2(5) × 1(5) = 2(5)
 + 11      2(5) × 3(5) = 11(5)
   1133
```

よって　$314_{(5)}\times243_{(5)}=\mathbf{144012_{(5)}}$

§7 図形の性質

084

AB＝3，BC＝4 より，BD＝5 である．

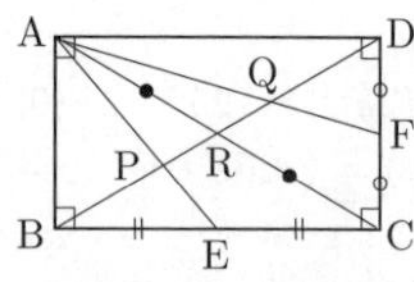

2 つの対角線 AC，BD の交点を R とすると，R は AC，BD の中点である．△ABC において，P は 2 つの中線 AE，BR の交点であるから重心である．同様に Q は △ACD の重心である．したがって

BP : PR＝2 : 1，DQ : QR＝2 : 1

そして BR＝DR であるから，BP＝PQ＝QD である．よって

$$\mathbf{PQ} = \frac{1}{3}\mathrm{BD} = \mathbf{\frac{5}{3}}$$

085

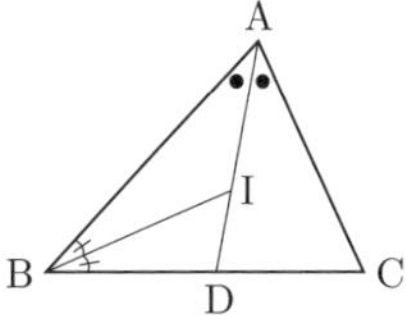

△ABCにおいて，ADは∠Aを二等分するから

$$\mathrm{BD}:\mathrm{DC} = \mathrm{AB}:\mathrm{AC} = 3:2$$

よって

$$\mathrm{BD} = \frac{3}{5}\mathrm{BC} = 3$$

△ABDにおいてBIは∠Bを二等分するから

$$\mathbf{AI}:\mathbf{ID} = \mathrm{BA}:\mathrm{BD} = \mathbf{2:1}$$

086

△ABCにおいて，AEは頂点Aの外角の二等分線であるから

$$\mathrm{BE}:\mathrm{EC} = \mathrm{AB}:\mathrm{AC} = 3:2$$

△ABCと直線EFにメネラウスの定理を用いて

$$\frac{\mathrm{BE}}{\mathrm{EC}} \cdot \frac{\mathrm{CD}}{\mathrm{DA}} \cdot \frac{\mathrm{AF}}{\mathrm{FB}} = 1$$

$$\therefore \quad \frac{3}{2} \cdot \frac{1}{2} \cdot \frac{\mathrm{AF}}{\mathrm{FB}} = 1$$

$$\therefore \quad \frac{\mathrm{AF}}{\mathrm{FB}} = \frac{4}{3}$$

$$\therefore \quad \mathrm{AF}:\mathrm{FB} = 4:3$$

よって

$$\mathbf{AF} = \frac{4}{7}\mathrm{AB} = \mathbf{\frac{36}{7}}$$

㊟ 内角の二等分線（**例題 038** 参照）と同様に，外角についても次の定理が成り立つ．

（**定理**） △ABCの頂点Aにおける外角の二等分線と対辺BCの延長との交点をDとすると

$$\mathrm{BD}:\mathrm{DC} = \mathrm{AB}:\mathrm{AC}$$

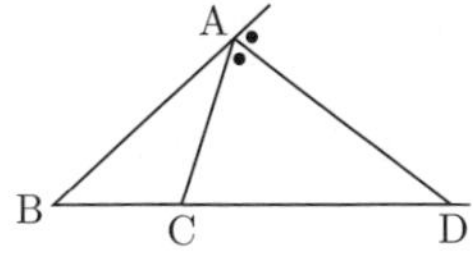

087

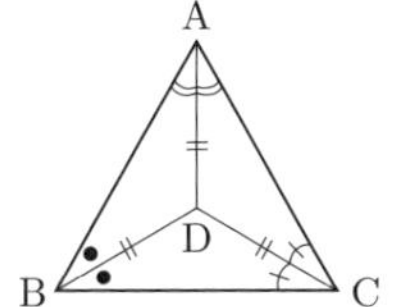

三角形の3つの頂点をA，B，Cとし，外心かつ内心である点をDとする．△DBCにおいてDB = DCだから

$$\angle\mathrm{DBC} = \angle\mathrm{DCB} \quad \cdots\cdots①$$

一方，△ABCにおいてDB，DCは∠ABC，∠ACBを二等分するから，①より

$$\frac{1}{2}\angle\mathrm{ABC} = \frac{1}{2}\angle\mathrm{ACB}$$

$$\therefore \quad \angle\mathrm{ABC} = \angle\mathrm{ACB}$$

同様に，∠BAC = ∠BCAとなり，△ABCは正三角形である． 終

088

BC : CA : AB = 3 : 5 : 7より

$$\mathrm{BC} = 3k,\ \mathrm{CA} = 5k,\ \mathrm{AB} = 7k\ (k > 0)$$

とおけ，3辺のうちABが最大辺であるから，この辺に向かい合う∠Cが最大角となる．

余弦定理より

$$\cos C = \frac{(3k)^2 + (5k)^2 - (7k)^2}{2 \cdot 3k \cdot 5k} = \frac{-15k^2}{2 \cdot 3k \cdot 5k} = \frac{-1}{2}$$

$0^\circ < C < 180^\circ$ であるから　$C = 120^\circ$

以上より，最大角は∠Cで，その大きさは

120°

089

(1)

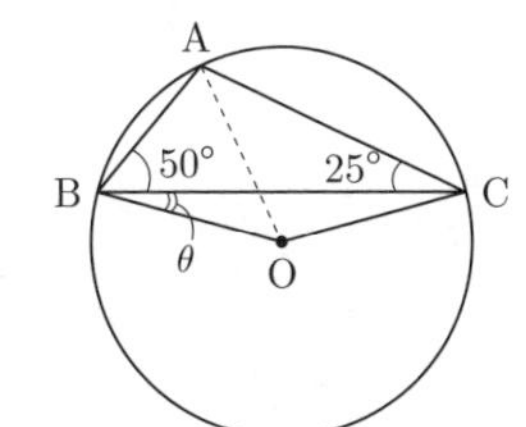

円周角と中心角の関係より

$$\angle\mathrm{AOB} = 2\angle\mathrm{ACB} = 2 \times 25^\circ = 50^\circ$$

OA = OBより△OABは二等辺三角形なので

$$\angle ABO = \frac{1}{2}(180^\circ - \angle AOB)$$
$$= \frac{1}{2}(180^\circ - 50^\circ) = 65^\circ$$

$\therefore\ \theta + 50^\circ = 65^\circ \qquad \therefore\ \boldsymbol{\theta = 15^\circ}$

別解

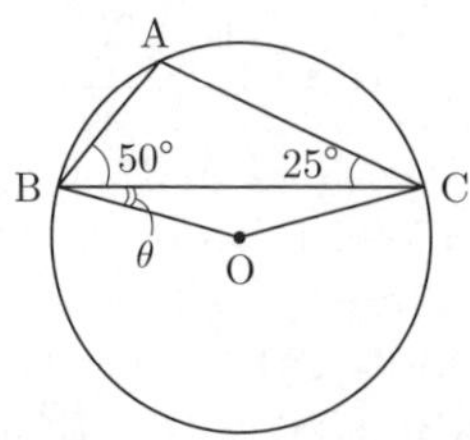

△ABCにおいて，内角の和 $= 180^\circ$ であるから

$$\angle BAC = 180^\circ - (50^\circ + 25^\circ) = 105^\circ$$

円周角と中心角の関係より

$$360^\circ - \angle BOC = 2 \times \angle BAC$$

$$\therefore\ \angle BOC = 360^\circ - 2 \times 105^\circ = 150^\circ$$

OB = OCより，△OBCは二等辺三角形なので

$$\boldsymbol{\theta} = \frac{1}{2}(180^\circ - \angle BOC)$$
$$= \frac{1}{2}(180^\circ - 150^\circ) = \boldsymbol{15^\circ}$$

(2) 接線と弦の作る角の定理より

$$\angle CAP = \angle ABC = 35^\circ$$

また，BCが円の直径なので $\angle BAC = 90^\circ$ であるから△ABCにおいて，内角の和が 180° より

$$\angle ACP = \angle CAB + \angle CBA = 90^\circ + 35^\circ = 125^\circ$$

よって，△ACPにおいて

$$\boldsymbol{\theta} = 180^\circ - (35^\circ + 125^\circ) = \boldsymbol{20^\circ}$$

別解

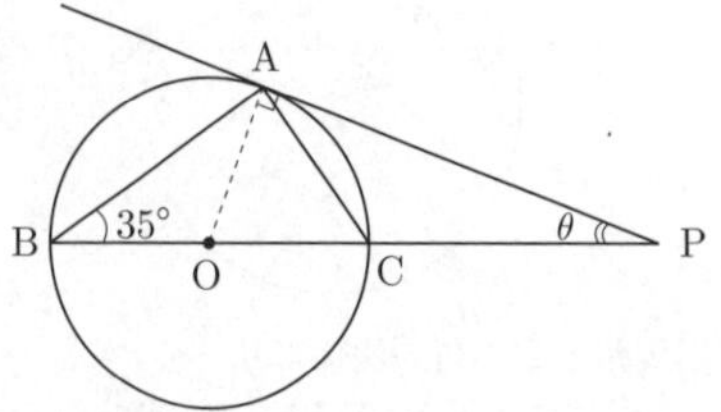

円周角と中心角の関係より

$$\angle AOC = 2\angle ABC = 70^\circ$$

点Aは接点なので，$\angle OAP = 90^\circ$ である．△OAPにおいて，内角の和が 180° であるから

$$\boldsymbol{\theta} = 180^\circ - (\angle AOP + \angle OAP)$$
$$= 180^\circ - (70^\circ + 90^\circ) = \boldsymbol{20^\circ}$$

090

方べきの定理より

$$\begin{cases} BD^2 = BA \cdot BF = 24 \cdot 6 = 144 \\ \quad \therefore\ BD = 12 \\ CD^2 = CA \cdot CE = 45 \cdot 20 = 900 \\ \quad \therefore\ CD = 30 \end{cases}$$

よって

$$\mathbf{BC} = BD + CD = \mathbf{42}$$

091

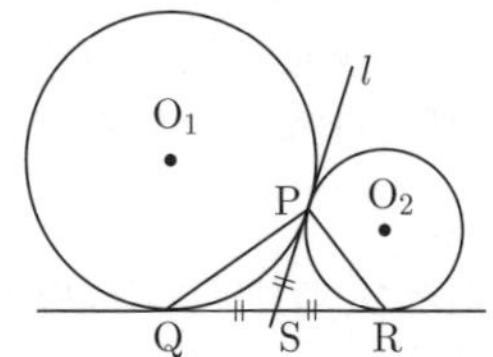

2つの円の点Pにおける共通接線を l，l と直線QRとの交点をSとおくと

$$SQ = SP = SR$$

よって

$$\angle SPQ = \angle SQP,\ \angle SPR = \angle SRP$$

したがって

$$\angle QPR = \angle SPQ + \angle SPR$$
$$= \angle SQP + \angle SRP$$
$$= 180^\circ - \angle QPR$$

$$\therefore\ \angle QPR = 90^\circ$$ 終

092

$PA \perp l$，$l \perp AO$ より，$l \perp$(平面PAO) であるから　$PO \perp l$

これと $AO \perp PO$ より，POは α 上の平行でない2直線 l，AOと垂直となるから，

$PO \perp \alpha$ である． 終

093

(1)

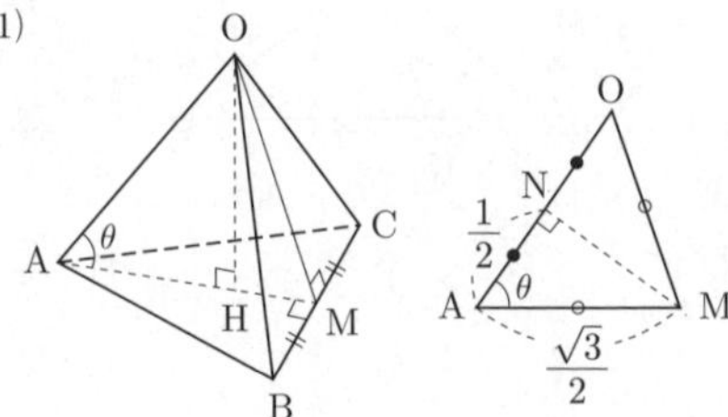

OM，AM は 1 辺の長さ 1 の正三角形の高さだから

$$\mathrm{OM}=\mathrm{AM}=\frac{\sqrt{3}}{2}$$

△AMO は二等辺三角形だから，M から辺 OA へおろした垂線を MN とおくと

$$\mathrm{AN}=\mathrm{NO}=\frac{1}{2}$$

よって

$$\boldsymbol{\cos\theta}=\frac{\mathrm{AN}}{\mathrm{AM}}=\frac{\frac{1}{2}}{\frac{\sqrt{3}}{2}}=\boldsymbol{\frac{1}{\sqrt{3}}}$$

(注) △OAM に余弦定理を用いて

$$\boldsymbol{\cos\theta}=\frac{1^2+\left(\frac{\sqrt{3}}{2}\right)^2-\left(\frac{\sqrt{3}}{2}\right)^2}{2\cdot1\cdot\frac{\sqrt{3}}{2}}$$

$$=\boldsymbol{\frac{1}{\sqrt{3}}}$$

としてもよい．

(2) (1)の結果より

$$\sin\theta=\sqrt{1-\cos^2\theta}$$

$$=\sqrt{1-\frac{1}{3}}=\sqrt{\frac{2}{3}}$$

O から底面 ABC へおろした垂線を OH とおくと，H は AM 上の点であるから

$$\mathrm{OH}=\mathrm{OA}\sin\theta=1\cdot\sqrt{\frac{2}{3}}=\boldsymbol{\frac{\sqrt{6}}{3}}$$

094

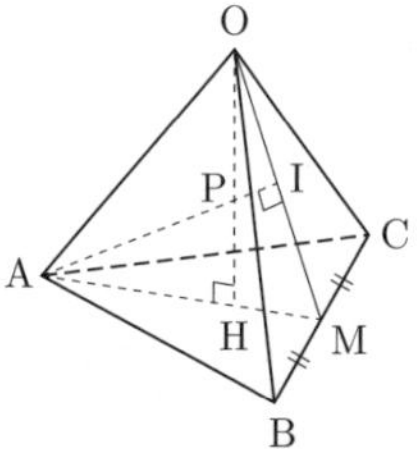

正四面体の 4 つの頂点を O，A，B，C とおき，内接球の中心を P，辺 BC の中点を M とおく．O，A から対面へおろした垂線をそれぞれ OH，AI とおくと，**例題 094** と同様に，P は OH，AI の交点であり

$$\mathrm{OH}=\frac{\sqrt{6}}{3},\ \mathrm{OP}:\mathrm{PH}=3:1$$

内接球の半径を r とおくと，$r=\mathrm{PH}$ だから

$$r=\frac{1}{4}\mathrm{OH}=\frac{\sqrt{6}}{12}$$

よって，内接球の体積は

$$\frac{4}{3}\pi\cdot\left(\frac{\sqrt{6}}{12}\right)^3=\boldsymbol{\frac{\sqrt{6}}{216}\pi}$$

(注) **例題 039** における内接円の半径を求める方法と同様にして，内接球の半径を四面体の体積により求めることもできる．

正四面体の体積を V，各面の正三角形の面積を S とする．

例題 093 と同様にして($a=1$ として)

$$V=\frac{\sqrt{2}}{12} \quad \cdots\cdots①$$

また，正四面体を 4 つの正三角錐(正四面体の各面を底面，内接球の中心を頂点とする)に分けて考えると，頂点から底面までの距離が内接球の半径となるので

$$V=\left(\frac{1}{3}\times S\times r\right)\times4=\frac{4}{3}Sr$$

$$=\frac{4}{3}\left(\frac{1}{2}\cdot1\cdot1\sin60^\circ\right)r=\frac{\sqrt{3}}{3}r \quad \cdots\cdots②$$

①＝②より

$$r=\frac{\sqrt{6}}{12}$$

095

(1)

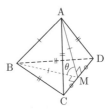

辺 CD の中点を M とすると，△ACD と △BCD はともに正三角形であるから

$$\mathrm{AM}\perp\mathrm{CD},\ \mathrm{BM}\perp\mathrm{CD}$$

よって，$\theta=\angle\mathrm{AMB}$ である．

$\mathrm{AM}=\mathrm{BM}=\sqrt{3}$ であるから，△AMB も正三角形となり

$$\boldsymbol{\theta=60^\circ}$$

(2)

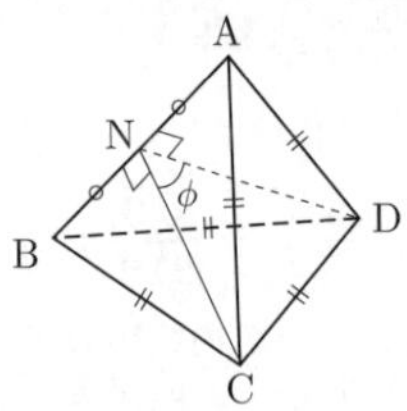

辺 AB の中点を N とすると，CA = CB，DA = DB であるから

$$\mathrm{CN} \perp \mathrm{AB},\ \mathrm{DN} \perp \mathrm{AB}$$

よって，$\phi = \angle\mathrm{CND}$ である．

$$\mathrm{CN} = \mathrm{DN} = \sqrt{2^2 - \left(\frac{\sqrt{3}}{2}\right)^2} = \frac{\sqrt{13}}{2}$$

△CND において余弦定理を用いて

$$\boldsymbol{\cos\phi} = \frac{\left(\frac{\sqrt{13}}{2}\right)^2 + \left(\frac{\sqrt{13}}{2}\right)^2 - 2^2}{2 \cdot \frac{\sqrt{13}}{2} \cdot \frac{\sqrt{13}}{2}} = \boldsymbol{\frac{5}{13}}$$

096

頂点，辺，面の数を v，e，f とおくと，オイラーの多面体定理より

$$v - e + f = 2 \quad \cdots\cdots ①$$

ここで正三角形は全部で f 個あるから，多面体の 1 つの頂点を 5 つの正三角形が共有し，1 つの辺を 2 つの正三角形が共有するから

$$5v = 3f,\ 2e = 3f$$

これより，$v = \frac{3}{5}f$，$e = \frac{3}{2}f$ だから①に代入して

$$\frac{3}{5}f - \frac{3}{2}f + f = 2$$

$$\therefore\ f = \mathbf{20}$$

§8 データの分析

097

(1) 平均値が 58.0 であるから

$$\frac{1}{10}(67 + 42 + 59 + 68 + 49 + 53 + 77 + 48 + \mathrm{A} + \mathrm{B}) = 58$$

$$\therefore\ 463 + \mathrm{A} + \mathrm{B} = 580$$

$$\therefore\ \mathrm{A} + \mathrm{B} = \mathbf{117}\ (点)$$

(2) A，B 以外の 8 人の得点の最大値は 77，最小値は 42 (その差は 35)．

このことと，最大値と最小値の差が 37 点であり，A の値は B の値より大きいことより，「A が最大値」または「B が最小値」．

(i) A が最大値の場合

$$\mathrm{A} - 42 = 37 \qquad \therefore\ \mathrm{A} = 79$$

(ii) B が最小値の場合

$$77 - \mathrm{B} = 37 \qquad \therefore\ \mathrm{B} = 40$$

これと(1)より

$$(\mathrm{A},\ \mathrm{B}) = (79,\ 38),\ (77,\ 40)$$

ここで前者は，最大値と最小値の差が 79 − 38 (= 41) となり，条件に反するので

A = 77 (点)，**B = 40** (点)

098

(1) このデータを小さいほうから並べると

45，52，58，68，《77》，82，84，85，91

第 1 四分位数 Q_1 は，(「《」より左側の) 下位のデータの中央値で 52 と 58 の平均，つまり，**55**.

第 2 四分位数は，中央値で **77**.

また，**第 3 四分位数** Q_3 は，(「《」より右側の) 上位のデータの中央値で 84 と 85 の平均，つまり，84.5.

よって，**四分位範囲**は

$$Q_3 - Q_1 = 84.5 - 55 = \mathbf{29.5}$$

四分位偏差は

$$\frac{Q_3 - Q_1}{2} = \mathbf{14.75}$$

(2) (1)より箱ひげ図は次の通り．

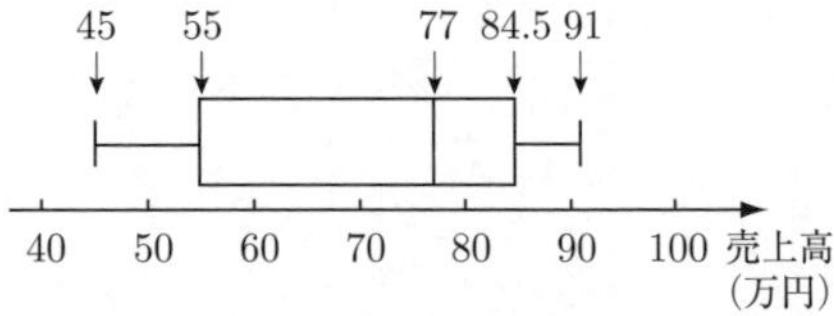

099

(1) 与えられたデータを x_i ($i = 1,\ 2,\ 3,\ 4,\ 5$)，$y_i = x_i - 172.0$ とすると，y_i は

2.4，−3.2，0.4，1.2，5.7

よって，y の平均値，分散をおのおの $\overline{y}$，${s_y}^2$ とすると

$$\overline{\boldsymbol{y}} = \frac{1}{5}\{2.4 + (-3.2) + 0.4 + 1.2 + 5.7\} = \frac{6.5}{5} = \mathbf{1.3}$$

$$\boldsymbol{s_y}^{\mathbf{2}} = \frac{1}{5}\{(2.4-1.3)^2 + (-3.2-1.3)^2 + (0.4-1.3)^2 + (1.2-1.3)^2 + (5.7-1.3)^2\}$$

$$= \frac{1}{5}\{1.21 + 20.25 + 0.81 + 0.01 + 19.36\}$$

$$= 8.328 \fallingdotseq \mathbf{8.3}$$

(2) x の平均値，分散をおのおの $\overline{x}$，$s_x{}^2$ とすると

$$\overline{\boldsymbol{x}} = \frac{1}{5}\{(y_1+172.0) + (y_2+172.0) + (y_3+172.0) + (y_4+172.0) + (y_5+172.0)\}$$

$$= \overline{y} + 172.0 = \mathbf{173.3}$$

$$s_x{}^2 = \frac{1}{5}\{(x_1-\overline{x})^2 + (x_2-\overline{x})^2 + (x_3-\overline{x})^2 + (x_4-\overline{x})^2 + (x_5-\overline{x})^2\}$$

ここで

$$x_i - \overline{x} = (y_i + 172.0) - (\overline{y} + 172.0) = y_i - \overline{y}$$

であるから

$$\boldsymbol{s_x}^{\mathbf{2}} = \frac{1}{5}\{(y_1-\overline{y})^2 + (y_2-\overline{y})^2 + (y_3-\overline{y})^2 + (y_4-\overline{y})^2 + (y_5-\overline{y})^2\}$$

$$= s_y{}^2 \fallingdotseq \mathbf{8.3}$$

100

散布図は次の通り．

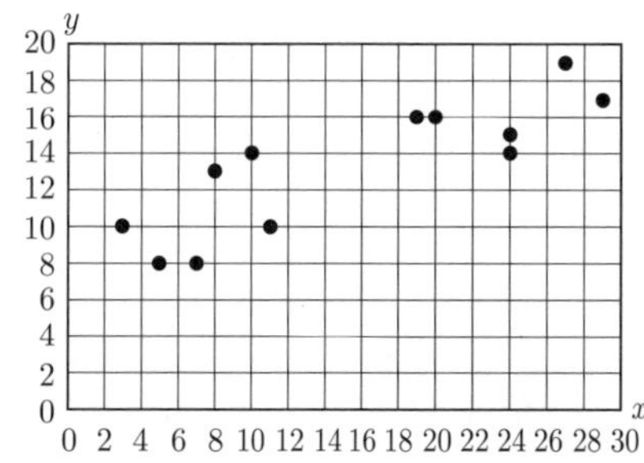

散布図より，x と y の間には**正の相関関係**がある．

(注) 相関係数を計算すると，およそ 0.85 となる．

101

x の平均値 $\overline{x}$ は

$$\overline{x} = \frac{1}{5}(4+3+7+5+6) = 5$$

よって，x の分散 $s_x{}^2$ は

$$s_x{}^2 = \frac{1}{5}\{(4-5)^2 + (3-5)^2 + (7-5)^2 + (5-5)^2 + (6-5)^2\} = 2$$

y の平均値 $\overline{y}$ は

$$\overline{y} = \frac{1}{5}(8+6+5+9+7) = 7$$

より，y の分散 $s_y{}^2$ は

$$s_y{}^2 = \frac{1}{5}\{(8-7)^2 + (6-7)^2 + (5-7)^2 + (9-7)^2 + (7-7)^2\} = 2$$

共分散 s_{xy} は

$$\boldsymbol{s_{xy}} = \frac{1}{5}\{(4-5)(8-7) + (3-5)(6-7) + (7-5)(5-7) + (5-5)(9-7) + (6-5)(7-7)\}$$

$$= -\frac{\mathbf{3}}{\mathbf{5}}$$

よって，相関係数 r_{xy} は

$$\boldsymbol{r_{xy}} = \frac{s_{xy}}{s_x s_y} = \frac{-\frac{3}{5}}{\sqrt{2}\cdot\sqrt{2}} = -\frac{\mathbf{3}}{\mathbf{10}}$$

102

仮説Aを「このサイコロは1の目が出やすい」とし，それを否定する仮説B「このサイコロはどの目も出ることが同様に確からしい」を考える．仮説Bを前提とするとき，13回以上1の目が出る確率は，表を用いると

$$\frac{25+14+6+3+1}{800} = \frac{49}{800} = 0.06125$$

より，およそ6.1％といえる．

これは5％より大きく，与えられたデータが得られる確率がきわめて小さいとは言えず，仮説Bを否定することはできない．よって，最初の仮説A「このサイコロは**1の目が出やすい**」とは判断できない．

改① 20221107